广东三向教学仪器制造有限公司组织编写

职业院校机电类专业一体化教学系列学材

电工技能

工作岛学习工作页

张宋文　周榆峰　龚国俊　陈军　编著

张喜生　主审

中国轻工业出版社

图书在版编目（CIP）数据

电工技能　工作岛学习工作页/张宋文等编著.—北京：
中国轻工业出版社，2021.4
职业院校机电类专业一体化教学系列学材
ISBN 978-7-5019-9096-2

Ⅰ.①电…　Ⅱ.①张…　Ⅲ.①电工技术—职业教育—
教材　Ⅳ.①TM

中国版本图书馆CIP数据核字（2012）第283028号

责任编辑：王　淳
策划编辑：王　淳　　责任终审：孟寿萱　　封面设计：锋尚设计
版式设计：宋振全　　责任校对：燕　杰　　责任监印：张　可

出版发行：中国轻工业出版社（北京东长安街6号，邮编：100740）
印　　刷：北京君升印刷有限公司
经　　销：各地新华书店
版　　次：2021年4月第1版第5次印刷
开　　本：889×1194　　1/16　　印张：18
字　　数：430千字
书　　号：ISBN 978-7-5019-9096-2　　定价：38.00元
邮购电话：010－65241695
发行电话：010－85119835　　传真：85113293
网　　址：http://www.chlip.com.cn
Email：club@chlip.com.cn
如发现图书残缺请与我社邮购联系调换
210384J3C105ZBW

序　言

　　为进一步加快培养我国经济建设急切需要的高技能人才，2009 年国家人力资源和社会保障部根据当代国际先进的职业教育理念，结合国内技工教育的实际现状，下发了［2009］86 号文《技工院校一体化课程教学改革试点工作方案》，布置在全国技工院校开展工学结合一体化教学（以下简称一体化）阶段性试教工作。通过试教、总结、完善和提高，自 2011 年 9 月开始在全国各技工院校逐步推广和应用。

　　所谓一体化教学的指导思想是指：以国家职业标准为依据，以综合职业能力培养为目标，以典型工作任务为载体，以学生为中心，根据典型工作任务和工作过程设计课程体系和内容，培养学生的综合职业能力；一体化教学的教学条件包含：一体化场地（情景）、一体化师资、一体化教材、一体化载体（设备）；一体化教学的特征是：学校办学与企业管理一体化、企业车间与实训教学一体化、学校老师与企业技术人员一体化、学校学生与企业职工一体化、实训任务与生产任务一体化；一体化教学重要过程是：按照典型载体技术与职业资格的不同要求，实施不同层别的能力培养和模块教学；一体化教学的核心内涵是：理论学习与实践学习相结合，在学习中工作，在工作中学习；一体化教学的目的是：培养学生的综合能力，包括专业能力、方法能力和社会能力。

　　广东三向教学仪器制造有限公司和清远技师学院、广东省岭南工商第一技师学院、湛江市技师学院、广东省深圳技师学院等职业院校，根据人力资源和社会保障部一体化教学相关文件精神，于 2009 年 10 月组建了由机电一体化教学试点院校的专家、大中型企业培训专家、广东省部分技工院校专家及三向企业研发中心工程师等 32 人组成的一体化工作专家委员会，并由部分专家组成学习团远赴新加坡南洋理工大学进行学习交流，学习当前世界上先进的职业教育理念。组织专家委员会成员到广东东风日产汽车制造公司、深圳汇丰科技公司等工厂企业深入调查研究，广泛征询工厂企业技术人员、管理人员和一线操作人员对机电专业学生就业能力的意见和建议。按照国家职业标准、一体化课程开发标准和专业培养目标对机电等专业一体化教学的典型载体、课程标准、教（学）工作页、评价体系等进行研究和开发。

　　在探索过程中，我们始终坚持典型工作任务必须来源于企业实践的原则，并经过长达六个月的企业调查，从众多企业需求中进行筛选、提炼和总结，再经教学化处理，设计了一批既满足企业需要又符合一体化教学要求的典型工作任务。围绕典型工作任务确定课程目标、内容和教学计划。构建了由机械装调技术、电工技术、电子技术、可编程与触摸屏技术、驱动技术、传感技术、通讯与网络技术、机器人技术等组成的课程体系。

　　在专家委员会的领导下，由各校相关学科的骨干课程专家和有实践经验的专业教师、实践专家和部分企业专家组成一体化课程设计组，将典型的工作任务经过教学化处理，将工作任务转化成相应的学习领域，确定各课程的学习任务、目标、内容、方法、流程和评价方法，并以典型任务中综合职业能力为目的，以人的职业成长和职业生涯发展规律为依据，编写"课程设计方案"和"学材"，进过多次修改、教学实践和再修改，基本完成了符合一体化教学需求的各门课程文本，把理论教学与实践教学融为一体，突破了传统的理论与实践分割的教学模式。此外，还根据典型工作任务中工作过程要素，按照企业规章制度、工具材料领取等设计了学习情境，使学生感受到完成工作任务全过程的企业情景，加快学生从学生到劳动者过程的转变。

　　我们从专家组成立、文件学习、企业考察、载体选型、学材编写、任务设计、模块教学、情景化建设以及师资培训等方面都进行了大量的调研、探索和研发工作，历时近两年。由于专家委员会全体专家的不懈努力，2010 年秋季，机电专业一体化教学的教学课程方案在广东省岭南工商第一技师学院落户并试教，2011 年春季部分课程教学模块分别在清远市技师学院、广州市机电技师学院、湛江市技师学院同时展开教学和应用。

经过两年多的一体化教学实践，参与一体化教学探索和实践的学校发生了两个根本性转变，一是参加一体化教学的老师对实施一体化教学的认识态度上发生转变，从犹豫、彷徨、怕麻烦、观望转变为要求参与、主动配合、积极探索与实践；另一是学生由被动、厌倦学习到喜爱主动学习的转变，提高了学习的主动性和积极性，学习效果大大提高，加快了教学以学生为中心的转变。事实说明一体化教学是当前我国职业教育中行之有效的一种教学模式，它符合中国国情和经济建设需要。

目前，国内许多职业院校正在开展一体化教学试验工作，三向企业和其他院校所做的上述探索和研究，虽然取得了一点成果，但也是摸着石头过河，定有许多不足之处，在此抛砖引玉，敬请各位领导专家及老师提出宝贵意见，以便我们改正和提高，更好地为技工院校内涵建设竭诚服务。

广东三向教学仪器制造有限公司

2012 年 10 月

前　言

随着经济的不断发展和产业结构的不断调整与产业技术的升级，社会各界在新技术的掌握程度以及操作技能的广度和深度方面对电工提出了更高的要求。为适应社会发展需求，提高电工从业人员实践技能水平，为培养更贴近行业发展的高技能人才，本教材依托全国领先的电工技能工作岛设备，结合机电一体化专业的教学大纲和人才培养方案，积极推进一体化教学体系改革，大胆尝试任务引领的一体化教学新模式，全心致力于校本教材的开发。

本书编写的宗旨主要从四个方面出发：一是力求所有的实训任务能满足企业生产实际需要；二是力求所有的实训任务能反映本职工种新技术的应用；三是力求所有实训任务能体现机电类实际工作经验和技能水平，且具有一定的广度和深度；四是力求所有的实训任务具有很强的可操作性。

本教材特色：

一、内容涵盖面广，知识点难易层次分明。本书共有 5 个工作任务，30 个学习任务。包括有照明电路安装与线路敷设、动力系统电路安装与线路敷设、三相异步电动机控制线路的装调与维修、直流电动机的基本控制线路装调与维修、机床电气线路安装、运行与维修。从基本的电路安装，由易到难，逐步过渡到电动机、机床电路的多种控制线路安装与维修，子任务详细分析了相关电路的功能与实用价值。

二、实用性强，通俗易懂。根据本人多年的教学经验，在教材编写过程中注重实用性和易学性的原则，努力做到理论与实践相结合，侧重实践操作技能的提升，着重培养学生具有较高的职业素养，具备技术过硬的专业能力，同时具备一定的创新能力。教材理论知识以够用为度，采用实例教学法，深入浅出，通俗易懂。

三、本教材结合电工技能工作岛实训设备，可进行教材中的全部实训任务以及技能提升拓展训练。

本书在编写过程中得到了广东省岭南工商第一技师学院各级领导、老师大力的支持和帮助，在此表示感谢，同时也感谢、深圳技师学院侯勇志教授和广东三向教学仪器制造有限公司的工程师对本书的修改和补充提出了宝贵意见。

因编者水平有限，书中难免会有错漏之处，敬请广大读者批评指正，邮箱：zsw5150@163.com。

张宋文

目　录

低压配电线路安装与维修

任务一　照明电路安装与线路敷设

学习任务 1　认识及选用数字万用表等电工仪表

一、任务描述

在此项典型工作任务中学生必须掌握数字万用表和电工工具的选用、使用及对电工技术工作岛实训设备电源接口的检测能力。

学生接到本任务后，应根据任务要求，准备工具和仪器仪表，做好工作现场准备，严格遵守作业规范进行施工，测量完毕后进行数据自检，填写相关表格并交检测指导教师验收。按照现场管理规范清理场地、归置物品。

二、任务要求

（1）掌握电工岛实训设备电源开启，能进行通电测试操作。认识电工技能岛设备面板结构，如彩图1-1-1所示。

（2）熟悉数字万用表和电工工具的选用、使用。

（3）能按操作规程使用数字万用表测量各电源接口电压。

1）测试隔离变压器输出电源的"U""V""W""N""PE"五个接线端子电压值并记录。

2）测试变压器输出电源的"110V""24V""6.3V""0V""PE"五个接线端子电压值并记录。

3）开关电源"DC+24V""0V"二个接线端子电压值并记录。

（4）掌握学材上的相关资讯，按要求填写相关问题。

三、能力目标

（1）能熟悉电工技术工作岛实训设备的主要组成和电源接口种类。

（2）能掌握数字万用表和电工工具的选用、使用。

（3）能掌握数字万用表测量各种电源接口电压。

（4）能掌握用电基本安全知识。

（5）各小组发挥团队合作精神，学会数字万用表测量的步骤、实施、成果评估。

四、任务准备

（一）相关理论知识

首先应熟悉数字万用表的使用方法。

1. 交流电压测量

（1）将红表笔插入"VΩ"插孔，黑表笔插入"COM"插孔；

（2）正确选择量程，将功能开关置于ACV交流电压量程挡，如果事先不清楚被测电压的大小时，应先选择最高量程挡，根据读数需要逐步调低测量量程挡；

（3）将测试笔并联到待测电源或负载上，从显示器上读取测量结果。

注意：

1）如果事先对被测电压范围没有概念，应将量程开关转到最高挡位，然后根据显示值转至相应挡位上；

2）未测量时小电压挡有残留数字，属正常现象不影响测试，如测量时高位显"1"，表明已超过量程范围，须将量程开关转至较高挡位上；

3）输入电压切勿超过700V有效值，如超过，则有损坏仪表线路的危险；

4）当测量高压电路时，注意避免触及高压电路。

2. 直流电压测量

（1）将红表笔插入"VΩ"插孔，黑表笔插入"COM"插孔；

（2）正确选择量程，将功能开关置于DCV直流电压量程挡，如果事先不清楚被测电压的大小时，应先选择最高量程挡，根据读数需要逐步调低测量量程挡；

（3）将测试笔并联到待测电源或负载上，从显示器上读取测量结果。

注意：

1）如果事先对被测电压范围没有概念，应将量程开关转到最高挡位，然后根据显示值转至相应挡位上；

2）未测量时小电压挡有残留数字，属正常现象不影响测试，如测量时高位显"1"，表明已超过量程范围，须将量程开关转至较高挡位上；

3）输入电压切勿超过1000V，如超过，则有损坏仪表线路的危险；

4）当测量高压电路时，注意避免触及高压电路。

3. 交流电流测量

（1）将黑表笔插入"COM"插孔，红表笔插入"mA"插孔中（最大为2A），或红表笔插入"20A"中（最大为20A）；

（2）将量程开关转至相应的ACA挡位上，然后将仪表串入被测电路中。

注意：

1）如果事先对被测电流范围没有概念，应将量程开关转到最高挡位，然后按显示值转至相应挡位上；

2）如LCD显"1"，表明已超过量程范围，须将量程开关调高一挡；

3）最大输入电流为2A或者20A（视红表笔插入位置而定），过大的电流会将保险丝熔断，在测量20A要注意，该挡位无保护，连续测量大电流将会使电路发热，影响测量精度甚至损坏仪表。

4. 直流电流测量

（1）将黑表笔插入"COM"插孔。红表笔插入"mA"插孔中（最大为2A），或红笔插入"20A"中（最大为20A）；

（2）将量程开关转至相应的DCA挡位上，然后将仪表串入被测电路中，被测电流值及红色表笔点的电流极性将同时显示在屏幕上。

注意：

1）如果事先对被测电压范围没有概念，应将量程开关转到最高挡位，然后根据显示值转至相应挡位上；

2）如 LCD 显"1"，表明已超过量程范围，须将量程开关调高一挡；

3）最大输入电流为 2A 或者 20A（视红表笔插入位置而定），过大的电流会将保险丝熔断，在测量 20A 要注意，该挡位没保护，连续测量大电流将会使电路发热，影响测量精度甚至损坏仪表。

5. 电阻测量

（1）将黑表笔插入"COM"插孔，红表笔插入 V/Ω/Hz 插孔；

（2）将所测开关转至相应的电阻量程上，将两表笔跨接在被测电阻上。

注意：

1）如果电阻值超过所选的量程值，则会显"1"，这时应将开关转高一挡；当测量电阻值超过 1MΩ 以上时，读数需几秒时间才能稳定，这在测量高电阻值时是正常的；

2）当输入端开路时，则显示过载情形；

3）测量在线电阻时，要确认被测电路所有电源已关断，而所有电容都已完全放电时，才可进行；

4）请勿在电阻量程输入电压。

6. 仪表保养

该仪表是一台精密仪器，使用者不要随意更改电路。

注意：

1）不要将高于 1000V 直流电压或 700V 有效值的交流电压接入；

2）不要在量程开关为 Ω 位置时，去测量电压值；

3）在电池没有装好或后盖没有上紧时，不要使用此表进行测试工作；

4）在更换电池或保险丝前，请将测试表笔从测试点移开，并关闭电源开关。

7. 电池更换

注意：9V 电池使用情况，当 LCD 显示出"⊟"符号时，应更换电池，步骤如下：

1）按指示拧动后盖上电池门两个固定锁钉，退出电池门；

2）取下 9V 电池，换上一个新的电池，虽然任何标准 9V 电池都可使用，但为加长使用时间，最好用碱性电池；

3）如果长时间不用仪表，应取出电池。

（二）设备、工具的准备

为完成工作任务，每个工作小组需要向工作站内仓库工作人员提供借用工具清单（表 1-1-1）。

表 1-1-1　　　　　　　　　　工作岛借用工具清单

序号	名称	数量	借出时间	学生签名	归还时间	学生签名	管理员签名
1							
2							
3							
4							
5							

（三）材料的准备

为完成工作任务，每个工作小组需要向工作站内仓库工作人员提供领用材料清单（表 1-1-2）。

表 1 - 1 - 2   **_____工作岛借用材料清单**

序号	名称（型号、规格）	数量	借出时间	学生签名	归还时间	学生签名	管理员签名
1							
2							
3							
4							
5							

（四）团队分配的方案

将学生分为 5 个小组，每个工作岛为 1 组，根据工作岛工位要求，每组 6 人，每组指定 1 人为小组长、2 人为材料管理员，材料管理员负责材料领取分发，小组长负责组织本组相关问题的计划、实施及讨论汇总，填写各组人员工作任务实施所需文字材料的相关记录表。

五、制定工作计划

六、任务实施

（一）为了完成任务，必须正确回答以下问题

1）交流电压测量时将红表笔插入"_____"插孔，黑表笔插入"_____"插孔；正确选择量程，将功能开关置于_____量程挡，如果事先不清楚被测电压的大小时，应先选择_____量程挡，根据读数需要逐步_____测量量程挡；将测试笔_____联到待测电源或负载上，从显示器上读取测量结果。

2）直流电压测量时将功能开关置于_____量程挡。

3）电阻测量时将黑表笔插入"_____"插孔，红表笔插入_____插孔；将所测开关转至相应的_____量程上，将两表笔跨接在被测电阻上。注意：测量在线电阻时，要确认被测电路所有电源已_____而所有电容都已完全_____时，才可进行。

（二）工作任务实施

1. 测量项目

（1）测试隔离变压器输出电源的"U""V""W""N""PE"五个接线端子电压值并记录。

（2）测试变压器输出电源的"110V""24V""6.3V""0V""PE"五个接线端子实际测量电压值并记录。

（3）开关电源"DC＋24V"、"0V"两个接线端子电压值并记录。

2. 测量值记录

1）测试隔离变压器输出电源 $U_{uv}=$ _____ V；$U_{uw}=$ _____ V；$U_{vw}=$ _____ V。 $U_{un}=$ _____ V；$U_{vn}=$ _____ V；$U_{wn}=$ _____ V。 2）测试变压器输出电源   3）测试开关电源输出

3. 安全注意事项

（1）测量电压时，请勿输入超过直流 1000V 或交流 700V 有效值的极限电压；

（2）36V 以下的电压为安全电压，在测高于 36V 直流、25V 交流电压时，要检查表笔是否可靠接触、是否正确连接、是否绝缘良好等，以避免电击；

（3）选择功能和量程时，表笔应离开测试点；

（4）选择正确的功能和量程，谨防误操作，仪表虽然有全量程保护功能，但为了安全起见，仍请您多加注意；

（5）测量电流时，请勿输入超过 20A 的电流。

七、任务评价

（一）成果展示

各小组派代表上台总结完成任务的过程中，学会了哪些技能，发现错误后如何改正，并展示测量数据并在老师的监护下示范操作展示。

（二）学生自我评估与总结

_____

_____

_____。

（三）小组评估与总结

_____

_____

_____。

（四）教师评估与总结

_____

_____

_____。

（五）各小组对工作岗位的"6S"* 处理

在小组和教师都完成工作任务总结以后，各小组必须对自己的工作岗位进行"整理、整顿、清扫、清洁、安全、素养"；归还所借的工量具和实习工件。

（六）评价表（表1-1-3）

表1-1-3　　　　　　　学习任务1　认识及选用数字万用表等电工仪表评价表

班级：_____　　　　　　指导教师：_____
小组：_____　　　　　　日期：_____
姓名：_____

评价项目	评价标准	评价依据	评价方式			权重	得分小计
			学生自评20%	小组互评30%	教师评价50%		
职业素养	1. 遵守企业规章制度、劳动纪律 2. 按时按质完成工作任务 3. 积极主动承担工作任务，勤学好问 4. 人身安全与设备安全 5. 工作岗位6S完成情况	1. 出勤 2. 工作态度 3. 劳动纪律 4. 团队协作精神				0.3	
专业能力	1. 能熟悉电工技术工作岛实训设备的主要组成和电源接口种类 2. 能掌握数字万用表和电工工具的选用、使用 3. 能掌握数字万用表测量各种电源接口电压 4. 能掌握用电基本知识（电的危险、安全间距）	1. 操作的准确性和规范性 2. 工作页或项目技术总结完成情况 3. 专业技能任务完成情况				0.5	
创新能力	1. 在任务完成过程中能提出自己的有一定见解的方案 2. 在教学或生产管理上提出建议，具有创新性	1. 方案的可行性及意义 2. 建议的可行性				0.2	
合计							

八、技能拓展

1）运用所学的技能测量直流电流怎么测量？什么时候必须考虑使用钳形电流表进行测量？

2）不同阻值电阻怎么测量？

---

* "6S管理"由日本企业的5S扩展而来，是现代工厂行之有效的现场管理理念的方法，其作用：提高效率、保证质量、使工作有序、是一种企业文化，强调纪律性。作为基础性的6S工作落实，能为其他管理活动提供优质的平台。

学习任务 2　学会导线的连接及绝缘层的恢复

一、任务描述

在此项典型工作任务中主要使学生掌握常用电工工具的使用、导线绝缘层的剖削、各种导线的连接和绝缘层的恢复，根据要求完成各种导线绝缘层的剖削、连接与绝缘层的恢复。

学生接到本任务后，应根据任务要求，准备工具和仪器仪表，做好工作现场准备，严格遵守作业规范进行施工，任务完成后进行自检，填写相关表格并交检测指导教师验收。按照现场管理规范清理场地、归置物品。

二、任务要求

1）掌握正确使用常用电工工具；
2）能对教师指定导线进行绝缘层的剖削；
3）掌握单股、多股导线进行连接；
4）掌握对各种导线连接头的绝缘层恢复；
5）认真填写学材上的相关资讯问答题。

三、能力目标

1）掌握正确使用常用电工工具；
2）能对各种导线进行绝缘层的剖削；
3）掌握各种导线的连接方法；
4）掌握对各种导线连接头的绝缘层恢复；
5）各小组发挥团队合作精神，学会对导线连接和绝缘层恢复的步骤、实施和成果评估。

四、任务准备

（一）相关知识

1. 工具的使用

电工专业常用的工具：验电器、螺钉旋具、钢丝钳、尖嘴钳、断线钳、剥线钳、电工刀、活动扳手等。

（1）验电器

作用：检测导线和电气设备是否带电。

分类：低压验电器、高压验电器。

1）低压验电器（又名测电笔）

分类：笔式、螺钉刀式。

结构：氖泡、电阻、弹簧、笔身、笔体。

测试范围：60～500V。

使用方法：把笔握妥，以手指触及笔尾金属体，使氖泡小窗背光朝自己，只要带电体与大地之间的电位差超过60V，氖泡就发光。

电工刀　　　　　尖嘴钳　　　　　剥线钳

图 1-2-1　常用导线连接工具

安全知识：

①使用前应在已知带电体上测试，证明是否良好。

②使用时，应使验电器逐渐靠近被测物体，直到氖泡发亮，只有在氖泡不发亮时，人体才能与被测体接触。

③测试时，手不能触及笔体的金属部位。

作用：

①区别电压高低：根据氖泡发光强弱来判断。

②区别相线零线：发光的为相线，零线不发光（正常情况）。

③区别直流电、交流电：氖泡两个极同时发光的是交流电，只有一个发光的是直流电。

④区别直流电正、负极：发光的一极为负极。

⑤识别相线碰壳：碰及电机、变压器外壳，如果发光，说明该设备相线有碰壳现象。

2）高压验电器（又称高压测电器）

结构：金属钩、氖管、氖管窗、固紧螺钉、护环、握柄。

使用方法：用手握住验电器的绝缘部位。

安全事项：室外使用，必须在气候条件良好的情况下使用，在雨、雪、雾及湿度较大的天气中不宜使用。测试时，必须戴上绝缘手套，必须有人监护。测试时防止发生短路事故。人与带电体保持足够安全距离，10kV 以上高压安全距离为 0.7m 以上。

（2）螺钉旋具（又名起子）

作用：紧固或拆卸螺钉的工具。

式样、规格：

①一字形：常用规格有 50mm、100mm、150mm、200mm。必备的是 50mm、150mm 两种。

②十字形：适用螺钉直径为 2～2.5mm；

　　　　　适用螺钉直径为 3～5mm；

　　　　　适用螺钉直径为 6～8mm；

　　　　　适用螺钉直径为 10～12mm。

目前使用较广泛的有磁性旋具（木质绝缘柄、塑胶绝缘柄），在金属杆的刀口端焊有磁性金属材料，可以吸住待拧紧的螺钉，准确定位。

使用方法：

①大螺钉旋具：大拇指、食指和中指夹住握柄；手掌顶住柄的末端，防止旋具转动时滑脱。

②小螺钉旋具：用手指顶住木柄末端捻旋。

③较长螺钉旋具：右手压紧并转动手柄，左手握主螺钉旋具中间。左手不得放在螺钉周围，防止将手划伤。

安全知识：

①电工不可使用金属杆直通柄顶的螺钉旋具，易触电。

②使用螺钉旋具紧固和拆卸带电螺钉时，手不得触及金属杆以免发生触电事故。

③应在金属杆上穿套绝缘管。

（3）钢丝钳

构造及用途：由钳头和钳柄组成。

钳头由钳口、齿口、刀口和铡口组成；

钳口用来弯绞和钳夹导线线头；

齿口用来紧固或起松螺母；

刀口用来剪切或剖削软导线绝缘层；

铡口用来铡切电线线芯、钢丝或铅丝等较硬金属。

分类：铁柄、绝缘柄（电工用）。

规格：150mm、175mm、200mm。

安全知识：

①使用前，必须检查绝缘柄的绝缘是否良好，如损坏，带电作业时会发生触电事故。

②不可同时剪切相线、零线，否则发生短路事故。

（4）尖嘴钳

作用：①剪断细小金属丝；

②夹持较小螺钉、垫圈、导线等；

③在装接控制电路时，能将单股导线弯成所需形状。

结构及适用场合：头部尖细，适用于狭小工作空间操作。

分类：铁柄、绝缘柄（耐压500V）。

安全知识：①带电作业时，手不要触及钳头金属部位；

②带电作业时，检查绝缘柄的好坏。

（5）断线钳（斜口钳）

1）作用：剪断较粗金属丝、线材及导线电缆。

2）分类：铁柄、管柄、绝缘柄（耐压500V）。

3）安全知识：①带电作业时，手不要触及钳头；

②带电作业时，检查绝缘柄的好坏。

（6）剥线钳

作用：剥削小直径导线绝缘层。

耐压等级：500V。

使用方法：将要剥削的导线绝缘层长度用标尺定好后，即可把导线放入相应的刀口中（比导线直径稍大），用手将钳柄一握紧，绝缘层被割破，且自动弹出。

（7）电工刀

作用：用来剖削电线线头、切割木台缺口、削制木榫。

使用方法：使用时，应将刀口朝外剖削，剖削导线绝缘层时，应使刀面与导线成较小锐角，以免割伤导线。

安全知识：

①注意避免伤手，不得传递未折进刀柄的电工刀；

②用毕，随时将刀身折进刀柄；

③无绝缘保护，不能用于带电作业，以免触电。

2. 导线的连接

（1）电力线绝缘层的剖削

1）塑料硬线绝缘层的剖削

①线芯截面为 $4mm^2$ 及以下的塑料硬线，一般用钢丝钳剖削。

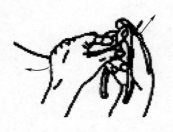

具体操作方法为：用左手捏住导线，根据线头所需长度，用钳头刀口轻切塑料层，但不可切入芯线，然后用右手握住钳子头部，用力向外勒去塑料层。右手握住钢丝钳时，用力要适当，避免伤及线芯，如图 1-2-2 所示。

②线芯截面大于 $4mm^2$ 的塑料硬线，可用电工刀来剖削绝缘层。

具体操作方法为：如图 1-2-3 所示，根据所需的线端长度，用电工刀以 45°倾斜角切入塑料绝缘层，注意掌握刀口位置，使之刚好削透绝缘层而又不伤及线芯，接着刀面与芯线保持 15°角左右，用力向线端推削出一条缺口，然后把未削去的绝缘层剥离线芯，向后扳转，再用电工刀切齐。

图 1-2-2 塑料硬线绝缘层的剖削

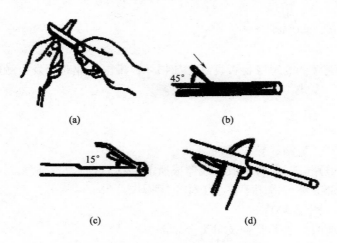

(a)　　　　　　　　(b)

(c)　　　　　　　　(d)

图 1-2-3 电工刀剖削塑料硬导线绝缘层

（a）握刀姿势　　（b）刀以 45°倾斜切入

（c）刀以 15°倾斜推削　　（d）扳转塑料层并在根部切去

2）塑料软导线绝缘层的剖削　塑料软线的绝缘层只能用剥线钳或钢丝钳来剖削，不可用电工刀剖削。因为塑料软线太软，线芯又是多股的，用电工刀很容易切断线芯。具体方法如同剖削芯线截面为 $4mm^2$ 及以下的塑料硬线。

3）塑料护套导线绝缘层的剖削　塑料护套线绝缘层分为外层的公共护套层和内部每根芯线的绝缘层。护套层用电工刀来剥离，如图 1-2-4 所示。根据所需长度用刀尖在线芯缝隙间划开护套层，将护套层向后扳翻，用电工刀齐根切齐。护套层被切去以后，露出每根芯线的绝缘层，其剖削方法与塑料线绝缘层的剖削方法相同，但要求绝缘层的切口与护套层的切口之间，留有 5~10mm 的距离。

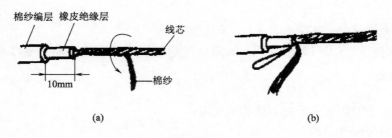

棉纱编织层　橡皮绝缘层　　　　线芯

10mm　　　　　　　棉纱

(a)　　　　　　　　　　　(b)

图 1-2-4 塑料护套线绝缘层的剖削

（a）联除编织层和橡皮绝缘层　　（b）扳圈棉纱

4）花线绝缘层的剖削　花线的绝缘层分外层和内层，外层是一层柔韧的棉纱编织层。剖削时，在线头所需长度处用电工刀把外层的棉纱编织层切割一圈拉去。距棉纱织物保护层10mm处，用钢丝钳刀口切割橡胶绝缘层，不能损伤芯线，然后右手握住钳头，左手把花线用力抽拉，钳口勒出橡胶绝缘层；最后露出了棉纱层，把棉纱层松散开来，用电工刀割断。

（2）导线的连接

1）电磁线的连接

①直径在2mm以下的圆导线的接头，通常是先绞接再钎焊。绞接要均匀，两根线头至少要互绕10圈，两端要封口，不可留下毛刺，导线的绞接方法如图1-2-5所示。绞接完毕后，再进行钎焊，钎焊时要使锡液充分渗入绞接处的缝隙中。

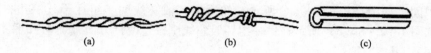

图1-2-5　绕组内部端头连接方法

②直径大于2mm的圆导线的接头，多用套管套接后再钎焊的方法。套管用镀过锡的薄铜皮卷成，在接缝处留有缝隙，以便注入锡液，套管内径要与线头大小配合好，套管长度一般取导线直径的8倍左右，如图1-2-5（c）所示。连接时，先把两个去除了绝缘层的线端相对插入套管，使两个线头的端部对接在套管中间位置，然后再进行钎焊，钎焊时要使锡液从套管侧缝充分注入套管内部，充满中间缝隙和套管两端与导线连接处，从而把线头和套管铸成整体。

2）电力线的连接

①铜芯导线的连接

a. 单股铜芯导线的直接连接　先把两线端X形相交，如图1-2-6（a）所示；互相绞合2~3圈，如图1-2-6（b）所示；然后扳直两线端，将每线端在线芯上紧贴并绕6圈，如图1-2-6（c）、（d）所示。多余的线端剪去，并钳平切口毛刺。

b. 单股铜芯导线的T字分支连接　连接时要把支线芯线头与干线芯线十字相交，使支线芯线根部留出3~5mm；较小截面芯线按图1-2-6所示的方法，环绕成结状，再把支线线头抽紧扳直，然后紧密地并缠6~8圈，剪去多余芯线，钳平切口毛刺。较大截面的芯线绕成结状后不易平服，可在十字相交后直接并缠8圈；但并缠时必须十分地紧密牢固。

c. 7股铜芯导线的直接连接，按下列步骤进行。

a）先将剖去绝缘层的芯线头拉直，接着把芯线头全长的1/3根部进一步绞紧，然后把余下的2/3根部的芯线头，按如图1-2-7（a）所示方法，分散成伞骨状，并将每股芯线拉直。

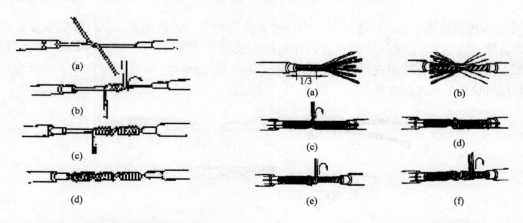

图1-2-6　单股铜芯导线的直接连接　　　　图1-2-7　7股铜芯导线的直接连接

b）把两导线的伞骨状线头隔股对叉，如图1-2-7（b）所示，然后捏平两端每股芯线。

c）先把一端的7股芯线按2、2、3股分成三组，接着把第一组芯线扳起，垂直于芯线，如图1-2-7（c）所示，然后按顺时针方向紧贴并缠两圈，再扳成与芯线平行的直角，如图1-2-7（d）所示。

d）按照上一步骤相同方法继续紧缠第二和第三组芯线，但在后一组芯线扳起时，应把扳起的芯线紧贴前一组芯线已弯成直角的根部，如图1-2-7（e）（f）所示。第三组芯线应紧缠三圈。每组多余的芯线端应剪去，并钳平切口毛刺。导线的另一端连接方法相同。

d. 19股铜芯导线的直接连接 连接方法与7股芯线的基本相同，芯线太多，可剪去中间的几股芯线，缠接后，在连接处尚需进行钎焊，以增强其机械强度和改善其导电性能。

e. 7股铜芯导线的T字分支连接 把分支芯线线头的1/8处根部进一步绞紧，再把7/8处部分的7股芯线分成两组，如图1-2-8（a）所示；接着把干线芯线用螺丝刀撬分两组，把支线四股芯线的一组插入干线的两组芯线中间，如图1-2-8（b）所示；然后把三股芯线的一组往干线一边按顺时针紧缠3～4圈，钳平切口，如图1-2-8（c）所示；另一组四股芯线则按逆时针方向缠绕4～5圈，两端均剪去多余部分，如图1-2-8（d）所示。

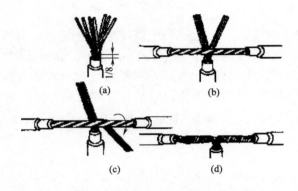

图1-2-8 7股铜芯导线的T字分支连接

f. 19股铜芯导线的T字分支连接 19股铜芯导线T字分支与7股芯线导线基本相同，只是将支路导线的芯线分成9根和10根，并将10根芯线插入干线芯线中，分开向干线左右缠绕。

②铝芯导线的连接

a. 螺钉压接法连接 适用于负荷较小的单股芯线连接。在线路上可通过开关、灯头和瓷接头上的接线桩螺钉进行连接。连接前必须用钢丝刷除去芯线表面的氧化铝膜，并立即涂上凡士林锌膏粉或中性凡士林，然后方可进行螺丝压接。作直线连接时，先把每根铝导线在接近线端处卷上2～3圈，以备线头断裂后再次连接用，若是两个或两个以上线头同接在一个接线桩时，则先把几个线头拧接成一体，然后压接。

b. 钳接管压接法连接 该方法适用于户内外较大负荷的多根芯线的连接。压接方法是：选用适应导线规格的钳接管（压接管），清除掉钳接管内孔和线头表面的氧化层，按如图1-2-9所示方法和要求，把两线头插入钳接管，用压接钳进行压接。若是钢芯铝绞线，两线之间则应衬垫一条铝质垫片，钳接管的压坑数和压坑位置的尺寸是有标准的（图1-2-9）。

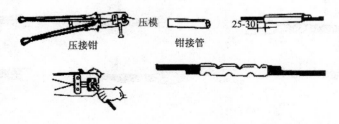

图1-2-9 铝芯导线的连接工具

c. 线头与针孔式接线桩的连接（图1-2-10）。

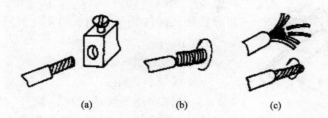

图1-2-10　线头与接线桩的连接

d. 线头与螺钉平压式接线桩的连接（图1-2-11、图1-2-12）。

图1-2-11　单股芯线羊眼圈弯法

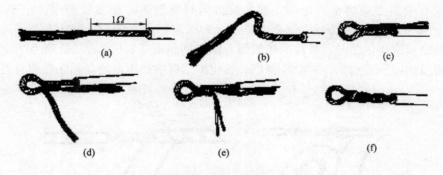

图1-2-12　多股芯线羊眼圈弯法

（3）导线的封端

1）锡焊封端法　适用于铜芯导线与铜接线端子的封端。方法是：焊接前，先清除导线端和接线耳内表面的氧化层，并涂上无酸焊锡膏，将线端搪一层锡后把接线耳加热，将锡熔化在接线耳孔内，再插入搪好锡的芯线继续加热，直到焊锡完全熔化渗透在线芯缝隙中为止。钎焊时，必须使锡液充分注入空隙，封口要丰满；灌满锡液后，导线与接线耳（或接线端子螺钉）之间的位置不可挪动，要等焊锡充分凝固后方可放手，否则，会使焊锡结晶粗糙，甚至脱焊图1-2-13。

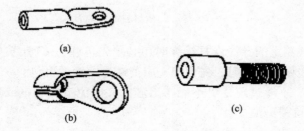

图1-2-13　铜接线耳

（a）大载流量用接线耳　（b）小载流量用接线耳　（c）接线端子螺钉

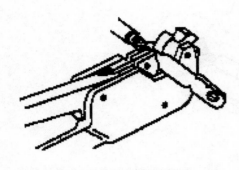

图 1 - 2 - 14 压接封端法

2）压接封端法 适用于铜导线和铝导线与接线端子的封端（但多用于铝导线的封端）。方法是：先把线端表面清除干净，将导线插入接线端子孔内，再用导线压接钳进行钳压，如图 1 - 2 -14所示。

3．绝缘层的恢复

● 绝缘材料选用

1）线圈内部导线绝缘层的恢复 线圈内部导线绝缘层有破损，或经过接头后，要根据线圈层间和匝间承受的电压及线圈的技术要求，选用合适的绝缘材料包覆。常用的绝缘材料有电容纸、黄蜡带、青壳纸和涤纶薄膜等。其中，电容纸和青壳纸的耐热性能最好，电容纸和涤纶薄膜最薄。电压较低的小型线圈选用电容纸，电压较高的选用涤纶薄膜；较大型的线圈则选用黄蜡带或青壳纸。

恢复方法：一般采用衬垫法，即在导线绝缘层破损处（或接头处）上下衬垫一层或两层绝缘材料，左右两侧借助于邻匝导线将其压住。衬垫时，绝缘垫层前后两端都要留出一倍于破损长度的余量。

2）线圈线端连接处绝缘层的恢复

①绝缘材料选用 一般选用黄蜡带、涤纶薄膜带或玻璃纤维带等绝缘材料。

②绝缘带的包缠方法：将绝缘带从完整绝缘层上开始包缠，包缠两根带宽后方可进入连接处的线芯部分。包至连接处的另一端时，也需同样包入完整绝缘层上两根带宽的距离，如图 1 - 2 - 15（a）所示。包缠时，绝缘带与导线保持约45°的倾斜角，每圈压叠带宽的1/2，如图 1 - 2 - 15（b）所示。包缠一层黄蜡带后，将黑胶布带接在黄蜡带的尾端，朝相反方向斜叠包缠一层黑胶布带，也要每圈压叠带宽的1/5～1/4，如图 1 - 2 - 15（c）所示。

若采用塑料绝缘带进行包缠时，就按上述包缠方法来回包缠 3～4 层后，留出 10～15mm 长段，再切断塑料绝缘带；将留出段用火点燃，并趁势将燃烧软化段用拇指摁压，使其粘贴在塑料绝缘带上。

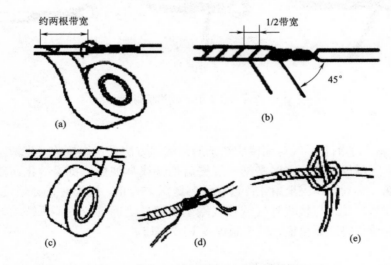

图 1 - 2 - 15 绝缘材料的包缠方法

③包缠要求 在380V线路上的导线恢复绝缘时，必须先包缠 1～2 层黄蜡带，然后再包缠一层黑胶布带。在220V线路上的导线恢复绝缘时，先包缠一层黄蜡带，然后再包缠一层黑胶布带。也可只包缠两层黑胶布带。绝缘带包缠时，不能过疏，更不能露出芯线，以免造成触电或短路事故。绝缘带平时不可放在温度很高的地方，也不可浸染油类。

（二）设备、工具的准备

为完成工作任务，每个工作小组需要向工作站内仓库工作人员提供借用工具清单（表 1 - 2 - 1）。

表1-2-1 _____工作岛借用工具清单

序号	名称（型号、规格）	数量	借出时间	学生签名	归还时间	学生签名	管理员签名
1							
2							
3							
4							
5							

（三）材料的准备

为完成工作任务，每个工作小组需要向工作站内仓库工作人员提供领用材料清单（表1-2-2）。

表1-2-2 _____工作岛借用材料清单

序号	名称（型号、规格）	数量	借出时间	学生签名	归还时间	学生签名	管理员签名
1							
2							
3							
4							
5							

（四）团队分配的方案

将学生分为5个小组，每个工作岛为1组，根据工作岛工位要求，每组6人，每组指定1人为小组长、2人为材料管理员，材料管理员负责材料领取分发，小组长负责组织本组相关问题的计划、实施及讨论汇总，填写各组人员工作任务实施所需文字材料的相关记录表。

五、制定工作计划

六、任务实施

（一）为了完成任务，必须正确回答以下问题

1. 单股铜芯导线的直接连接时，先把两线端_____形相交，互相绞_____圈，然后扳直两线端，将每线端在线芯上紧贴并绕_____圈。多余的线端剪去，并钳平切口_____。

2. 7股铜芯导线的直接连接时，先将剖去绝缘层的芯线头_____，接着把芯线头全长的1/3根部进一步_____，然后把余下的2/3根部的芯线头，分散成_____状，并将每股芯线拉直。把两导线的伞骨状线头隔股_____，然后捏平两端每股芯线。先把一端的7股芯线按2、2、3股分成_____组，接着把第一组芯线扳起，垂直于_____线，然后按_____方向紧贴并缠两圈，再扳成与芯线平行的直角。按照上一步骤相同方法继续紧缠第二和第三组芯线，但在后一组芯线扳起时，应把扳起的芯线紧贴前一组芯线已弯成直角的根部。第三组芯线应紧缠_____圈。每组多余的芯线端应剪去，并钳平切口毛刺。导线的另一端连接方法相同。

（二）导线的连接及绝缘层的恢复

1. 要求

①进行单股和多股铜线的线头绝缘层的剖削训练；

②进行单股铜芯线的直接连接训练；

③进行单股铜芯线与多股铜芯线的分支连接训练；

④进行多股铜芯线的直接连接和分支连接训练；

⑤进行单股铜芯线的锡焊训练；

⑥进行多股铜芯线的锡焊训练；

⑦进行恢复绝缘层的训练。

2. 工艺要求

（1）导线连接的基本要求

导线连接是电工作业的一项基本工序，也是一项十分重要的工序。导线连接的质量直接关系到整个线路能否安全可靠地长期运行。对导线连接的基本要求是：连接牢固可靠、接头电阻小、机械强度高、耐腐蚀耐氧化、电气绝缘性能好。

（2）绝缘层处理基本要求

为了进行连接，导线连接处的绝缘层已被去除。导线连接完成后，必须对所有绝缘层已被去除的部位进行绝缘处理，以恢复导线的绝缘性能，恢复后的绝缘强度应不低于导线原有的绝缘强度。导线连接处的绝缘处理通常采用绝缘胶带进行缠裹包扎。一般电工常用的绝缘带有黄蜡带、涤纶薄膜带、黑胶布带、塑料胶带、橡胶胶带等。绝缘胶带的宽度常用20mm的，使用较为方便。

3. 注意事项

由于铜铝两种金属的化学性质不同，在接触处容易电化学腐蚀，日久会引起接触不良、导电率差或接头断裂，因此，铜铝导线的连接应使用铜铝接头，或铜铝压接管。铜铝母线连接时，可采用将铜母线镀锡再与铝母线联接的方法。

七、任务评价

（一）成果展示

各小组派代表展示已连接好的导线接头。

其他小组提出的改进建议：＿＿＿＿＿＿＿＿＿＿＿＿＿＿＿＿＿＿＿＿＿＿＿＿＿＿＿＿＿＿＿＿＿

＿＿＿

（二）学生自我评估与总结

＿＿＿

＿＿。

（三）小组评估与总结

＿＿＿

＿＿。

（四）教师评估与总结

＿＿＿

＿＿。

（五）各小组对工作岗位的"6S"处理

在小组和教师都完成工作任务总结以后，各小组必须对自己的工作岗位进行"整理、整顿、清扫、清洁、安全、素养"；归还所借的工量具和实习工件。

（六）评价表（表1-2-3）

表1-2-3　　　　　　　　　　学习任务2　学会导线的连接及绝缘层的恢复

班级：＿＿＿＿＿＿　　　　　　　　　　　　指导教师：＿＿＿＿＿＿

小组：＿＿＿＿＿＿　　　　　　　　　　　　日期：＿＿＿＿＿＿

姓名：＿＿＿＿＿＿

评价项目	评价标准	评价依据	评价方式			权重	得分小计
			学生自评 20%	小组互评 30%	教师评价 50%		
职业素养	1. 遵守企业规章制度、劳动纪律 2. 按时按质完成工作任务 3. 积极主动承担工作任务，勤学好问 4. 人身安全与设备安全 5. 工作岗位6S完成情况	1. 出勤 2. 工作态度 3. 劳动纪律 4. 团队协作精神				0.3	
专业能力	1. 熟悉常用电工工具的选用、使用 2. 熟悉对各种导线的剖削方法 3. 熟悉各种导线的连接 4. 熟悉各种导线的绝缘层恢复 5. 认真填写学材上的相关资讯问答题	1. 操作的准确性和规范性 2. 工作页或项目技术总结完成情况 3. 专业技能任务完成情况				0.5	
创新能力	1. 在任务完成过程中能提出自己的有一定见解的方案 2. 在教学或生产管理上提出建议，具有创新性	1. 方案的可行性及意义 2. 建议的可行性				0.2	
合计							

八、技能拓展

1. 熟练使用脚踏板登高技能；
2. 熟练使用脚扣登高技能。

要求：（1）做好登高前准备，检查工具，做好安全检查；

　　　（2）进行脚踏板登高技能训练；

　　　（3）进行脚扣登高技能训练。

学习任务 3　安装简单的照明线路

一、任务描述

在此项典型工作任务中主要使学生掌握普通开关、普通照明灯、漏电断路器具等电气元件的选用，合理地布置和安装电气元件；根据控制要求设计一个简单的电路原理图并进行布线，安装完成后进行通电调试。

学生接到本任务后，应根据任务要求，准备工具、材料和仪器仪表，做好工作现场准备，严格遵守作业规范进行施工，线路安装完毕后进行通电调试并交检测指导教师验收。按照现场管理规范清理场地、归置物品。

二、任务要求

（1）掌握漏电断路器和普通开关的安装原则和控制要求；
（2）掌握螺口灯头的安装接线方法；
（3）掌握电气元件的布置和布线方法；
（4）能根据要求完成一个简单的照明线路进行安装接线并通电调试；
（5）认真填写学材上的相关资讯问答题。

三、能力目标

（1）学会正确识别、选用、安装、使用漏电断路器、普通开关和照明灯具，熟悉其功能、基本结构、工作原理及型号意义，熟记它们的图形符号和文字符号；
（2）学习绘制、识读电路原理图；
（3）熟悉线路安装的步骤，掌握一个简单的照明线路安装；
（4）各小组发挥团队合作精神，学会接触器自锁正转控制线路安装的步骤、实施和成果评估。

四、任务准备

（一）相关理论知识

1. 普通开关
（1）作用：接通或断开照明灯具的电源。
（2）分类：
1）按安装形式有：明装式：拉线开关和扳把（平头）开关；
　　　　　　　　　暗装式：跷板式开关和触碰式开关。
2）按结构形式有：单极开关、三极开关、单控开关、双控开关、旋转开关。
（3）安装要求：1）必须垂直安装，不能倒装、斜装、平装；
　　　　　　　　2）拉线开关离地 2～3m；
　　　　　　　　　跷板暗装开关离地 1.3m；
　　　　　　　　　距门框距离为 15～20cm；

（4）接线方法：1）公共点（静触点）接电源进线（进线端）；

2）动触点接灯座中心点（出线端）；

（5）注意事项：1）进线端、出线端不要接反；

2）零线不能进开关；

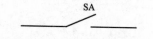

（6）图形符号及文字符号（图1－3－1）。

图1－3－1　普通开关的符号

2. 普通灯具

（1）结构：由灯丝、灯头、灯罩、灯杆和挂线盒组成。40W以下的灯泡内部抽成真空；40W以上的灯泡内部抽成真空后充有少量氩气或氮气，以减少钨丝挥发，延长寿命。

（2）原理：通电后，在高电阻作用下灯丝迅速发热发红，直到白炽程度而发光。

（3）灯泡的选用：根据使用场所、使用的电压高低和功率大小来正确选用。

（4）灯泡技术规格：＿＿＿＿＿＿＿＿＿

（5）灯座的分类

1）按固定灯泡形式分为：螺口、插口；按安装方式分为：吊式、平顶式、管式；

2）按材质分为：胶木、瓷质、金属；

3）按用途分为：普通型、防水型、安全型、多用型。

（6）灯具的安装高度：室外一般不低于3m；室内一般不低于2.4m；特殊情况，采取相应保护措施或改用36V安全电压。

（7）灯具的安装：吊灯灯具质量超过3kg时应预埋吊钩或螺栓。软线吊灯质量不超过1kg，否则应加装吊链。安装好的吊灯规定离地面2.5m或成人伸手向上碰不到为准，且灯头线不宜打结。

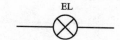

（8）灯座的接线方法：相线接灯座中心点、中性线接灯座螺纹圈。

（9）图形符号及文字符号（图1－3－2）。

3. DZ47LE系列漏电断路器

图1－3－2　普通灯泡的符号

（1）主要用途与使用范围

DZ47LE过压保护断路器适用于交流50Hz，单相220V的线路中，当发生过压时自动切断电源，保障人身安全和防止设备因过电压造成的事故，亦可作为保护线路的过载及漏电保护之用，及在正常情况下作为线路的不频繁转换之用。

（2）断路器的安装

1）安装时应检查铭牌及标志上的基本技术数据是否符合要求。

2）检查断路器，并人工操作几次，动作应灵活，确认完好无损，才能进行安装。

3）断路器应垂直安装，使手柄在下方，手柄向上的位置是动触头闭合位置。

（3）断路器的使用

1）要闭合过压保护断路器，须将手柄朝ON箭头方向往上推；要分断，将手柄朝OFF箭头方向往下拉。

2）断路器的过载、短路、过电压保护特性均由制造厂整定，使用中不能随意拆开调节。

3）断路器运行一定时期（一般为一个月）后，需要在闭合通电状态下按动实验按钮，检查过电压保护性能是否正常可靠（每按一次实验按钮，断路器均应分断一次），失常时应卸下更换或维修。

（4）图形符号及文字符号（图1－3－3）。

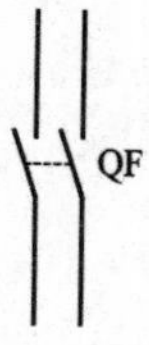

图1－3－3　断路器的符号

（二）设备、工具的准备

为完成工作任务，每个工作小组需要向工作站内仓库工作人员提供借用工具清单（表1-3-1）。

表1-3-1　　　　　　　　　　　　_____工作岛借用工具清单

序号	名称（型号、规格）	数量	借出时间	学生签名	归还时间	学生签名	管理员签名
1							
2							
3							
4							
5							

（三）材料的准备

为完成工作任务，每个工作小组需要向工作站内仓库工作人员提供领用材料清单（表1-3-2）。

表1-3-2　　　　　　　　　　　　_____工作岛借用材料清单

序号	名称（型号、规格）	数量	借出时间	学生签名	归还时间	学生签名	管理员签名
1							
2							
3							
4							
5							

（四）团队分配的方案

将学生分为5个小组，每个工作岛为1组，根据工作岛工位要求，每组6人，每组指定1人为小组长、2人为材料管理员，材料管理员负责材料领取分发，小组长负责组织本组相关问题的计划、实施及讨论汇总，填写各组人员工作任务实施所需文字材料的相关记录表。

五、制定工作计划

六、任务实施

（一）为了完成任务，必须正确回答以下问题

　　1）开关控制 220V 电源的_____线。

　　2）螺口平灯座的螺纹圈接线端应接电源的_____线，切勿接到_____线。

（二）安装简单的照明线路及故障排除

　　1. 设计电路

　　根据控制要求设计一个电路原理图

　　控制要求：

　　①合上开关，白炽灯泡亮；断开开关，白炽灯泡熄灭。

　　②线路有短路带漏电保护的空气断路器作为电源总开关。

　　2. 安装步骤及工艺要求

　　①逐个检验电气设备和元件的规格和质量是否合格。

　　②正确选配导线的规格、导线通道类型和数量、接线端子板型号等。

　　③在控制板上安装电器元件，并在各电器元件附近做好与电路图上相同代号的标记。

　　④选择合理的导线走向，做好导线通道的支持准备。

　　⑤检查电路的接线是否正确和接地通道是否具有连续性。

　　⑥检查元件的安装是否牢固。

　　⑦检测线路的绝缘电阻，清理安装场地。

　　3. 线路通电试验操作

　　通电操作

　　通电前检查：

　　①先用万用表检测所接电路是否正常；

　　②通电前将负载开关、电源开关处于断开（OFF）位置，然后向老师（组长）报告，提出通电操作申请；

　　③老师（组长）同意后，在场监护下方可进行下一步操作。

　　通电过程：

　　（1）安装电源线：

　　①最先接保护线（PE 线）；

　　②其次接零线（N 线）；

　　③最后接相线（U/V/W）。

　　（2）通电操作：

　　①先送电源总开关；

②其次送电源分开关；

③最后再送负载开关，观察通电情况，留意控制过程，理解控制原理。

断电操作

异常故障情况：

通电操作中，如发现异常，须第一时间按下急停按钮，切断电源，拆除电源线后，再查找原因。

正常断电操作：

（1）先分断负载开关；

（2）再分断电源分开关；

（3）最后断开电源总开关。

拆除电源线：断电后，先进行验电，确保没有电的情况下进行以下操作：

（1）先拆相线（U/V/W）；

（2）其次拆除零线（N线）；

（3）再拆除保护线（PE线/黄绿双色线）；

（4）最后必须检查电源全部线路的拆除情况（含不同地点接地线），确保无误后方可进行下一工作任务。

4. 注意事项

（1）不要漏接接地线。严禁采用金属软管作为接地通道。

（2）在安装、调试过程中，工具、仪表的使用应符合要求。

（3）通电操作时，必须严格遵守安全操作规程。

七、任务评价

（一）成果展示

各小组派代表上台总结完成任务的过程中，掌握了哪些技能技巧，发现错误后如何改正，并展示已接好的电路，通电试验。

（二）学生自我评估与总结

_____

_____

_____。

（三）小组评估与总结

_____

_____

_____。

（四）教师评估与总结

_____

_____

_____。

（五）各小组对工作岗位的"6S"处理

在小组和教师都完成工作任务总结以后，各小组必须对自己的工作岗位进行"整理、整顿、清扫、清洁、安全、素养"；归还所借的工量具和实习工件。

（六）评价表（表1-3-3）

表1-3-3　　　　　　　　　　**学习任务3　安装简单的照明线路及故障排除**

班级：＿＿＿＿＿＿＿　　小组：＿＿＿＿＿＿＿　　姓名：＿＿＿＿＿＿＿			指导教师：＿＿＿＿＿＿＿　　日期：＿＿＿＿＿＿＿				
评价项目	评价标准		评价依据	评价方式			权重	得分小计
				学生自评20%	小组互评30%	教师评价50%		
职业素养	1. 遵守企业规章制度、劳动纪律 2. 按时按质完成工作任务 3. 积极主动承担工作任务，勤学好问 4. 人身安全与设备安全 5. 工作岗位6S完成情况		1. 出勤 2. 工作态度 3. 劳动纪律 4. 团队协作精神				0.3	
专业能力	1. 熟悉漏电断路器、灯具和普通开关的功能、基本结构、工作原理及型号意义，熟记它们的图形符号和文字符号，学会正确识别、选用、安装、使用 2. 掌握简单照明电路的安装接线方法 3. 能根据控制要求设计电路原理图		1. 操作的准确性和规范性 2. 工作页或项目技术总结完成情况 3. 专业技能任务完成情况				0.5	
创新能力	1. 在任务完成过程中能提出自己的有一定见解的方案 2. 在教学或生产管理上提出建议，具有创新性		1. 方案的可行性及意义 2. 建议的可行性				0.2	
合计								

八、技能拓展

如果想使白炽灯灯泡的亮度可调应该怎么做？

学习任务 4　安装开关的串、并联控制线路

一、任务描述

　　根据控制要求设计电路原理图，控制要求：①两个开关都合上，节能灯泡会亮，断开任意一个开关，节能灯泡熄灭；只合其中一个开关，节能灯泡不会亮。②合上任何一个开关，节能灯泡都会亮；同时合上，节能灯泡也会亮，两个开关同时断开，节能灯泡才会熄灭。③线路有短路带漏电保护的空气断路器作为电源总开关。合理布置和安装电气元件，根据电气原理图进行布线。

　　学生接到本任务后，应根据任务要求，准备工具和仪器仪表，做好工作现场准备，严格遵守作业规范进行施工，线路安装完毕后进行调试，填写相关表格并交检测指导教师验收。按照现场管理规范清理场地、归置物品。

二、任务要求

1) 掌握普通开关的串、并联安装原则和控制要求；
2) 掌握螺口灯座的安装接线方法；
3) 能根据控制要求设计电路原理图；
4) 掌握电气元件的布置和布线方法；
5) 认真填写学材上的相关资讯问答题。

三、能力目标

1) 掌握普通开关的串、并联安装原则和控制要求；
2) 能熟悉合理布置和安装电气元件；
3) 学会根据电气原理图进行布线；
4) 各小组发挥团队合作精神，学会开关的串、并联控制线路安装的步骤、实施、成果评估。

四、任务准备

（一）相关理论知识

　　开关的串、并联

　　（1）开关的串联，如图 1 - 4 - 1 (a) 所示。

　　（2）开关的并联，如图 1 - 4 - 1 (b) 所示。

　　（a）开关串联　　　　　　　　（b）开关并联

图 1 - 4 - 1　开关串、并联符号

（二）设备、工具的准备

为完成工作任务，每个工作小组需要向工作站内仓库工作人员提供借用工具清单（表1-4-1）。

表1-4-1　　　　　　　　　　　　　**_____工作岛借用工具清单**

序号	名称（型号、规格）	数量	借出时间	学生签名	归还时间	学生签名	管理员签名
1							
2							
3							
4							
5							

（三）材料的准备

为完成工作任务，每个工作小组需要向工作站内仓库工作人员提供领用材料清单（表1-4-2）。

表1-4-2　　　　　　　　　　　　　**_____工作岛借用材料清单**

序号	名称（型号、规格）	数量	借出时间	学生签名	归还时间	学生签名	管理员签名
1							
2							
3							
4							
5							

（四）团队分配的方案

将学生分为5个小组，每个工作岛为1组，根据工作岛工位要求，每组6人，每组指定1人为小组长、2人为材料管理员，材料管理员负责材料领取分发，小组长负责组织本组相关问题的计划、实施及讨论汇总，填写各组人员工作任务实施所需文字材料的相关记录表。

五、制定工作计划

六、任务实施

（一）为了完成任务，必须正确回答以下问题

电源的零线接螺口头的_____。

（二）安装开关的串、并联控制线路

1. 设计要求

（1）根据控制要求设计开关的串、并联控制电路。

控制要求：

①两个开关都合上，节能灯泡会亮，断开任意一个开关，节能灯泡熄灭；只合其中一个开关，节能灯泡不会亮。

②合上任何一个开关，节能灯泡都会亮；同时合上，节能灯泡也会亮，两个开关同时断开，节能灯泡才会熄灭。

③线路有短路带漏电保护的空气断路器作为电源总开关。

（2）根据任务要求设计出开关的串、并联控制线路电器布置图。

2. 安装步骤及工艺要求

（1）逐个检验电气设备和元件的规格和质量是否合格；

（2）正确选配导线的规格、导线通道类型和数量、接线端子板型号等；

（3）在控制板上安装电器元件，并在各电器元件附近做好与电路图上相同代号的标记；

（4）按照控制板内布线的工艺要求进行布线和套编码套管；

（5）选择合理的导线走向，做好导线通道的支持准备，并安装控制板外部的所有电器；

（6）进行外部布线，并在导线线头上套装与电路图相同线号的编码套管。对于可移动的导线通道应放适当的余量，使金属软管在运动时不承受拉力，并按规定在通道内放好备用导线；

（7）检查电路的接线是否正确和接地通道是否具有连续性；

（8）检测线路的绝缘电阻，清理安装场地。

3. 通电调试

（1）通电试验时，应认真观察各电器元件、线路工作情况；

（2）通电试验时，应检查各项功能操作是否正常。

4. 注意事项

（1）不要漏接接地线，严禁采用金属软管作为接地通道；

（2）在导线通道内敷设的导线进行接线时，必须集中思想，做到查出一根导线，立即套上编码套管，接上后再进行复验；

（3）在安装、调试过程中，工具、仪表的使用应符合要求；

（4）通电操作时，必须严格遵守安全操作规程。

七、任务评价

（一）成果展示

各小组派代表上台总结完成任务的过程中，掌握了哪些技能技巧，发现错误后如何改正，并展示已接好的电路，通电试验效果。

开关通断情况：_____

节能灯通电情况：_____

其他小组提出的改进建议：_____

_____

_____

_____

（二）学生自我评估与总结

_____

_____

_____

_____。

（三）小组评估与总结

_____

_____

_____

_____。

（四）教师评估与总结

_____

_____

_____

_____。

（五）各小组对工作岗位的"6S"处理

在小组和教师都完成工作任务总结以后，各小组必须对自己的工作岗位进行"整理、整顿、清扫、清洁、安全、素养"；归还所借的工量具和实习工件。

（六）评价表（表 1 -4 -3）

表 1 -4 -3　　　　　学习任务 4　安装开关串、并联控制线路评价表

班级：＿＿＿＿＿＿　　　　　指导教师：＿＿＿＿＿＿
小组：＿＿＿＿＿＿　　　　　日期：＿＿＿＿＿＿
姓名：＿＿＿＿＿＿

评价项目	评价标准	评价依据	学生自评 20%	小组互评 30%	教师评价 50%	权重	得分小计
职业素养	1. 遵守企业规章制度、劳动纪律 2. 按时按质完成工作任务 3. 积极主动承担工作任务，勤学好问 4. 人身安全与设备安全 5. 工作岗位 6S 完成情况	1. 出勤 2. 工作态度 3. 劳动纪律 4. 团队协作精神				0.3	
专业能力	1. 掌握电气元件的检测 2. 掌握各电气元件的安装与接线方法 3. 会独立按照电气原理图进行安装接线 4. 具有较强的故障分析和处理能力 5. 认真填写学材上的相关资讯问答题。	1. 操作的准确性和规范性 2. 工作页或项目技术总结完成情况 3. 专业技能任务完成情况				0.5	
创新能力	1. 在任务完成过程中能提出自己的有一定见解的方案 2. 在教学或生产管理上提出建议，具有创新性	1. 方案的可行性及意义 2. 建议的可行性				0.2	
合计							

八、技能拓展

试设计一个简单调光灯照明线路。

要求：（1）用可控硅型调速器作为调光控制器；

　　　（2）线路有短路和漏电保护。

学习任务 5　安装和调试两地控制电路

一、任务描述

根据控制要求设计电路原理图，控制要求：①用一只单联开关来控制楼道口的灯，无论单联开关装在楼上还是楼下，开灯和关灯都不方便，单联开关装在楼下，到楼上就无法关灯；反之，装在楼上同样不方便。因此，为了方便和节约用电，在楼上、楼下各装一只双联开关来控制，这就是用二只双联开关控制一只白炽灯电路。②线路有短路带漏电保护的空气断路器作为电源总开关。合理布置和安装电气元件，根据电气原理图进行布线。

学生接到本任务后，应根据任务要求，准备工具和仪器仪表，做好工作现场准备，严格遵守作业规范进行施工，线路安装完毕后进行调试，填写相关表格并交检测指导教师验收。按照现场管理规范清理场地、归置物品。

二、任务要求

1）掌握双联开关的安装接线方法和控制要求；
2）能根据控制要求设计电路原理图；
3）掌握电气元件的布置和布线方法；
4）认真填写学材上的相关资讯问答题。

三、能力目标

1）学会使用双联开关；
2）能进行设计两地控制电路原理图；
3）能根据两地控制电路的原理合理布置、安装电气元件；
4）能根据电气原理图进行布线；
5）各小组发挥团队合作精神，学会两地控制电路安装的步骤、实施、成果评估。

四、任务准备

（一）相关理论知识

1. 单联开关与双联开关的区别

单联开关特点：通与断；单联开关只作灯的一个地点控制通断作用。

双联开关特点：上通下断或下通上断；双联开关可作为二地分别控制灯通断作用。

双联单控：组合在一起的两个单开，控制两个点位灯光；

双联双控：又分单联双控和双联双控，多用于两个位置对一个点位灯光开关的控制，或两个点位灯光开关的控制，常用于楼梯间。

2. 双联开关的结构（图 1–5–1）

双联开关有三个接线端，其中接线端 L 为连接铜片（简称连片），就像一个活动的桥梁，无论怎样拨动开关，连片 L 总要跟接线端 L1、L2 中的任一个保持接触，从而达到控制电路通或者断的目的。

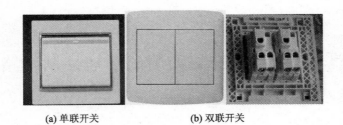

(a) 单联开关　　　　　　(b) 双联开关

图 1 - 5 - 1　单联开关与双联开关的外形图

3. 双联开关的接线

（1）图形符号及文字符号，如图 1 - 5 - 2 所示。

（2）典型接线按照电气原理图接线，如图 1 - 5 - 3 所示。

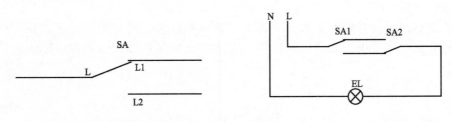

图 1 - 5 - 2　双联开关的符号　　　　　　图 1 - 5 - 3　双联开关的电气原理图

（二）设备、工具的准备

为完成工作任务，每个工作小组需要向工作站内仓库工作人员提供借用工具清单（表 1 - 5 - 1）。

表 1 - 5 - 1　　　　　　　　　　工作岛借用工具清单

序号	名称（型号、规格）	数量	借出时间	学生签名	归还时间	学生签名	管理员签名
1							
2							
3							
4							
5							

（三）材料的准备

为完成工作任务，每个工作小组需要向工作站内仓库工作人员提供领用材料清单（表 1 - 5 - 2）。

表 1 - 5 - 2　　　　　　　　　　工作岛借用材料清单

序号	名称（型号、规格）	数量	借出时间	学生签名	归还时间	学生签名	管理员签名
1							
2							
3							
4							
5							

（四）团队分配的方案

将学生分为 5 个小组，每个工作岛为 1 组，根据工作岛工位要求，每组 6 人，每组指定 1 人为小组长、2 人为材料管理员，材料管理员负责材料领取分发，小组长负责组织本组相关问题的计划、实施及讨论汇总，填写各组人员工作任务实施所需文字材料的相关记录表。

五、制定工作计划

六、任务实施

（一）为了完成任务，必须正确回答以下问题

1）单联开关只作灯的_____个地点控制通断作用；

2）双联开关可作为_____地分别可控制灯通断作用。

（二）安装和调试两地控制线路

1. 设计要求

（1）根据控制要求设计、调试两地控制电路，控制要求：

①用一只单联开关来控制楼道口的灯，无论单联开关装在楼上还是楼下，开灯和关灯都不方便，装在楼下，上楼时开灯方便，到楼上就无法关灯；反之，装在楼上同样不方便。因此，为了方便和节约用电，就在楼上、楼下各装一只双联开关来同时控制楼道口的这盏灯，这就是用二只双联开关控制一只白炽灯电路。

②线路有短路带漏电保护的空气断路器作为电源总开关。

（2）根据任务要求设计出两地控制线路电器布置图。

2. 安装步骤及工艺要求

（1）逐个检验电气设备和元件的规格和质量是否合格；

（2）正确选配导线的规格、导线通道类型和数量、接线端子板型号等；

（3）在控制板上安装电器元件，并在各电器元件附近做好与电路图上相同代号的标记；

（4）按照控制板内布线的工艺要求进行布线和套编码套管；

（5）选择合理的导线走向，做好导线通道的支持准备，并安装控制板外部的所有电器；

（6）进行外部布线，并在导线线头上套装与电路图相同线号的编码套管。对于可移动的导线通道应放适当的余量，使金属软管在运动时不承受拉力，并按规定在通道内放好备用导线；

（7）检查电路的接线是否正确和接地通道是否具有连续性；

（8）检测线路的绝缘电阻，清理安装场地。

3. 通电调试

（1）通电试验时，应认真观察各电器元件、线路工作情况；

（2）通电试验时，应检查各项功能操作是否正常。

4. 注意事项

（1）不要漏接接地线，严禁采用金属软管作为接地通道；

（2）在导线通道内敷设的导线进行接线时，必须集中思想，做到查出一根导线，立即套上编码套管，接上后再进行复验；

（3）在安装、调试过程中，工具、仪表的使用应符合要求；

（4）通电操作时，必须严格遵守安全操作规程。

七、任务评价

（一）成果展示

各小组派代表上台总结完成任务的过程中，掌握了哪些技能技巧，发现错误后如何改正，并展示已接好的电路，通电试验效果。

开关通断情况： _____

节能灯通电情况： _____

其他小组提出的改进建议： _____

_____

（二）学生自我评估与总结

_____

_____

_____。

（三）小组评估与总结

_____

_____

_____。

（四）教师评估与总结

_____

_____

_____

_____。

（五）各小组对工作岗位的"6S"处理

在小组和教师都完成工作任务总结以后，各小组必须对自己的工作岗位进行"整理、整顿、清扫、清洁、安全、素养"；归还所借的工量具和实习工件。

（六）评价表（表1-5-3）

表1-5-3 　　　　　　　　学习任务5 安装和调试两地控制线路评价表

班级：_____			指导教师：_____				
小组：_____			日期：_____				
姓名：_____							

评价项目	评价标准	评价依据	评价方式			权重	得分小计
			学生自评 20%	小组互评 30%	教师评价 50%		
职业素养	1. 遵守企业规章制度、劳动纪律 2. 按时按质完成工作任务 3. 积极主动承担工作任务，勤学好问 4. 人身安全与设备安全 5. 工作岗位6S完成情况	1. 出勤 2. 工作态度 3. 劳动纪律 4. 团队协作精神				0.3	
专业能力	1. 学会使用双联开关 2. 设计两地控制电路原理图 3. 合理布置、安装电气元件 4. 根据电气原理图进行布线 5. 认真填写学材上的相关资讯问答题	1. 操作的准确性和规范性 2. 工作页或项目技术总结完成情况 3. 专业技能任务完成情况				0.5	
创新能力	1. 在任务完成过程中能提出自己的有一定见解的方案 2. 在教学或生产管理上提出建议，具有创新性	1. 方案的可行性及意义 2. 建议的可行性				0.2	
合计							

八、技能拓展

试用双联开关画出多种多地控制线路图。

要求：（1）必须是两个双联开关控制一盏灯；

　　　　（2）线路要有短路和漏电保护。

学习任务 6　安装 24V 安全行灯的线路

一、任务描述

根据控制要求设计电路原理图，控制要求：①合上开关，24V 安全行灯灯泡点亮；断开开关，24V 安全行灯灯泡熄灭；②线路有短路带漏电保护的断路器作为电源总开关，合理布置和安装电气元件，根据电气原理图进行布线。

学生接到本任务后，应根据任务要求，准备工具和仪器仪表，做好工作现场准备，严格遵守作业规范进行施工，线路安装完毕后进行调试，填写相关表格并交检测指导教师验收。按照现场管理规范清理场地、归置物品。

二、任务要求

1）掌握 24V 安全行灯的安装接线方法和控制要求；
2）能根据控制要求设计电路原理图；
3）掌握电气元件的布置和布线方法；
4）认真填写学材上的相关问答题。

三、能力目标

1）学会使用隔离变压器；
2）掌握 24V 安全行灯的控制原理，根据电路要求，合理布置、安装电气元件；
3）能根据电气原理图进行布线；
4）各小组发挥团队合作精神，学会 24V 安全行灯的线路安装的步骤、实施、成果评估。

四、任务准备

（一）相关理论知识

1. 隔离变压器结构原理

（1）变压器的工作原理：当变压器原边线圈接交流电源时，原边线圈就有交变电流通过，使铁心中产生一个交变磁通，且它的变化频率与电源电压频率一致，磁通同时穿过一次副边线圈，在原边线圈中产生一个交变电动势 E_1，副边线圈感应而产生一个交变电动势 E_2，由于两线圈套在同一个铁心上，因此铁心磁通在两个线圈的每匝上感应出来的电动势是相等的，这样，匝数不同的线圈就分别感应出大小不同的电动势来。

（2）隔离变压器的安全原理：隔离变压器是特殊用途的专用设备，和普通变压器不同之处不单是次级不接地，而且次级线包间还有隔离层，此隔离层与初级接地端相接，所以次级端不仅与电网完全隔离，而且还隔离了静电场，它的安全性在于因次级不接地。因而输出端与地不构成回路，当人体单端接触输出时不会触电。其次因有静电隔离，在次级工作中就避免了静电干扰和静电击穿发生。

（3）隔离变压器的特点

1）若电网三次谐波和干扰信号比较严重，可以去掉三次谐波和减少干扰信号；

34

2）可以产生新的中性线，避免由于电网中性线不良造成设备运行不正常；

3）非线性负载引起的电流波形畸变（如三次谐波）可被隔离而不污染电网；

4）防止非线性负载的电流畸变影响到交流电源的正常工作及对电网产生污染，起到净化电网的作用；

5）在隔离变压器输入端采样，使得非线性负载电流的畸变不影响取样的准确性，得到能反映实际情况的控制信号；

6）若负载不平衡，也不影响稳压电源的正常工作。

2. 安全电压

安全电压是指人体不戴任何防护设备时，触及带电体不受电击或电伤。人体触电的本质是电流通过人体产生了有害效应，然而触电的形式通常都是人体的两部分同时触及了带电体，而且这两个带电体之间存在着电位差。因此在电击防护措施中，要将流过人体的电流限制在无危险范围内，即将人体能触及的电压限制在安全的范围内。国家标准制定了安全电压系列，称为安全电压等级或额定值，这些额定值指的是交流有效值，分别为：42V、36V、24V、12V、6V 等几种。

（二）设备、工具的准备

为完成工作任务，每个工作小组需要向工作站内仓库工作人员提供借用工具清单（表 1-6-1）。

表 1-6-1　　　　　　　　　　　　工作岛借用工具清单

序号	名称（型号、规格）	数量	借出时间	学生签名	归还时间	学生签名	管理员签名
1							
2							
3							
4							
5							

（三）材料的准备

为完成工作任务，每个工作小组需要向工作站内仓库工作人员提供借用材料清单（表 1-6-2）。

表 1-6-2　　　　　　　　　　　　工作岛借用材料清单

序号	名称（型号、规格）	数量	借出时间	学生签名	归还时间	学生签名	管理员签名
1							
2							
3							
4							
5							

（四）团队分配的方案

将学生分为 5 个小组，每个工作岛为 1 组，根据工作岛工位要求，每组 6 人，每组指定 1 人为小组长、2 人为材料管理员，材料管理员负责材料领取分发，小组长负责组织本组相关问题的计划、实施及讨论汇总，填写各组人员工作任务实施所需文字材料的相关记录表。

五、制定工作计划

六、任务实施

（一）为了完成任务，必须回答以下问题

1) 国家标准制定了安全电压系列，称为安全电压等级或额定值，这些额定值指的是_____有效值，分别为：_____ V、_____ V、_____ V、_____ V、_____ V 等几种。

2) 隔离变压器是特殊用途的专用设备，和普通变压器不同之处不单是次级_____，而且初、次级线包间还有_____层。

（二）安装与调试 24V 安全行灯的线路控制线路

1. 设计要求

（1）根据控制要求设计、调试 24V 安全行灯的线路。控制要求：

①合上开关，24V 安全行灯灯泡点亮；断开开关，24V 安全行灯灯泡熄灭。

②线路有短路带漏电保护的空气断路器作为电源总开关。

（2）根据任务要求设计出 24V 安全行灯的线路电器布置图。

2. 安装步骤及工艺要求

（1）逐个检验电气设备和元件的规格和质量是否合格；

（2）正确选配导线的规格、导线通道类型和数量、接线端子板型号等；

（3）在控制板上安装电器元件，并在各电器元件附近做好与电路图上相同代号的标记；

（4）按照控制板内布线的工艺要求进行布线和套编码套管；

（5）选择合理的导线走向，做好导线通道的支持准备，并安装控制板外部的所有电器；

（6）进行外部布线，并在导线线头上套装与电路图相同线号的编码套管。对于可移动的导线通道应放适当的余量，使金属软管在运动时不承受拉力，并按规定在通道内放好备用导线；

（7）检查电路的接线是否正确和接地通道是否具有连续性；

（8）检测线路的绝缘电阻，清理安装场地。

3. 通电调试

（1）通电试验时，应认真观察各电器元件、线路工作情况；

（2）通电试验时，应检查各项功能操作是否正常。

4. 注意事项

（1）不要漏接接地线，严禁采用金属软管作为接地通道；

（2）在导线通道内敷设的导线进行接线时，必须集中思想，做到查出一根导线，立即套上编码套管，接上后再进行复验；

（3）在安装、调试过程中，工具、仪表的使用应符合要求；

（4）通电操作时，必须严格遵守安全操作规程。

七、任务评价

（一）成果展示

各小组派代表上台总结完成任务的过程中，掌握了哪些技能技巧，发现错误后如何改正，并展示已接好的电路，通电试验效果。

开关通断情况：_____

24V 安全行灯通电情况：_____

其他小组提出的改进建议：_____

_____

（二）学生自我评估与总结

_____

_____

_____。

（三）小组评估与总结

_____

_____

_____。

（四）教师评估与总结

_____

_____

_____。

（五）各小组对工作岗位的"6S"处理

在小组和教师都完成工作任务总结以后，各小组必须对自己的工作岗位进行"整理、整顿、清扫、清洁、安全、素养"；归还所借的工量具和实习工件。

（六）评价表（表1-6-3）

表1-6-3　　　　　学习任务6　安装和调试24V安全行灯的线路评价表

班级：_____　　　　　　　指导教师：_____

小组：_____　　　　　　　日期：_____

姓名：_____

评价项目	评价标准	评价依据	评价方式			权重	得分小计
			学生自评 20%	小组互评 30%	教师评价 50%		
职业素养	1. 遵守企业规章制度、劳动纪律 2. 按时按质完成工作任务 3. 积极主动承担工作任务，勤学好问 4. 人身安全与设备安全 5. 工作岗位6S完成情况	1. 出勤 2. 工作态度 3. 劳动纪律 4. 团队协作精神				0.3	
专业能力	1. 学会使用隔离变压器 2. 合理布置、安装电气元件 3. 根据电气原理图进行布线 4. 认真填写学材上的相关资讯问答题	1. 操作的准确性和规范性 2. 工作页或项目技术总结完成情况 3. 专业技能任务完成情况				0.5	
创新能力	1. 在任务完成过程中能提出自己的有一定见解的方案 2. 在教学或生产管理上提出建议，具有创新性	1. 方案的可行性及意义 2. 建议的可行性				0.2	
合计							

八、技能拓展

试说明隔离变压器与自耦变压器的区别，并设计用自耦变压器调压控制一个灯的电路。

要求：（1）有短路和漏电保护；

　　　（2）用自耦变压器对灯的额定电压进行调节。

学习任务7 安装常见的室内简单照明线路

一、任务描述

根据控制要求设计电路原理图，控制要求：①线路有短路带漏电保护的空气断路器作为电源总开关；②合上电源总开关后，插座有电；③合上一位开关，日光灯点亮；断开开关，日光灯熄灭。合理布置和安装电气元件，根据电气原理图进行布线。

学生接到本任务后，应根据任务要求，准备工具和仪器仪表，做好工作现场准备，严格遵守作业规范进行施工，线路安装完毕后进行调试，填写相关表格并交检测指导教师验收。按照现场管理规范清理场地、归置物品。

二、任务要求

1）能根据控制要求设计电路原理图；
2）掌握电气元件的布置和布线方法；
3）认真填写学材上的相关资讯问答题。

三、能力目标

1）熟练掌握插座和日光灯的接线；
2）理解室内线路的布置规则，根据控制要求，合理布置、安装电气元件；
3）能根据电气原理图进行布线；
4）各小组发挥团队合作精神，学会常见的室内线路安装的步骤、实施、成果评估。

四、任务准备

（一）相关理论知识

1. 用电安全技术简介

低压配电系统是电力系统的末端，分布广泛，几乎遍及建筑的每一角落，平常使用最多的是380/220V的低压配电系统。从安全用电等方面考虑，低压配电系统有三种接地形式，IT系统、TT系统、TN系统。TN系统又分为TN—S系统、TN—C系统、TN—C—S系统三种形式。

（1）IT系统 IT系统就是电源中性点不接地、用电设备外壳直接接地的系统，如图1－7－1所示。IT系统中，连接设备外壳可导电部分和接地体的导线，就是PE线。

（2）TT系统 TT系统就是电源中性点直接接地、用电设备外壳也直接接地的系统，如图1－7－2所示。通常将电源中性点的接地叫做工作接地，而设备外壳接地叫做

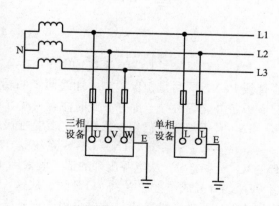

图1－7－1 IT接地

保护接地。TT 系统中，这两个接地必须是相互独立的。设备接地可以是每一设备都有各自独立的接地装置，也可以若干设备共用一个接地装置，图 1 - 7 - 2 中单相设备和单相插座就是共用接地装置的。

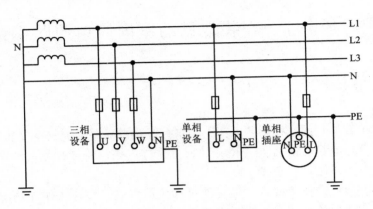

图 1 - 7 - 2 TT 系统接地

（3）TN 系统 TN 系统即电源中性点直接接地、设备外壳等可导电部分与电源中性点有直接电气连接的系统，它有三种形式，分述如下。

①TN—S 系统 TN—S 系统如图 1 - 7 - 3 所示。图中中性线 N 与 TT 系统相同，在电源中性点工作接地，而用电设备外壳等可导电部分通过专门设置的保护线 PE 连接到电源中性点上。在这种系统中，中性线 N 和保护线 PE 是分开的。TN—S 系统的最大特征是 N 线与 PE 线在系统中性点分开后，不能再有任何电气连接。TN—S 系统是我国现在应用最为广泛的一种系统（又称三相五线制）。新楼宇大多采用此系统。

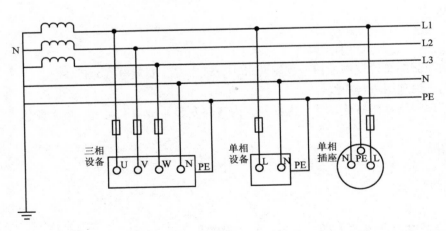

图 1 - 7 - 3 TN - S 系统接地

②TN - C 系统 TN - C 系统如图 1 - 7 - 4 所示，它将 PE 线和 N 线的功能综合起来，由一根称为保护中性线 PEN，同时承担保护和中性线两者的功能。在用电设备处，PEN 线既连接到负荷中性点上，又连接到设备外壳等可导电部分。此时注意火线（L）与零线（N）要接对，否则外壳要带电。

TN - C 系统现在已很少采用，尤其是在民用配电中已基本上不允许采用 TN—C 系统。

③TN - C - S 系统 TN - C - S 系统是 TN - C 系统和 TN—S 系统的结合形式，如图 1 - 7 - 5 所示。TN - C - S 系统中，从电源出来的那一段采用 TN - C 系统只起能的传输作用，到用电负荷附近某一点处，将 PEN 线分开成单独的 N 线和 PE 线，从这一点开始，系统相当于 TN - S 系统。TN - C - S 系统也是现在应用比较广泛的一种系统。这里采用了重复接地这一技术。此系统适用于旧楼改造。

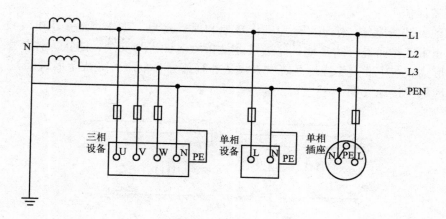

图 1 - 7 - 4　TN - C 系统接地

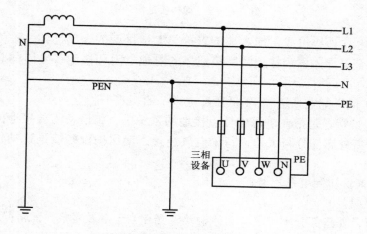

图 1 - 7 - 5　TN - C - S 系统接地

为降低因绝缘破坏而遭到电击的危险，对于以上不同的低压配电系统型式，电气设备常采用保护接地、保护接零、重复接地等不同的安全措施（图 1 - 7 - 6）。

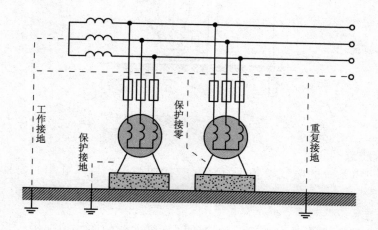

图 1 - 7 - 6　保护接地、工作接地、重复接地及保护接零示意图

2. 接地和接零保护

（1）保护接地　按功能分，接地可分为工作接地和保护接地。工作接地是指电气设备（如变压器中性点）为保证其正常工作而进行的接地；保护接地是指为保证人身安全，防止人体接触设备外露部分而触电的一种接地形式。在中性点不接地系统中，设备外露部分（金属外壳或金属构架），必须与大地进行可靠电气连接，即保护接地（图1-7-7）。

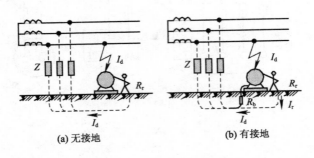

图1-7-7　保护接地原理图

接地装置由接地体和接地线组成，埋入地下直接与大地接触的金属导体，称为接地体，连接接地体和电气设备接地螺栓的金属导体称为接地线。接地体的对地电阻和接地线电阻的总和，称为接地装置的接地电阻。

保护接地常用在IT低压配电系统和TT低压配电系统的型式中。

（2）保护接零　保护接零是指在电源中性点接地的系统中，将设备需要接地的外露部分与电源中性线直接连接，相当于设备外露部分与大地进行了电气连接，使保护设备能迅速动作断开故障设备，减少了人体触电危险。

保护接零适用于TN低压配电系统型式。

保护接零的工作原理：

当设备正常工作时，外露部分不带电，人体触及外壳相当于触及零线，无危险，如图1-7-8所示。

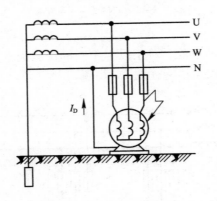

图1-7-8　保护接零原理图

采用保护接零时应注意：

1）同一台变压器供电系统的电气设备不宜将保护接地和保护接零混用，而且中性点工作接地必须可靠。

2）保护零线上不准装设熔断器。

区别：将金属外壳用保护接地线（PEE）与接地极直接连接的叫接地保护；当将金属外壳用保护线（PE）与保护中性线（PEN）相连接的则称之为接零保护。

3）重复接地　在电源中性线做了工作接地的系统中，为确保保护接零的可靠，还需相隔一定距离将中性线或接地线重新接地，称为重复接地。

从图1-7-9（a）可以看出，一旦中性线断线，设备外露部分带电，人体触及同样会有触电的可能。而在重复接地的系统中，如图1-7-9（b）所示，即使出现中性线断线，但外露部分因重复接地而使其对地电压大大下降，对人体的危害也大大下降。不过应尽量避免中性线或接地线出现断线的现象。

以上分析的电击防护措施是从降低接触电压方面进行考虑的。但实际上这些措施往往还不够完善，需要采用其他保护措施作为补充。例如，采用漏电保护器、过电流保护电器等措施。

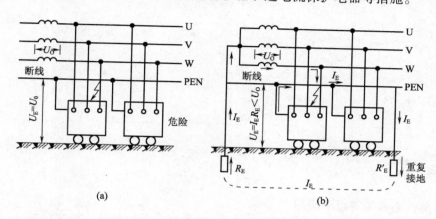

图1-7-9 重复接地作用

（二）设备、工具的准备

为完成工作任务，每个工作小组需要向工作站内仓库工作人员提供借用工具清单（表1-7-1）。

表1-7-1 _____工作岛借用工具清单

序号	名称（型号、规格）	数量	借出时间	学生签名	归还时间	学生签名	管理员签名
1							
2							
3							
4							
5							

（三）材料的准备

为完成工作任务，每个工作小组需要向工作站内仓库工作人员提供领用材料清单（表1-7-2）。

表1-7-2 _____工作岛借用材料清单

序号	名称（型号、规格）	数量	借出时间	学生签名	归还时间	学生签名	管理员签名
1							
2							
3							
4							
5							

（四）团队分配的方案

将学生分为5个小组，每个工作岛为1组，根据工作岛工位要求，每组6人，每组指定1人为小组长、2人为材料管理员，材料管理员负责材料领取分发，小组长负责组织本组相关问题的计划、实施及讨论汇总，填写各组人员工作任务实施所需文字材料的相关记录表。

五、制定工作计划

六、任务实施

（一）为了完成任务，必须回答以下问题

1）插座的垂直离地距离不得低于_____ m，特殊情况可允许低装，但不得低于_____ m。幼儿园、托儿所、小学等儿童集中场所，为了防止儿童玩弄禁止低装。

2）日光灯接线时，相线必须与_____一端相连，镇流器另一端接_____。

（二）安装与调试常见的室内简单照明线路及故障排除

1. 设计要求

（1）根据控制要求设计、调试两地控制电路，控制要求：

①线路有短路带漏电保护的空气断路器作为电源总开关；

②合上电源总开关后，插座有电；

③合上一位开关，日光灯点亮；断开开关，日光灯熄灭。

（2）根据任务要求设计常见的室内简单照明线路及故障排除线路电器布置图。

2. 安装步骤及工艺要求

（1）逐个检验电气设备和元件的规格和质量是否合格。

（2）正确选配导线的规格、导线通道类型和数量、接线端子板型号等。

（3）在控制板上安装电器元件，并在各电器元件附近做好与电路图上相同代号的标记。

（4）按照控制板内布线的工艺要求进行布线和套编码套管。

（5）选择合理的导线走向，做好导线通道的支持准备，并安装控制板外部的所有电器。

（6）进行布线，并在导线线头上套装与电路图相同线号的编码套管。对于可移动的导线通道应放适当的余量，使金属软管在运动时不承受拉力，并按规定在通道内放好备用导线。

（7）检查电路的接线是否正确和接地通道是否具有连续性。

（8）检测线路的绝缘电阻，清理安装场地。

3. 通电调试

（1）通电试验时，应认真观察各电器元件、线路；

（2）通电试验时，应检查各项指标操作是否正常；

4. 注意事项

（1）不要漏接接地线。严禁采用金属软管作为接地通道。

（2）在导线通道内敷设的导线进行接线时，必须集中思想，做到查出一根导线，立即套上编码套管，接上后再进行复验。

（3）在安装、调试过程中，工具、仪表的使用应符合要求。

（4）通电操作时，必须严格遵守安全操作规程。

七、任务评价

（一）成果展示

各小组派代表上台总结完成任务的过程中，掌握了哪些技能技巧，发现错误后如何改正，并展示已接好的电路，通电试验效果。

开关通断情况：_____

日光灯通电情况：_____

其他小组提出的改进建议：_____

_____

_____

（二）学生自我评估与总结

_____

_____

_____。

（三）小组评估与总结

_____

_____

_____。

（四）教师评估与总结

_____

_____

_____。

（五）各小组对工作岗位的"6S"处理

在小组和教师都完成工作任务总结以后，各小组必须对自己的工作岗位进行"整理、整顿、清扫、清洁、安全、素养"；归还所借的工量具和实习工件。

（六）评价表（表1-7-3）

表1-7-3　　　学习任务7　安装常见的室内简单照明线路及故障排除评价表

班级：_____ 小组：_____ 姓名：_____		指导教师：_____ 日期：_____					
评价 项目	评价标准	评价依据	评价方式			权重	得分 小计
			学生 自评 20%	小组 互评 30%	教师 评价 50%		
职业 素养	1. 遵守企业规章制度、劳动纪律 2. 按时按质完成工作任务 3. 积极主动承担工作任务，勤学好问 4. 人身安全与设备安全 5. 工作岗位6S完成情况	1. 出勤 2. 工作态度 3. 劳动纪律 4. 团队协作精神				0.3	
专业 能力	1. 学会插座和日光灯的接线 2. 合理布置、安装电气元件 3. 根据电气原理图进行布线 4. 认真填写学材上的相关资讯问答题	1. 操作的准确性和规范性 2. 工作页或项目技术总结完成情况 3. 专业技能任务完成情况				0.5	
创新 能力	1. 在任务完成过程中能提出自己的有一定见解的方案 2. 在教学或生产管理上提出建议，具有创新性	1. 方案的可行性及意义 2. 建议的可行性				0.2	
合计							

八、技能拓展

在原电路的基础上，如果插座用电也需要有开关控制，应如何修改电路原理图？

学习任务8 安装综合照明线路

一、任务描述

根据控制要求设计电路原理图，控制要求：①线路有短路带漏电保护的空气断路器作为电源总开关；②普通一位开关控制射灯；③可控硅型声光控开关控制白炽灯泡，继电器型声光控开关控制节能灯泡；④红外人体感应开关控制白炽灯；⑤插座电源受插座自带开关控制。合理布置和安装电气元件，根据电气原理图进行布线。

学生接到本任务后，应根据任务要求，准备工具和仪器仪表，做好工作现场准备，严格遵守作业规范进行施工，线路安装完毕后进行调试，填写相关表格并交检测指导教师验收。按照现场管理规范清理场地、归置物品。

二、任务要求

1）掌握各种类型开关的安装接线方法和控制要求；
2）掌握各种灯具的安装接线方法；
3）能根据控制要求设计电路原理图；
4）掌握电气元件的布置和布线方法。

三、能力目标

1）学会使用各种类型开关、灯具等电气元件；
2）掌握综合照明线路的安装规则及故障排除方法；
3）能根据电路要求设计电气原理图，并进行布线；
4）各小组发挥团队合作精神，学会综合照明线路安装的步骤、实施、成果评估。

四、任务准备

（一）相关理论知识

● 开关简介

（1）声光控延时开关 声光控延时开关（图1-8-1）安装在住宅楼道上，在天黑后，楼道发出声音时，照明灯会自动点亮，当声音结束后，楼道灯延时几分钟后会自动熄灭。在白天，即使有声音，楼道灯也不会亮，可以达到节能的目的。声光控延时开关不仅适用于住宅区的楼道，而且也适用于工厂、办公楼、教学楼等公共场所，它具有体积小、外形美观、制作容易、工作可靠等优点。

声光控延时开关的分类：
1）可控硅输出型，只适用于控制白炽灯等阻性负载；
2）继电器输出型，适用于所有负载。

（2）人体红外感应开关 基于红外线技术的自动控制产品，当有人进入开关感应范围时，专用传感器探测到人体红外光谱的变化，开关自动接通负载，人不离开感应范围，开关将持续接通；人离开后，开关延时自动关闭负载。人到灯亮，人离灯熄，亲切方便，安全节能（图1-8-2）。

图 1 - 8 - 1 声光控延时开关

图 1 - 8 - 2 人体红外感应开关

适应范围:

1) 楼宇建筑: 走廊、楼道、卫生间、地下室、仓库、车库等场所的自动照明、排气扇的自动抽风以及其他电器的自动控制等功能。

2) 防盗: 安装在室内和阳台等位置, 起到防范窃贼入侵的作用。

3) 幼儿房间: 幼儿从睡梦中醒来有活动时, 灯自动打开, 消除幼儿的恐惧心理。

注意事项:

1) 安装位置应距光源 0.5m 以外, 安装时一定要关闭电源, 严禁短路和过载。

2) 刚接入电源时, 如果环境光线强会自动闪亮几次, 后进入正常工作状态。

3) 突然遇气温和气流或电网电压突变偶尔有误动作, 属正常现象。

(3) 微电脑时控开关 特点:

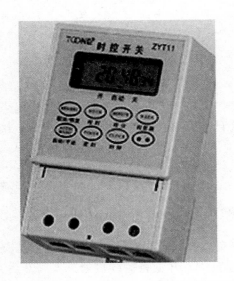

1) 理想的节能、延长照明器件的使用寿命。应在天暗时用定时自动打开, 半夜时用定时自动关闭。是路灯、灯箱、霓虹灯、生产设备、农业养殖、仓库排风除湿、自动预热、广播电视等最理想的控制产品 (图 1 - 8 - 3)。

2) 内置可充电池、外置电池开关, 高精度工业级芯片, 强抗干扰。

接线方法, 如图 1 - 8 - 4 所示。

注意事项:

1) 为防强电流下融点发热, 接线时务必拧紧接线柱的螺钉。

2) 控制器进线 220VAC/50 ~ 60Hz 电源, 切勿接到 380VAC。

3) 控制器红灯亮有电进入, 红绿灯同时亮开关有电输出。

4) 设定的时间, 不能交叉设定, 应按时间的顺序设定。

图 1 - 8 - 3 微电脑时控开关

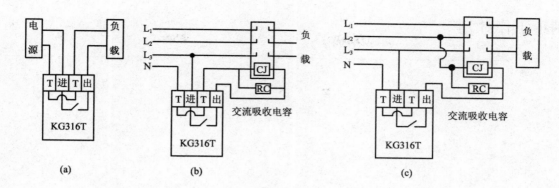

图1-8-4 微电脑时控开关接线方法
（a）直接控制方式 （b）控制接触器、线圈电压220VAC/50Hz
（c）控制接触器、线圈电压380VAC/50Hz

（二）设备、工具的准备

为完成工作任务，每个工作小组需要向工作站内仓库工作人员提供借用工具清单（表1-8-1）。

表1-8-1　　　　　　　　　　　　　　工作岛借用工具清单

序号	名称（型号、规格）	数量	借出时间	学生签名	归还时间	学生签名	管理员签名
1							
2							
3							
4							
5							

（三）材料的准备

为完成工作任务，每个工作小组需要向工作站内仓库工作人员提供借用材料清单（表1-8-2）。

表1-8-2　　　　　　　　　　　　　　工作岛借用材料清单

序号	名称（型号、规格）	数量	借出时间	学生签名	归还时间	学生签名	管理员签名
1							
2							
3							
4							
5							

（四）团队分配的方案

将学生分为5个小组，每个工作岛为1组，根据工作岛工位要求，每组6人，每组指定1人为小组长、2人为材料管理员，材料管理员负责材料领取分发，小组长负责组织本组相关问题的计划、实施及讨论汇总，填写各组人员工作任务实施所需文字材料的相关记录表。

五、制定工作计划

六、任务实施

（一）为了完成任务，必须正确回答以下问题

1）声光控延时开关可分为_____和_____两种类型。

2）人体感应开关，实现人来开关立即_____，人离开后延时自动_____。

（二）安装与调试综合照明线路及故障排除

1. 设计要求

（1）根据控制要求设计、调试两地控制电路，控制要求：

①线路有短路带漏电保护的空气断路器作为电源总开关；

②普通一位开关控制射灯；

③可控硅型声光控开关控制白炽灯泡，继电器型声光控开关控制节能灯泡；

④红外人体感应开关控制白炽灯；

⑤插座电源受插座自带开关控制。

（2）根据任务要求设计常见的室内线路及故障排除线路电器布置图。

2. 安装步骤及工艺要求

（1）逐个检验电气设备和元件的规格和质量是否合格；

（2）正确选配导线的规格、导线通道类型和数量、接线端子板型号等；

（3）在控制板上安装电器元件，并在各电器元件附近做好与电路图上相同代号的标记；

（4）按照控制板内布线的工艺要求进行布线和套编码套管；

（5）选择合理的导线走向，做好导线通道的准备，并安装控制板外部的所有电器；

（6）进行外部布线，并在导线线头上套装与电路图相同线号的编码套管。对于可移动的导线通道应放适当的余量，使金属软管在运动时不承受拉力，并按规定在通道内放好备用导线；

（7）检查电路的接线是否正确和接地通道是否具有连续性；

（8）检测线路的绝缘电阻，清理安装场地。

3. 通电调试

（1）通电试验时，应认真观察各电器元件、线路工作情况；

（2）通电试验时，应检查各项功能操作是否正常。

4. 注意事项

（1）不要漏接接地线，严禁采用金属软管作为接地通道；

（2）在导线通道内敷设的导线进行接线时，必须集中思想，做到查出一根导线，立即套上编码套管，接上后再进行复验；

（3）在安装、调试过程中，工具、仪表的使用应符合要求；

（4）通电操作时，必须严格遵守安全操作规程。

七、任务评价

（一）成果展示

各小组派代表上台总结完成任务的过程中，掌握了哪些技能技巧，发现错误后如何改正，并展示已接好的电路，通电试验效果。

各种开关通断情况：＿＿＿＿＿＿＿＿＿＿＿＿＿＿＿＿＿＿＿＿＿＿＿＿＿＿＿＿＿＿＿＿＿＿

所具灯具通电情况：＿＿＿＿＿＿＿＿＿＿＿＿＿＿＿＿＿＿＿＿＿＿＿＿＿＿＿＿＿＿＿＿＿＿

其他小组提出的改进建议：＿＿＿＿＿＿＿＿＿＿＿＿＿＿＿＿＿＿＿＿＿＿＿＿＿＿＿＿＿＿

＿＿

（二）学生自我评估与总结

＿＿

＿＿＿。

（三）小组评估与总结

＿＿

＿＿＿。

（四）教师评估与总结

＿＿

＿＿＿。

（五）各小组对工作岗位的"6S"处理

在小组和教师都完成工作任务总结以后，各小组必须对自己的工作岗位进行"整理、整顿、清扫、清洁、安全、素养"；归还所借的工量具和实习工件。

（六）评价表（表1-8-3）

表1-8-3　　学习任务8　安装综合照明线路及故障排除评价表

班级：_____　　　　　　　　指导教师：_____

小组：_____　　　　　　　　日期：_____

姓名：_____

评价项目	评价标准	评价依据	评价方式			权重	得分小计
			学生自评 20%	小组互评 30%	教师评价 50%		
职业素养	1. 遵守企业规章制度、劳动纪律 2. 按时按质完成工作任务 3. 积极主动承担工作任务，勤学好问 4. 人身安全与设备安全 5. 工作岗位 6S 完成情况	1. 出勤 2. 工作态度 3. 劳动纪律 4. 团队协作精神				0.3	
专业能力	1. 掌握各种类型开关的安装接线方法和控制要求 2. 掌握各种灯具的安装接线方法 3. 能根据控制要求作出电路原理图 4. 掌握电气元件的布置和布线方法 5. 认真填写学材上的相关资讯问答题	1. 操作的准确性和规范性 2. 工作页或项目技术总结完成情况 3. 专业技能任务完成情况				0.5	
创新能力	1. 在任务完成过程中能提出自己的有一定见解的方案 2. 在教学或生产管理上提出建议，具有创新性	1. 方案的可行性及意义 2. 建议的可行性				0.2	
合计							

八、技能拓展

试画出您现在所处的车间电路原理图。

要求：（1）包括电源总开关、分开关、电灯、风扇、空调配套电源插座和设备电源等；

　　　　（2）标出所有元件的文字符号、图形符号和必要的文字说明。

任务二 动力系统电路安装与线路敷设

学习任务 1   应用仪表监测单相交流、直流电流、电压

一、任务描述

根据控制要求设计电路原理图，控制要求：（1）交流电流、电压监测：①线路有短路带漏电保护的空气断路器作为电源总开关；②合上一位开关，负载灯开始工作，电流表、电压表分别测量电路中的电流值、电压值。（2）直流电流、电压监测：①使用有短路带漏电保护的空气断路器作为电源总开关；②电路有隔离变压器（220V 变 24V），经桥式整流电路后，给直流 24V 负载供电；③合上一位开关，直流24V 的负载灯开始工作，直流电路中的电流表、电压表分别测量出电流值、电压值。合理布置和安装电气元件，根据电气原理图进行布线。

学生接到本任务后，应根据任务要求，准备工具和仪器仪表，做好工作现场准备，严格遵守作业规范进行施工，线路安装完毕后进行调试，填写相关表格并交检测指导教师验收。按照现场管理规范清理场地、归置物品。

二、任务要求

1）掌握交流、直流电流、电压表的安装接线方法；
2）掌握单相电路中的电流、电压测量；
3）能根据控制要求设计电路原理图；
4）掌握电气元件的布置和布线方法；
5）认真填写学材上的相关资讯问答题。

三、能力目标

1）学会使用交流、直流电压表、电流表测量电路中的电流和电压；
2）掌握导线载流量的计算和选择；
3）根据要求设计电气原理图，并进行布线；
4）各小组发挥团队合作精神，学会应用仪表监测单相交流、直流电流、电压电路的安装步骤、实施和成果评估。

四、任务准备

（一）相关理论知识

1. 单相交流电路的基本概念

大小和方向均随时间变化的电压或电流称为交流电。如图 2-1-1 所示，生活中使用的市电就是这种波形，但实际应用上还有其他波形，如图 2-1-2 三角波、矩形波。

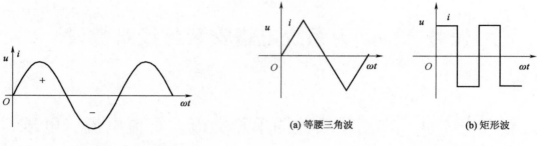

图 2-1-1 正弦交流电波形图 　　　　　　　图 2-1-2 交流电其他波形图

大小和方向均随时间按正弦规律变化的电压或电流称为正弦交流电。由于电压、电流等物理量按正弦规律变化，常称为正弦量，其解析式为：

$$u = U_m \sin (\omega t + \varphi_u)$$
$$i = I_m \sin (\omega t + \varphi_i)$$

正弦交流电的优越性：

①便于传输，易于变换；

②便于运算；

③有利于电器设备的运行。

（1）正弦交流电的频率、周期和角频率

周期 T：变化一周所需的时间（s）

频率 f（Hz）： $\qquad f = \dfrac{1}{T}$

角频率 ω（rad/s）： $\qquad \omega = \dfrac{2\pi}{T} = 2\pi f$

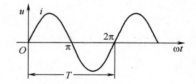

图 2-1-3 正弦交流电三要素关系

电网频率：我国 50Hz，美国、日本 60Hz，高频炉频率：200～300kHz，中频炉频率：500～8000Hz，无线通信频率：30kHz～30GMHz。

（2）正弦交流电的瞬时值、最大值和有效值

1）瞬时值　交流电在某一时刻的值称为在这一时刻交流电的瞬时值。

瞬时值是变量，注意要用小写英文字母表示，如 u、i 分别表示电压、电流的瞬时值。

2）最大值　正弦交流电在一个周期内出现的最大瞬时值称为最大值或称峰值，用大写字母加注脚"m"表示，如 U_m、I_m 等。

3）有效值　电流有效值是指与正弦量具有相同热效应的直流电流值。

4）初相　在正弦量的解析式中，$\omega t + \varphi$ 称为正弦量的相位角，简称相位，它随时间而变化，确定正弦量瞬时值的大小和方向，初相是 $t=0$ 时的相位，它确定在计时起点的瞬时值。初相的单位常用弧度（rad）。

2. 直流电路的基本概念

在中学物理电学部分我们就学过，大小和方向都不发生变化的电压、电流和电动势统称为直流电。在实际的生产生活中，有相当部分场合我们用到的都是直流电，如手电筒照明、摩托车、汽车的电瓶供电、电脑主板所需电源、精密仪器电源、直流无级调速等，可见，直流电在生产生活中的场合应用也非常多。

直流电的方向不随时间而变化。通常又分为脉动直流电和稳恒电流。脉动直流电中有交流成分，如彩电中的电源电路中大约 300V 左右的电压就是脉动直流电成分可通过电容去除。稳恒电流则是比较理想

的，大小和方向都不变，常见的直流电流波形如图 2 - 1 - 4 所示。

直流电的优点主要在输电方面，请同学们查寻有关资料，了解直流电在输电方面知识。

3. 交流电流表和电压表

（1）交流电流表　电流表又称安培表，是测量电路中电流大小的工具，测量时将电流表串接在电路中，电流表的符号如图 2 - 1 - 5 所示。

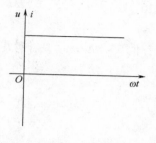

图 2 - 1 - 4　直流电波形图

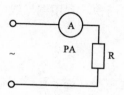

图 2 - 1 - 5　交流电流表

交流电流表在小电流中可以直接使用（一般在 5A 以下），但现在的工厂电气设备的容量都较大，所以大多与电流互感器一起使用。选择电流表前要算出设备的额定工作电流，再选择合适的电流互感器、电流表。例如：设备为一台 30kW 电机，大概额定电流为 60A 左右，这样我们就要选择 75/5A 电流互感器，则电流表就要选择量程为 0 ~ 75A，75/5A 的电流表，这样就是一台大电流设备的电流表的选择。

使用电流表测量电流时的注意事项：

1）使用前应检查电流表指针是否指在零位，如有偏差应用螺丝刀旋转表盘上的调零螺丝，将指针调至零位；

2）电流表必须串联到待测电路中。

（2）交流电压表　电压表是测量电路中电压大小的工具，测量时将电压表并联在电路中，电压表的符号如图 2 - 1 - 6 所示。

使用电压表测量电压时的注意事项：

1）使用前应检查电压表指针是否指在零位，如有偏差应用螺丝刀旋转表盘上的调零螺丝，将指针调至零位；

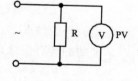

图 2 - 1 - 6　交流电压表

2）电压表必须并联到待测电路两端。

4. 直流电流表和电压表

与交流电压表及电流表的电磁结构相同，差异仅在于：交流表多了一组整流桥。两种表互换需要重新标定表盘刻度。

（1）直流电流表

电流表又称安培表。电流表是测量电路中电流大小的工具，测量时将电流表串接在电路中，电流表的符号如图 2 - 1 - 7 所示：

使用电流表测量电流时的注意事项：

1）使用前应检查电流表指针是否指在零位，如有偏差应用螺丝刀旋转表盘上的调零螺丝，将指针调至零位；

2）电流表必须串联到待测电路中。

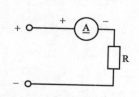

图 2 - 1 - 7　直流电流表

（2）直流电压表

电压表是测量电路中电压大小的工具，测量时将电压表并接在电路中，电压表的符号如图 2 - 1 - 8 所示：

使用电压表测量电压时的注意事项：

1）使用前应检查电压表指针是否指在零位，如有偏差应用螺丝刀旋转表盘上的调零螺丝，将指针调至零位；

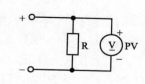

图 2 - 1 - 8　直流电压表

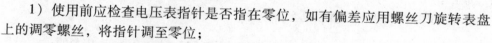

2）电压表必须并联到待测电路两端。

5. 导线载流量的计算和选择

（1）导线截面积与载流量的计算

1）一般铜导线载流量　导线的安全载流量是根据所允许的线芯最高温度、冷却条件、敷设条件来确定的。一般铜导线的安全载流量为 $5 \sim 8A/mm^2$，铝导线的安全载流量为 $3 \sim 5A/mm^2$。

如：$2.5mm^2 BVV$ 铜导线安全载流量的推荐值 $2.5 \times 8 = 20$（A）

$\quad\quad 4mm^2 BVV$ 铜导线安全载流量的推荐值 $4 \times 8 = 32$（A）

2）计算铜导线截面积　利用铜导线的安全载流量的推荐值 $5 \sim 8A/mm^2$，计算出所选取铜导线截面积 S 的上下范围：

$$S = \frac{I}{5 \sim 8} = 0.125 \sim 0.2$$

式中　S——铜导线截面积（mm^2）

$\quad\quad I$——负载电流（A）

3）功率计算　一般负载（也可以成为用电器，如灯、冰箱等）分为两种，一种是电阻性负载，一种是电感性负载。

对于电阻性负载的计算公式：

$$P = UI$$

对于日光灯负载的计算公式：

$$P = UI\cos\varphi$$

其中日光灯负载的功率因数 $\cos\varphi = 0.5$。

不同电感性负载功率因数不同，统一计算家庭用电器时可以将功率因数 $\cos\varphi$ 取 0.8。

也就是说如果一个家庭所有用电器总功率为 6000W，则最大电流是

$$I = \frac{P}{U\cos\varphi} = \frac{6000}{220 \times 0.8} = 34 （A）$$

但是，一般情况下，家里的电器不可能同时使用，所以加上一个同时系数 μ，同时系数 μ 一般取 0.5。所以，上面的计算应该改写成：

$$I = \frac{P\mu}{U\cos\varphi} = \frac{6000 \times 0.5}{220 \times 0.8} = 17 （A）$$

也就是说，这个家庭总的电流值为 17A。则总闸空气开关不能使用 16A，应该用大于 17A 的。

（2）导线的选择　在安装电器配电设备中，经常遇到导线的选择问题，正确选择导线是项十分重要的工作，如果导线的截面积选小了，电器负载大易造成电器火灾的后果；如果截面积选大了，造成成本高，材料浪费。现介绍导线选择口诀，供使用时参考。

绝缘导线载流量估算：

三点五下乘以九，往上减一顺号走。

三十五乘三点五，双双成组减点五。

条件有变加折算，高温九折铜升级。

穿管根数二三四，八七六折满载流。

本口诀对各种绝缘载流量（安全电流）不是直接指出，而是截面乘上一定的倍数来表示，通过运算而得。即：倍数随截面的增大而减小。

"三点五下乘以九，往上减一顺号走"是说 $3.5mm^2$ 以下的各种截面积铝芯绝缘线，其载流量约为截面数的 9 倍。如 $2.5mm^2$ 的导线，载流量为 $2.5 \times 9 = 22.5$（A）。$4mm^2$ 及以上导线的截面积的倍数关系是顺着线号往上排，倍数逐渐减 1，即 4×8、6×7、10×6、16×5、25×4、35×3。

"三十五乘三点五，双双成组减点五"，说的是 $35mm^2$ 的导线载流量为截面的 3.5 倍，即 $35 \times 3.5 = 122.2$（A）。从 $50mm^2$ 以上的导线，其载流量与面数的关系变为两个线号成一组，倍数依次减 0.5. 即 $50 \sim 70mm^2$ 导线的载流量为截面数的 3 倍；$95 \sim 120mm^2$ 导线流量是其截面积的 2.5 倍，依此类推。

"条件有变加折算，高温九折铜升级"。是说若铝芯绝缘明敷在环境温度长期高于25℃的地区，导线载流量可按上述口诀方法算出，然后再打九折。如是铜芯线，它的载流量比铝芯要大一些，如16mm²的铜线可按25mm²铝线计算。

导线的载流量与导线截面有关，也与导线的材料、型号、敷设方法以及环境温度等有关，影响的因素较多，计算也较复杂。各种导线的载流量通常可以从手册中查找。但利用口诀再配合一些简单的心算，便可直接算出，不必查表。

口诀是：

10 下五；100 上二；
25、35，四、三界；
70、95，两倍半；
穿管、温度，八、九折。
裸线加一半，铜线升级算。

这几句口诀反映的是铝芯绝缘线载流量与截面的倍数关系。根据口诀，我国常用导线标称截面（mm²）与倍数关系排列如下：1、1.5、2.5、4、6、10、16、25、35、50、70、95、120、150、185……五倍、四倍、三倍、二倍半、二倍。例如，对于环境温度不大于25℃时的铝芯绝缘线的载流量为：截面为6mm²时，载流量为30A；截面为150mm²时，载流量为300A。若是穿管敷设（包括槽板等敷设，即导线加有保护套层，不明露的），计算后，再打八折；若环境温度超过25℃，计算后再打九折。例如截面为10mm²的铝芯绝缘线在穿管并且高温条件下，载流量为 $10 \times 5 \times 0.8 \times 0.9 = 36$（A）。若是裸线，则载流量加大一半。例如截面为16mm²的裸铝线在高温条件下的载流量为：$16 \times 4 \times 1.5 \times 0.9 = 86.4$（A）。对于铜导线的载流量，口诀指出"铜线升级算"，即将铜导线的截面按截面排列顺序提升一级，再按相应的铝线条件计算。例如截面为35mm²的裸铜线环境温度为25℃的载流量为：按升级为50mm²裸铝线即得 $50 \times 3 \times 1.5 = 225$（A）。对于电缆，口诀中没有介绍。一般直接埋地的高压电缆，大体上可直接采用第一句口诀中的有关倍数计算。比如35mm²高压铠装铝芯电缆埋地敷设的载流量为 $35 \times 3 = 105$（A）。三相四线制中的零线截面，通常选为相线截面的1/2左右。当然也不得小于按力学强度要求所允许的最小截面。在单相线路中，由于零线和相线所通过的负荷电流相同，因此零线截面应与相线截面相同。

6. 桥式整流电路

（1）桥式整流电路原理　就是四个二极管两两并联后接入输出电压分别把正负电压整流，在输出时候获得了正负输出的两次的整流电压。

（2）桥式整流的二极管的接法　桥式整流两只二极管正极相连，两只二极管负极相连，然后将这两组相接后的两个接点是一个为正极一个为负极，这就是接交流端的两个点，两个二极管正极输出的是直流电的负极两个二极管负极相连的接点是直流电的正极，如图2-1-9所示。

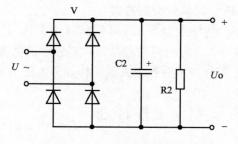

图2-1-9　桥式整流电路原理图

C2 为滤波电容，利用电容的充放电作用，使通过整流的脉动波形直流变成波形更加平直的直流；R2 为 C2（C2 的正负极不能接反）的放电电阻，一般大于1MΩ，用于泄放电源关闭时 C2 所充有的电压使其电势为零，检修时人体触及才安全。

（3）单相桥式整流电路中，负载电阻上的直流电压是交流电压的多少倍？

是交流电压有效值的0.9倍。

直流电压就是全波整流信号的平均值（即直流分量）。

$$V_p（峰值）= \sqrt{2} \times V_{rms}（有效值）= 1.414 V_{rms}$$

$$V_{rms} = 0.707 V_p$$

$$V_{avg}（全波整流平均值）= \frac{2 \times V_p}{P_i} = 0.637 V_p$$

全波整流只有滤波电容，无负载时：电容被充电至峰值，输出电压为 $1.414 V_{rms}$。

（二）设备、工具的准备

为完成工作任务，每个工作小组需要向工作站内仓库工作人员提供借用工具清单（表 2 – 1 – 1）。

表 2 – 1 – 1　　　　　　　　　　　　　　工作岛借用工具清单

序号	名称（型号、规格）	数量	借出时间	学生签名	归还时间	学生签名	管理员签名
1							
2							
3							
4							
5							

（三）材料的准备

为完成工作任务，每个工作小组需要向工作站内仓库工作人员提供领用材料清单（表 2 – 1 – 2）。

表 2 – 1 – 2　　　　　　　　　　　　　　工作岛借用材料清单

序号	名称（型号、规格）	数量	借出时间	学生签名	归还时间	学生签名	管理员签名
1							
2							
3							
4							
5							

（四）团队分配的方案

将学生分为 5 个小组，每个工作岛为 1 组，根据工作岛工位要求，每组 6 人，每组指定 1 人为小组长、2 人为材料管理员，材料管理员负责材料领取分发，小组长负责组织本组相关问题的计划、实施及讨论汇总，填写各组人员工作任务实施所需文字材料的相关记录表。

五、制定工作计划

六、任务实施

（一）为了完成任务，必须回答以下问题

1）电流表_____接在电路中测量电流；电压表_____接在电路中测量电压。

2）电流表测量值为_____A；电压表测量值为_____V。

3）"10下五；100上二"的意思是：_____

_____

_____。

25、35，四、三界的意思是：_____
_____。

70、95，两倍半的意思是：_____
_____。

4）在单相桥式整流电路中，若有一只整流管接反，则（　　　）

A. 输出电压约为 $2U_0$；B. 变为半波直流；C. 整流管将因电流过大而烧坏

（二）安装与监测单相交流、直流电流、电压

1. 设计要求

（1）根据控制要求设计一个电路原理图。控制要求：

1）单相交流电流、电压测量线路

①线路有短路带漏电保护的空气断路器作为电源总开关。

②合上一位开关，负载灯开始工作，电流表、电压表分别测量电路中的电流值、电压值。

2）直流电流、电压监测

①线路用单相220V的交流作总电源，用短路带漏电保护的空气断路器作为电源总开关。

②合上一位开关，直流负载灯开始工作，直流电流表、电压表分别测量电路中的电流值、电压值。

（2）根据任务要求设计应用仪表监测单相交流、直流电流、电压线路电器布置图。

2. 安装步骤及工艺要求

（1）逐个检验电气设备和元件的规格和质量是否合格；

（2）正确选配导线的规格、导线通道类型和数量、接线端子板型号等；

（3）在控制板上安装电器元件，并在各电器元件附近做好与电路图上相同代号的标记；

（4）按照控制板内布线的工艺要求进行布线和套编码套管；

（5）选择合理的导线走向，做好导线通道的支持准备，并安装控制板外部的所有电器；

（6）进行外部布线，并在导线线头上套装与电路图相同线号的编码套管。对于可移动的导线通道应放适当的余量，使金属软管在运动时不承受拉力，并按规定在通道内放好备用导线；

（7）检查电路的接线是否正确和接地通道是否具有连续性；

（8）检测线路的绝缘电阻，清理安装场地。

3. 通电调试

（1）通电试验时，应认真观察各电器元件、线路工作情况；

（2）通电试验时，应检查各项功能操作是否正常。

4. 注意事项

（1）不要漏接接地线，严禁采用金属软管作为接地通道；

（2）在导线通道内敷设的导线进行接线时，必须集中思想，做到查出一根导线，立即套上编码套管，接上后再进行复验；

（3）在安装、调试过程中，工具、仪表的使用应符合要求；

（4）通电操作时，必须严格遵守安全操作规程。

七、任务评价

（一）成果展示

　　各小组派代表上台总结完成任务的过程中，掌握了哪些技能技巧，发现错误后如何改正，并展示已接好的电路，通电试验效果。

负载通断情况：_____

电流、电压表测量情况：_____

其他小组提出的改进建议：_____

_____

（二）学生自我评估与总结

_____

_____。

（三）小组评估与总结

_____

_____。

（四）教师评估与总结

_____

_____。

（五）各小组对工作岗位的"6S"处理

在小组和教师都完成工作任务总结以后，各小组必须对自己的工作岗位进行"整理、整顿、清扫、清洁、安全、素养"；归还所借的工量具和实习工件。

（六）评价表（表2－1－3）

表2－1－3   学习任务1 应用仪表监测单相交流、直流电流、电压评价表

班级：_____ 小组：_____ 姓名：_____		指导教师：_____ 日期：_____					
评价项目	评价标准	评价依据	评价方式			权重	得分小计
			学生自评 20%	小组互评 30%	教师评价 50%		
职业素养	1. 遵守企业规章制度、劳动纪律 2. 按时按质完成工作任务 3. 积极主动承担工作任务，勤学好问 4. 人身安全与设备安全 5. 工作岗位6S完成情况	1. 出勤 2. 工作态度 3. 劳动纪律 4. 团队协作精神				0.3	
专业能力	1 学会使用交流、直流电压表、电流表测量电路中的电流和电压 2 掌握导线载流量的计算和选择 3 根据要求设计电气原理图，并进行布线 4 认真填写学材上的相关资讯问答题	1. 操作的准确性和规范性 2. 工作页或项目技术总结完成情况 3. 专业技能任务完成情况				0.5	
创新能力	1. 在任务完成过程中能提出自己的有一定见解的方案 2. 在教学或生产管理上提出建议，具有创新性	1. 方案的可行性及意义 2. 建议的可行性				0.2	
合计							

八、技能拓展

1. 请叙述交流电压表、电流表应用在哪些场合。
2. 请叙述直流电压表、电流表应用在哪些场合。
3. 简述用电设备电流估算方法，举例分析。
4. 试举例说明直流用电设备的多个实际应用场所。

学习任务 2　应用直接接法、间接接法监测单相电能

一、任务描述

根据控制要求设计电路原理图，控制要求：1）直接监测：①电路中负载用电量由单相电度表来监测；②线路有短路带漏电保护的空气断路器作为电源总开关；③合上一位开关，负载灯开始工作。2）间接监测：①电路中负载用电量由单相电度表配合电流互感器来监测；②线路有短路带漏电保护的空气断路器作为电源总开关；③合上一位开关，负载灯开始工作。合理布置和安装电气元件，根据电气原理图进行布线。

学生接到本任务后，应根据任务要求，准备工具和仪器仪表，做好工作现场准备，严格遵守作业规范进行施工，线路安装完毕后进行调试，填写相关表格并交检测指导教师验收。按照现场管理规范清理场地、归置物品。

二、任务要求

1）掌握单相电度表的工作原理；
2）掌握电流互感器的使用方法；
3）掌握单相电度表的安装接线方法；
4）能根据控制要求设计电路原理图；
5）掌握电气元件的布置和布线方法；
6）认真填写学材上的相关资讯问答题。

三、能力目标

1）学会使用单相电度表直接监测电路中的用电量；
2）学会使用单相电度表间接测量电路中的用电量；
3）掌握导线载流量的计算和选择；
4）根据要求设计电气原理图，并进行布线；
5）各小组发挥团队合作精神，学会应用仪表监测单相电能的步骤、实施和成果评估。

四、任务准备

（一）相关理论知识

1. 单相电度表的工作原理

电度表在接入被测电路后，利用加在电压线圈和通过电流线圈在铝盘上产生的涡流与交变磁通相互作用产生电磁力，便在铝盘上产生推动铝盘移动的转动力矩，使铝盘转动，同时引入制动力矩，使铝盘转速与被测功率成正比，用铝盘的转数来反映被测电能的大小，通过轴向齿轮传动，由计度器积算出转盘转数而测定出电能。故电度表主要结构是由电压线圈、电流线圈、转盘、转轴、制动磁铁、齿轮、计度器等组成。

2. 单相电度表直接接线

　　单相电度表共有 5 个接线端子，其中有 1、2 两个端子在表的内部用连片短接，所以，单相电度表的外接端子只有 4 个，即 1、3、4、5 号端子（图 2 - 2 - 1）。由于电度表的型号不同，各类型的表在铅封盖内都有各端子的接线图。

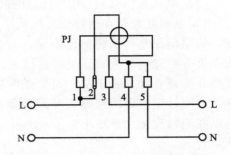

图 2 - 2 - 1　单相电度表直接接线图

　　如果负载的功率在电度表允许的范围内，即流过电度表电流线圈的电流不至于导致线圈烧毁，那么就可以采用直接接入法，如线路中有总电源开关应接在电度表后面。

　　3. 单相电度表间接接线

　　在用单相电度表测量大电流的单相电路的用电量时，应使用电流互感器进行电流变换，电流互感器接电度表的电流线圈。单相电度表共有 5 个接线端子，其中有 1、2 两个端子在表的内部用连片短接，如果单相电度表配合电流互感器使用时应将内部连片拆下。由于表内短接片已断开，所以互感器的 K2 端子应该接地。同时，电压线圈应该接于电源两端（图 2 - 2 - 2）。如线路中有总电源开关应接在电度表后面。

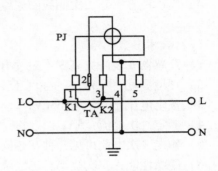

图 2 - 2 - 2　单相电度表间接接线图

　　4. 电度表的型号及其含义

　　电度表型号是用字母和数字的排列来表示的，内容如下：类别代号 + 组别代号 + 设计序号 + 派生号 。

　　如我们常用的家用单相电度表：DD862 - 4 型、DDS971 型、DDSY971 型等。

　　（1）类别代号：D—电度表

　　（2）组别代号

　　表示相线：D—单相；S—三相三线；T—三相四线。

　　表示用途的分类：D—多功能；S—电子式；X—无功；Y—预付费；F—复费率。

　　（3）设计序号用阿拉伯数字表示　每个制造厂的设计序号不同，如长沙希麦特电子科技发展有限公司设计生产的电度表产品备案的序列号为 971，正泰公司的 为 666 等。

　　综合上面几点：

　　DD—表示单相电度表：如 DD971 型 DD862 型

　　DDS—表示单相电子式电度表：如 DDS971 型

　　DDSY—表示单相电子式预付费电度表：如 DDSY971 型

　　（4）基本电流和额定最大电流　基本电流是确定电度表有关特性的电流值，额定最大电流是仪表能满足其制造标准规定的准确度的最大电流值。

　　如 5（20）A 即表示电度表的基本电流为 5A，额定最大电流为 20A，对于三相电度表还应在前面乘以相数，如 3 × 5（20）A。

　　5. 电流互感器

　　电流互感器安装时应注意极性（同名端），一次侧的端子为 L1、L2（或 P1、P2），一次侧电流由 L1 流入，由 L2 流出。而二次侧的端子为 K1、K2（或 S1、S2）即二次侧的端子由 K1 流出，由 K2 流入。L1 与 K1，L2 与 K2 为同极性（同名端），不得弄错，否则若接电度表的话，电度表将反转。电流互感器一次侧绕组有单匝和多匝之分，LQG 型为单匝。而使用 LMZ 型（穿心式）时则要注意铭牌上是否有穿心数据，若有则应按要求穿出所需的匝数。应注意，穿心匝数是以穿过空心中的根数为准，而不是以外围的匝数计算（否则将误差一匝）。电流互感器的二次绕组有一个绕组和两个绕组之分，若有两个绕组的，其中一个绕组为高精度（误差值较小）的一般作为计量使用，另一个则为低精度（误差值较大）一般用于保护。电流互感器的联接线必须采用 2.5mm² 的铜心绝缘线联接，有的电业部门规定必须采用 4mm² 的铜心绝缘线，但一般来说没有这种必要（特殊情况除外）。

（1）电流互感器运行中应注意的问题

1）电流互感器在运行中二次侧不得开路，一旦二次侧开路，由于铁损过大，温度过高而烧毁，或使副绕组电压升高而将绝缘击穿，发生高压触电的危险。所以在换接仪表时如调换电流表、有功表、无功表等应先将电流回路短接后再进行计量仪表调换。当表计调好后，先将其接入二次回路再拆除短接线并检查表计是否正常。如果在拆除短接线时发现有火花，此时电流互感器已开路，应立即重新短接，查明计量仪表回路确无开路现象时，方可重新拆除短接线。在进行拆除电流互感器短接工作时，应站在绝缘皮垫上，另外要考虑停用电流互感器回路的保护装置，待工作完毕后，方可将保护装置投入运行。

2）如果电流互感器有"嗡嗡"声响，应检查内部铁心是否松动，可将铁心螺栓拧紧。

3）电流互感器二次侧的 K2 一端，外壳均要可靠接地。

4）当电流互感器二次侧线圈绝缘电阻低于 $10 \sim 20 M\Omega$ 时，必须进行干燥处理，使绝缘恢复后，方可使用。

（2）技术参数

1）互感器安装海拔高度不超过 1000m；

2）环境温度：$-5℃ \sim +40℃$ 且日平均不能超过 30℃；

3）额定电压：$0.5 \sim 0.66kV$；

4）额定二次电流：5A；

5）额定一次电流可见各种互感器的铭牌；

6）绝缘性能：一次绕组对二次绕组及地和二次绕组对地能承受工频耐压 3kV 历时 1min；

7）绝缘耐热等级：E。

（3）安装使用及维护

1）互感器可垂直或水平安装；

2）互感器的一次穿心匝数按铭牌规定进行穿心，一次电流应从 P1 流向另一端，二次电流从 S1 经过外电路流向 S2，互感器为减极性，连接到互感器的导线截面积不小于 $2.5mm^2$，并把"S2"接线端子接地；

3）互感器运行时严禁二次绕组开路；

4）互感器的安装场所应干燥通风，空气相对湿度不大于 80% 且周围无侵蚀性和爆炸性介质；

5）互感器应进行周期性检验，对检验不合格的产品进行维修或更换。

（二）设备、工具的准备

为完成工作任务，每个工作小组需要向工作站内仓库工作人员提供借用工具清单（表 2-2-1）。

表 2-2-1 ＿＿＿＿＿工作岛借用工具清单

序号	名称（型号、规格）	数量	借出时间	学生签名	归还时间	学生签名	管理员签名
1							
2							
3							
4							
5							

（三）材料的准备

为完成工作任务，每个工作小组需要向工作站内仓库工作人员提供借用材料清单（表 2-2-2）。

表2－2－2　　　　　　　　　　　　　　　　　　　　工作岛借用材料清单

序号	名称（型号、规格）	数量	借出时间	学生签名	归还时间	学生签名	管理员签名
1							
2							
3							
4							
5							

（四）团队分配的方案

　　将学生分为5个小组，每个工作岛为1组，根据工作岛工位要求，每组6人，每组指定1人为小组长、2人为材料管理员，材料管理员负责材料领取分发，小组长负责组织本组相关问题的计划、实施及讨论汇总，填写各组人员工作任务实施所需文字材料的相关记录表。

五、制定工作计划

六、任务实施

（一）为了完成任务，必须回答以下问题

　　1）如线路中有总电源开关应接在电度表_____。

　　2）单相电度表共有_____个接线端子，其中有两个端子在表的内部用连片_____，所以，单相电度表的外接端子只有_____个。

　　3）单相电度表配合电流互感器接线时应将_____拆下。

　　4）单相电度表的"1"、"3"端子接电流互感器的_____和_____。

　　5）主电源线从电流互感器的_____穿向_____。

　　6）电流互感器的_____端必须接地。

（二）应用直接接法、间接接法监测单相电能

　　1. 设计要求

　　（1）根据控制要求设计一个电路原理图。控制要求：

　　1）直接接法监测单相电能线路

　　①电路中负载用电量由单相电度表来监测；

　　②线路有短路带漏电保护的空气断路器作为电源总开关；

　　③合上一位开关，负载灯开始工作。

2）间接接法监测单相电能线路
①电路中负载用电量由单相电度表配合电流互感器来监测；
②线路有短路带漏电保护的空气断路器作为电源总开关；
③合上一位开关，负载灯开始工作。

（2）根据任务要求设计应用直接接法、间接接法监测单相电能线路电器布置图。

2. 安装步骤及工艺要求
（1）逐个检验电气设备和元件的规格和质量是否合格；
（2）正确选配导线的规格、导线通道类型和数量、接线端子板型号等；
（3）在控制板上安装电器元件，并在各电器元件附近做好与电路图上相同代号的标记；
（4）按照控制板内布线的工艺要求进行布线和套编码套管；
（5）选择合理的导线走向，做好导线通道的支持准备，并安装控制板外部的所有电器；
（6）进行外部布线，并在导线线头上套装与电路图相同线号的编码套管。对于可移动的导线通道应放适当的余量，使金属软管在运动时不承受拉力，并按规定在通道内放好备用导线；
（7）检查电路的接线是否正确和接地通道是否具有连续性；
（8）检测线路的绝缘电阻，清理安装场地。

3. 通电调试
（1）通电试验时，应认真观察各电器元件、线路工作情况；
（2）通电试验时，应检查各项功能操作是否正常。

4. 注意事项
（1）不要漏接接地线，严禁采用金属软管作为接地通道；
（2）在导线通道内敷设的导线进行接线时，必须集中思想，做到查出一根导线，立即套上编码套管，接上后再进行复验；
（3）在安装、调试过程中，工具、仪表的使用应符合要求；
（4）通电操作时，必须严格遵守安全操作规程。

七、任务评价

（一）成果展示

　　各小组派代表上台总结完成任务的过程中，掌握了哪些技能技巧，发现错误后如何改正，并展示已接好的电路，通电试验效果。

负载通断情况：_____

电流、电压表测量情况：_____

其他小组提出的改进建议：_____

_____

（二）学生自我评估与总结

_____

_____。

（三）小组评估与总结

_____

_____。

（四）教师评估与总结

_____

_____。

（五）各小组对工作岗位的"6S"处理

　　在小组和教师都完成工作任务总结以后，各小组必须对自己的工作岗位进行"整理、整顿、清扫、清洁、安全、素养"；归还所借的工量具和实习工件。

（六）评价表（表2-2-3）

表2-2-3　　　　　　　　学习任务2　应用直接接法、间接接法监测单相电能评价表

班级：_____　　　　　　　　　　指导教师：_____
小组：_____　　　　　　　　　　日期：_____
姓名：_____

评价项目	评价标准	评价依据	评价方式			权重	得分小计
			学生自评 20%	小组互评 30%	教师评价 50%		
职业素养	1. 遵守企业规章制度、劳动纪律 2. 按时按质完成工作任务 3. 积极主动承担工作任务，勤学好问 4. 人身安全与设备安全 5. 工作岗位6S完成情况	1. 出勤 2. 工作态度 3. 劳动纪律 4. 团队协作精神				0.3	

续表

班级：_____	指导教师：_____
小组：_____	日期：_____
姓名：_____	

| 评价项目 | 评价标准 | 评价依据 | 评价方式 | | | 权重 | 得分小计 |
			学生自评 20%	小组互评 30%	教师评价 50%		
专业能力	1. 学会使用单相电度表直接监测电路中的用电量 2. 学会使用单相电度表间接测量电路中的用电量 3. 掌握导线载流量的计算和选择 4. 根据要求设计电气原理图，并进行布线 5. 认真填写学材上的相关资讯问答题	1. 操作的准确性和规范性 2. 工作页或项目技术总结完成情况 3. 专业技能任务完成情况				0.5	
创新能力	1. 在任务完成过程中能提出自己的有一定见解的方案 2. 在教学或生产管理上提出建议，具有创新性	1. 方案的可行性及意义 2. 建议的可行性				0.2	
合计							

八、技能拓展

（1）怎样能使单相电度表反转或不转？

（2）25W 的白炽灯点亮多长时间为 1 度电？

（3）怎样使三个单相电度表测量三相电能，怎么接线？

（4）配合电流互感器后电度表读数怎么读？

学习任务 3　应用直接接法、间接接法监测三相电能

一、任务描述

根据控制要求设计电路原理图，控制要求：（1）直接监测：①电路中三相负载的用电量由三相电度表来监测；②线路有短路带漏电保护的空气断路器作为电源总开关；③负载灯要求用三个等功率的白炽灯作星形接法。（2）间接监测：①电路中三相负载的用电量由三相电度表配合电流互感器间接监测；②线路有短路带漏电保护的空气断路器作为电源总开关；③负载灯要求用三个等功率的白炽灯作三角形接法；④利用换相开关配合电压表测量三相电压。合理布置和安装电气元件，根据电气原理图进行布线。

学生接到本任务后，应根据任务要求，准备工具和仪器仪表，做好工作现场准备，严格遵守作业规范进行施工，线路安装完毕后进行调试，填写相关表格并交检测指导教师验收。按照现场管理规范清理场地、归置物品。

二、任务要求

1）掌握三相电度表的安装接线方法；
2）掌握三相电度表配合电流互感器的安装接线方法；
3）掌握三个白炽灯的星形连接；
4）掌握换相开关的工作原理及电压监测；
5）能根据控制要求设计电路原理图；
6）掌握电气元件的布置和布线方法；
7）认真填写学材上的相关资讯问答题。

三、能力目标

1）学会使用三相电度表测量三相电路中的用电量；
2）学会使用三相电度表配合电流互感器测量三相电路中的用电量；
3）根据要求设计电气原理图，并进行布线；
4）各小组发挥团队合作精神，学会应用直接接法、间接接法监测三相电能的步骤、实施和成果评估。

四、任务准备

（一）相关理论知识

1. 三相交流电简介

（1）三相对称电动势的产生　三相电动势是由三相交流发电机产生的，它主要由转子和定子构成。定子中嵌有三个线圈，彼此相隔120°的电角度，每个线圈的匝数、几何尺寸相同。当转子磁场旋转时，产生了最大值相等、频率相同、初相互差120°的三个电动势，通常把它们称为对称三相电动势。

（2）三相四线制式　仔细观察，可以发现马路旁电线杆上的电线共有4根，而进入居民家庭的进户线只有两根。这是因为电线杆上架设的是三相交流电的输电线，进入居民家庭的是单相交流电的输电线。自从19世纪末世界上首次出现三相制以来，它几乎占据了电力系统的全部领域。目前世界上电力系统所

采用的供电方式，绝大多数是属于三相制电路。

三相交流电比单相交流电有很多优越性，在用电方面，三相电动机比单相电动机结构简单，价格便宜，性能好；在送电方面，采用三相制，在相同条件下比单相输电更经济。实际上单相电源就是取三相电源的一相，因此，三相交流电得到了广泛的应用。

使一个线圈在磁场里转动，电路里只产生一个交变电动势，这时发出的交流电叫做单相交流电。如果在磁场里有三个互成角度的线圈同时转动，电路里就发生三个交变电动势，这时发出的交流电叫做三相交流电。

交流电机中，在铁心上固定着三个相同的线圈 u_X、v_Y、w_Z，始端是 u、v、w，末端是 X、Y、Z。三个线圈的平面互成120°。匀速地转动铁心，三个线圈就在磁场里匀速转动。三个线圈是相同的，它们发出的三个电动势，最大值和频率都相同。

这三个电动势的最值和频率虽然相同，但是它们的相位并不相同。由于三个线圈平面互成120°，所以三个电动势的相位互差120°（图2－3－1）。

对称三相电压的解析式为：

$$u_u = U_m \text{Sin} wt$$
$$u_v = U_m \text{Sin}（wt-120°）$$
$$u_w = U_m \text{Sin}（wt-240°）$$

1）三相四线制供电 工业上用的三相交流电，有的直接来自三相交流发电机，但大多数还是来自三相变压器，对于负载来说，它们都是三相交流电源，在低电压供电时，多采用三相四线制。

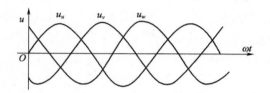

图2－3－1 三相交流电的波形图

在三相四线制供电时，三相交流电源可采用星形（Y形）接法，即把三相电源的末端 U_2、V_2、W_2 连接在一起，成为一个公用点，通常称它为中点或零点，并用字母 N 表示。供电时，引出四根线：从中点 N 引出的导线称为中线或零线；从三相电源的首端引出的三根导线称为 U_1 线、V_1 线、W_1 线，统称为相线或火线。在星形接线中，如果中点与大地相连，中线也称为地线。我们常见的三相四线制供电设备中引出的四根线，就是三根火线一根地线（图2－3－2）。

2）三相四线制中的电压 由三根相线和一根中线构成的供电系统称为三相四线制供电系统，三相四线制可输送两种电压：一种是相线与相线之间的电压叫线电压，其有效值用 U_{UV}、U_{VW}、U_{WU} 表示；另一种是相线与中线间的电压叫相电压，其有效值用 U_U、U_V、U_W

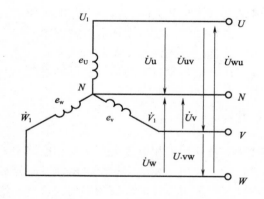

图2－3－2 三相四线制接线图

表示。且线电压是相电压的 $\sqrt{3}$ 倍。如图2－3－2所示。因为三相交流电源的电压位相差120°，作星形连接时，线电压等于相电压的 $\sqrt{3}$ 倍。我们通常讲的电压是 220V，380V，就是三相四线制供电时的相电压和线电压。

我国日常电路中，相电压是 220V，线电压是 380V（$380=\sqrt{3}\times220$）。工程上，讨论三相电源电压大小时，通常指的是电源的线电压。如三相四线制电源电压 380V，指的是线电压 380V。

在日常生活中，我们接触的负载，如电灯、电视机、电冰箱、电风扇等家用电器及单相电动机，它们工作时都是用两根导线接到电路中，都属于单相负载。在三相四线制供电时，多个单相负载应尽量均衡地分别接到三相电路中去，而不应把它们集中在三根电路中的一相电路里。如果三相电路中的每一根所接的负载的阻抗和性质都相同，就说三根电路中负载是对称的。在负载对称的条件下，因为各相电流间的位相彼此相差120°，所以，在每一时刻流过中线的电流之和为零，把中线去掉，用三相三线制供电是可以的。但实际上多个单相负载接到三相电路中构成的三相负载不可能完全对称。在这种情况下中线显得特别重要，而不是可有可无。有了中线每一相负载两端的电压总等于电源的相电压，不会因负载的不对称和负载的变化而变化，就如同电源的每一相单独对每一相的负载供电一样，各负载都能正常工作。若是在负载不对称的情况下又没有中线，就形成不对称负载的三相三线制供电。由于负载阻抗的不对称，相电流也不对称，负载相电压也自然不能对称。有的相电压可能超过负载的额定电压，负载可能被损坏（灯泡过亮烧毁）；有的相电压可能低些，负载不能正常工作（灯泡暗淡无光）。随着开灯、关灯等原因引起各相负载阻抗的变化，相电流和相电压都随之而变化，灯光忽暗忽亮，其他用电器也不能正常工作，甚至被损坏。可见，在三相四线制供电的线路中，中线起到保证负载相电压对称不变的作用，对于不对称的三相负载，中线不能去掉，不能在中线上安装保险丝或开关，而且要用力学强度较好的钢线作中线。

三相交流电依次达到正最大值（或相应零值）的顺序称为相序（phase sequence），顺时针按 U - V - W 的次序循环的相序称为顺序或正序，按 U - V - W 的次序循环的相序称为逆序或负序，相序是由发电机转子的旋转方向决定的，通常都采用顺序。三相发电机在并网发电时或用三相电驱动三相交流电动机时，必须考虑相序的问题，否则会引起重大事故，为了防止接线错误，低压配电线路中规定用颜色区分各相，黄色表示 U 相，绿色表示 V 相，红色表示 W 相。

3）三相负载的连接 通常把各相负载相同的三相负载称为对称三相负载，如三相电动机、三相电炉等。如果各相负载不同，称为不对称的三相负载，如三相照明电路中的负载。

根据不同要求，三相负载既可作星形（即 Y 形）联接，也可做三角形（即△形）联接。把三相负载分别接在三相电源的一根端线和中线之间的接法，称为三相负载的星形联接，如图 2 - 3 - 3、图 2 - 3 - 4 所示。

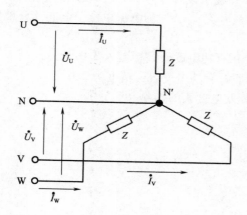

图 2 - 3 - 3 负载的星形（即 Y 形）联接

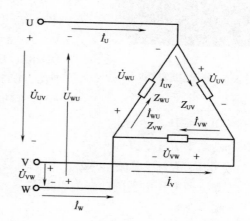

图 2 - 3 - 4 负载的三角形（即△形）联接

①三相负载星形连接 对于三相电路中的每一相来说，就是一单相电路，所以各相电流与电压间的相位关系及数量关系都与单相电路的原理相同。

在对称三相电压作用下，流过对称三相负载中每相负载的电流应相等。

三相对称负载作星形联接时的中线，此时取消中线也不影响三相电路的工作，三相四线制就变成三相三线制。通常在高压输电时，一般都采用三相三线制输电。

当负载不对称时，这时中线电流不为零。但通常中线电流比相电流小得多，所以中线的截面积可小些。当中线存在时，它能平衡各相电压，保证三相负载成为三个互不影响的独立电路，此时各相负载电压对称。但是当中线断开后，各相电压就不再相等了。所以在三相负载不对称的低压供电系统中，不允许在中线上安装熔断器或开关，以免中线断开引起事故。

在对称三相负载的星形联接中，线电流就等于相电流，线电压是每相负载相电压的 $\sqrt{3}$ 倍。

②三相负载三角形连接 把三相负载分别接在三相电源的每两根端线之间，称为三相负载的三角形

联接。

对于三角形联接的每相负载来说，也是单相交流电路，所以各相电流、电压和阻抗三者的关系仍与单相电路相同。

由于作三角形联接的各相负载是接在两根线之间，因此负载的相电压就是电源的线电压。在对称三相电压作用下，流过对称三相负载中每相负载的电流应相等，而各相电流间的相位差仍为120°，而线电流是相电流的倍。

负载作三角形联接时的相电压比作星形联接时的相电压要高。因此，三相负载接到三个相电源中，应作△形联接还是 Y 形联接，要根据三相负载的额定电压而定。若各相负载的额定电压等于电源的线电压，则应作△形联接；若各相负载的额定电压是电源线电压的 $\frac{1}{\sqrt{3}}$，则应作 Y 形联接。

图 2 - 3 - 5　电度表外形图

2. 三相电度表

（1）电度表的结构原理　电度表的基本结构主要包括测量机构和辅助部件。测量机构是电能测量的核心部分，由驱动元件、转动元件、制动元件、轴承、计度器和调整装置组成。驱动元件由电压元件和电流元件组成，用来将交变的电压和电流转变为交变磁通，切割转盘形成驱动力矩，使转盘转动。制动力矩由磁钢形成，磁钢产生磁通，被转动着的转盘切割转盘中的感应电流，相互作用形成制动力矩从而阻止转盘加速转动。电度表的外形如图 2 - 3 - 5。

（2）电度表的型号意义　"D"表示电度表，"T"表示三相四线，"86"表示设计年份，"2"表示设计序号，"4"表示过载倍数，"10"为基本电流，"40"为过载电流。"A"为电流单位。电能计算单位有功为 kW·h，无功为 kvar·h。

DD282、DD862 为单相有功电度表，精度为 2.0 级。

DT8、DT862 为三相四线有功电度表，精度为 2.0 级。

（3）有功功率的计算及电度表的选择

单相有功功率 $P = UI\cos\varphi$

三相有功功率 $P = \sqrt{3}UI\cos\varphi$

式中 U 为线电压，I 为线电流，$\cos\varphi$ 为功率因数。

如一户家庭所有用电器的功率为 300W；

假设 $\cos\varphi = 1$

$$I = \frac{P}{U\cos\varphi} = \frac{300}{220} = 1.36\ （A）$$

则此时可选择 DD862　1.5（6）A 电度表

工厂中有三相四线 220/380V，如通过电流为 60A 线电流，$\cos\varphi = 0.8$

则有功功率 $P = \sqrt{3}UI\cos\varphi = \sqrt{3} \times 380 \times 60 \times 0.8 = 31590$（W）$= 31.59$（kW）

（4）电度表的接线图与安装使用

电度表的结构图与接线图如图 2 - 3 - 6。

1）电度表应安装在室内，选择干燥通风的地方，安装电度表的底板应放置在坚固耐火不易受振动的墙上，建议安装高度为 1.8m 左右，安装后的电度表应垂直不倾斜。安装时应按规定将外壳上的接地端接地。

2）电度表按规定的相序（正相序）接入线路，并按端钮盒盖上的接线图进行接线；应使用铜线或铜接头接入，铜线截面积应保证每平方毫米载流量不大于 5A。拧紧螺钉，避免接线短路的接触不良造成烧毁设备和电度表。严禁带电接线和打开端钮盒盖。

3. 三相漏电断路器

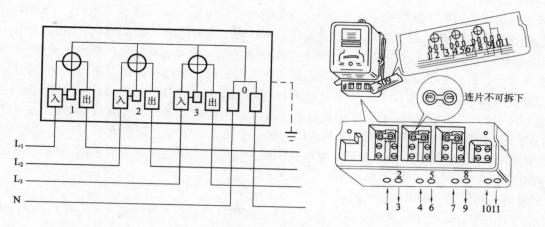

图 2－3－6　电度表的结构图与接线图

（1）主要用途与使用范围　DZ47LE－32（63）漏电断路器（图 2－3－7）适用于交流 50Hz，额定电压至 380V，额定电流至 63A 的线路中，作为人身触电和设备漏电保护之用，有过载和短路保护功能，亦可在正常情况下作为线路的不频繁通断之用。

基本参数：

额定电压：220V、380V

额定频率：50Hz

额定剩余动作电流：30mA、50mA

额定剩余动作电流下的分断时间≤0.1s

（2）断路器的安装

1）安装时应检查铭牌及标志上的基本技术数据是否符合要求。

2）检查断路器，并人工操作几次，动作应灵活，确认完好无损，才能进行安装。

3）断路器应垂直安装，使手柄在下方，手柄向上的位置是动触头闭合位置。

（3）断路器的使用

1）要闭合保护断路器，须将手柄朝 ON 箭头方向往上推；要分断，将手柄朝 OFF 箭头方向往下拉。

2）断路器的过载、短路、过电压保护特性均由制造厂整定，使用中不能随意拆开调节。

3）断路器运行一定时期（一般为一个月）后，需要在闭合通电状态下按动实验按钮，检查过电压保护性能是否正常可靠（每按一次实验按钮，断路器均应分断一次）。

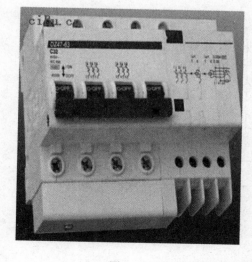
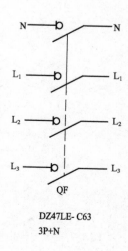

DZ47LE- C63

3P+N

图 2－3－7　三相漏电断路器外形图与接线图

4. 电流互感器

电流互感器安装时应注意极性（同名端），一次侧的端子为 L_1、L_2（或 P_1、P_2），一次侧电流由 L_1 流入，由 L_2 流出。而二次侧的端子为 K_1、K_2（或 S_1、S_2）即二次侧的端子由 K_1 流出，由 K_2 流入。L_1 与 K_1，L_2 与 K_2 为同极性（同名端），不得弄错，否则若接电度表的话，电度表将反转。电流互感器一次侧绕组有单匝和多匝之分，LQG 型为单匝。而使用 LMZ 型（穿心式）时则要注意铭牌上是否有穿心数据，若有则应按要求穿出所需的匝数。应注意，穿心匝数是以穿过空心中的根数为准，而不是以外围的匝数计算（否则将误差一匝）。电流互感器的二次绕组有一个绕组和两个绕组之分，若有两个绕组的，其中一个绕组为高精度（误差值较小）的一般作为计量使用，另一个则为低精度（误差值较大）一般用于保护。电流互感器的联接线必须采用 $2.5mm^2$ 的铜心绝缘线联接，有的电业部门规定必须采用 $4mm^2$ 的铜心绝缘线，但一般来说没有这种必要（特殊情况除外）。

（1）电流互感器运行中应注意的问题

1）电流互感器在运行中二次侧不得开路，一旦二次侧开路，由于铁损过大，温度过高而烧毁，或使副绕组电压升高而将绝缘击穿，发生高压触电的危险。所以在换接仪表时如调换电流表、有功表、无功表等应先将电流回路短接后再进行计量仪表调换。当表计调好后，先将其接入二次回路再拆除短接线并检查表计是否正常。如果在拆除短接线时发现有火花，此时电流互感器已开路，应立即重新短接，查明计量仪表回路确无开路现象时，方可重新拆除短接线。在进行拆除电流互感器短接工作时，应站在绝缘皮垫上，另外要考虑停用电流互感器回路的保护装置，待工作完毕后，方可将保护装置投入运行。

2）如果电流互感器有"嗡嗡"声响，应检查内部铁心是否松动，可将铁心螺栓拧紧。

3）电流互感器二次侧的 K_2 一端，外壳均要可靠接地。

4）当电流互感器二次侧线圈绝缘电阻低于 $10 \sim 20M\Omega$ 时，必须进行干燥处理，使绝缘恢复后，方可使用。

（2）安装使用及维护

1）互感器可垂直或水平安装；

2）互感器的一次穿心匝数按铭牌规定进行穿心，一次电流应从 P1 流向另一端，二次电流从 S1 经过外电路流向 S2，互感器为减极性，连接到互感器的导线截面积不小于 $2.5mm^2$，并把"S2"接线端子接地；

3）互感器运行时严禁二次绕组开路；

4）互感器的安装场所应干燥通风，空气相对湿度不大于 80% 且周围无侵蚀性和爆炸性介质；

5）互感器应进行周期性检验，对检验不合格的产品进行维修或更换。

5. 三相电度表配合电流互感器接线

有三相四线式（三相三元件）和三相三线式（三相两元件）两种，接线分别如图 2−3−8 和图 2−3−9。

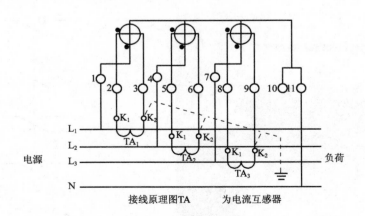

图 2−3−8　三相四线式（三相三元件）电度表经电流互感器接线原理图

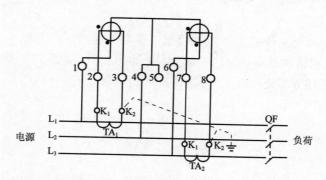

图 2 - 3 - 9　三相三线式（三相两元件）电度表经电流互感器接线原理图

选件及接线要求：

1）电度表的额定电压应与电源电压一致，额定电流应是 5A 的。

2）要按正相序接线。

3）电流互感器要 LQG 型的，精度应不低于 0.5 级。电流互感器的极性要用对。

4）二次线应使用绝缘铜导线，中间不得有接头。其截面：电压回路应不小于 $1.5mm^2$；电流回路应不小于 $2.5mm^2$。

5）二次线应排列整齐，两端穿带有回路标记和编号的"标志头"。

6）当计量电流超过 250A 时，其二次回路应经专用端子接线，各相导线在专用端子上的排列顺序：自上至下，或自左至右为 U、V、W、N。

7）三相四线有功电度表（DT 型），可对三相四线对称或不对称负载作有功电量的计量；而三相三线有功电度表（DS 型），仅可对三相三线对称或不对称负载作有功电量的计量。

例某三相四线负荷电流为 361A，经电流互感器接线的三相有功电度表作有功电量计量，可选 DT8 380/220　$3 \times 5A$ 的有功电度表。用 LQZ—0.5 400/5 的电流互感器。

（二）设备、工具的准备

为完成工作任务，每个工作小组需要向工作站内仓库工作人员提供借用工具清单（表 2 - 3 - 1）。

表 2 - 3 - 1　　　　　　　　　　　　　　　工作岛借用工具清单

序号	名称（型号、规格）	数量	借出时间	学生签名	归还时间	学生签名	管理员签名
1							
2							
3							
4							
5							

（三）材料的准备

为完成工作任务，每个工作小组需要向工作站内仓库工作人员提供领用材料清单（表 2 - 3 - 2）。

表 2 - 3 - 2　　　　　　　　　　　　　　　工作岛借用材料清单

序号	名称（型号、规格）	数量	借出时间	学生签名	归还时间	学生签名	管理员签名
1							
2							
3							
4							
5							

（四）团队分配的方案

将学生分为 5 个小组，每个工作岛为 1 组，根据工作岛工位要求，每组 6 人，每组指定 1 人为小组长、2 人为材料管理员，材料管理员负责材料领取分发，小组长负责组织本组相关问题的计划、实施及讨论汇总，填写各组人员工作任务实施所需文字材料的相关记录表。

五、制定工作计划

六、任务实施

（一）为了完成任务，必须回答以下问题

1）三相交流电彼此相隔_____度的电角度。

2）由三根相线和一根中线构成的供电系统称为_____制供电系统，三相四线制可输送两种电压：一种是相线与相线之间的电压叫_____；另一种是相线与中线间的电压叫_____。

3）根据不同要求，三相负载既可作_____联接，也可做_____联接。

4）DT862 - 4 为_____电度表，精度为_____级。

5）电度表建议安装高度为_____ m 左右，安装后的电度表应_____不_____。

6）电流互感器二次侧的 K_2 一端，外壳均要可靠_____。

7）互感器可_____或_____安装。

8）互感器运行时严禁二次绕组_____。

（二）应用直接接法、间接接法监测三相电能

1. 设计要求

（1）根据控制要求设计一个电路原理图。

控制要求：

1）直接接法监测三相电能线路

①电路中三相负载的用电量由三相电度表来监测。

②线路有短路带漏电保护的断路器作为电源总开关。

③负载灯要求用三个等功率白炽灯作星形接法。

2）间接接法监测三相电能线路

①电路中三相负载的用电量由三相电度表配合电流互感器间接监测。

②线路有短路带漏电保护的空气断路器作为电源总开关。

③负载灯要求用三个等功率的白炽灯作三角形接法。

④利用换相开关配合电压表测量三相电压。

（2）根据任务要求设计应用直接接法、间接接法监测三相电能线路电器布置图。

2. 安装步骤及工艺要求

（1）逐个检验电气设备和元件的规格和质量是否合格；

（2）正确选配导线的规格、导线通道类型和数量、接线端子板型号等；

（3）在控制板上安装电器元件，并在各电器元件附近做好与电路图上相同代号的标记；

（4）按照控制板内布线的工艺要求进行布线和套编码套管；

（5）选择合理的导线走向，做好导线通道的支持准备，并安装控制板外部的所有电器；

（6）进行外部布线，并在导线线头上套装与电路图相同线号的编码套管。对于可移动的导线通道应放适当的余量，使金属软管在运动时不承受拉力，并按规定在通道内放好备用导线；

（7）检查电路的接线是否正确和接地通道是否具有连续性；

（8）检测线路的绝缘电阻，清理安装场地。

3. 通电调试

（1）通电试验时，应认真观察各电器元件、线路工作情况；

（2）通电试验时，应检查各项功能操作是否正常。

4. 注意事项

（1）不要漏接接地线，严禁采用金属软管作为接地通道；

（2）在导线通道内敷设的导线进行接线时，必须集中思想，做到查出一根导线，立即套上编码套管，接上后再进行复验；

（3）在安装、调试过程中，工具、仪表的使用应符合要求；

（4）通电操作时，必须严格遵守安全操作规程。

七、任务评价

（一）成果展示

各小组派代表上台总结完成任务的过程中，掌握了哪些技能技巧，发现错误后如何改正，并展示已接好的电路，通电试验效果。

其他小组提出的改进建议：_____

_____

_____

_____

（二）学生自我评估与总结

_____

_____。

（三）小组评估与总结

_____

_____。

（四）教师评估与总结

_____

_____。

（五）各小组对工作岗位的"6S"处理

在小组和教师都完成工作任务总结以后，各小组必须对自己的工作岗位进行"整理、整顿、清扫、清洁、安全、素养"；归还所借的工量具和实习工件。

（六）评价表（表2-3-3）

表2-3-3　　　　　学习任务3　应用直接接法、间接接法监测三相电能评价表

班级：_____　　　　　　　指导教师：_____
小组：_____　　　　　　　日期：_____
姓名：_____

| 评价项目 | 评价标准 | 评价依据 | 评价方式 | | | 权重 | 得分小计 |
			学生自评20%	小组互评30%	教师评价50%		
职业素养	1. 遵守企业规章制度、劳动纪律 2. 按时按质完成工作任务 3. 积极主动承担工作任务，勤学好问 4. 人身安全与设备安全 5. 工作岗位6S完成情况	1. 出勤 2. 工作态度 3. 劳动纪律 4. 团队协作精神				0.3	
专业能力	1. 学会使用三相电度表测量三相电路中的用电量 2. 学会使用三相电度表配合电流互感器测量三相电路中的用电量 3. 根据要求设计电气原理图，并进行布线 4. 认真填写学材上的相关资讯问答题	1. 操作的准确性和规范性 2. 工作页或项目技术总结完成情况 3. 专业技能任务完成情况				0.5	

续表

班级：_____	指导教师：_____
小组：_____	日期：_____
姓名：_____	

评价项目	评价标准	评价依据	评价方式			权重	得分小计
			学生自评 20%	小组互评 30%	教师评价 50%		
创新能力	1. 在任务完成过程中能提出自己的有一定见解的方案 2. 在教学或生产管理上提出建议，具有创新性	1. 方案的可行性及意义 2. 建议的可行性				0.2	
合计							

八、技能拓展

1）三个白炽灯怎么连接叫三角形接法？

2）三相负载有功功率怎么计算？

3）被测量电路电流大于电度表的最大电流应该怎样测量电路中的有功功率？

4）如果手上没有三相电度表，用三个单相电度表代替，应该怎么接线？请画出接线原理图。

5）经电流互感器变比后怎样计算电度？

学习任务4 应用电子式仪表监测单相、三相电能

一、任务描述

　　根据控制要求设计电路原理图，控制要求：①电路中有单相、三相负载，其用电量分别由电子式单相、三相电能表来监测；②线路有短路带漏电保护的空气断路器作为电源总开关；③用三个白炽灯作星形接法为三相负载，用一个白炽灯做单相负载。合理布置和安装电气元件，根据电气原理图进行布线。

　　学生接到本任务后，应根据任务要求，准备工具和仪器仪表，做好工作现场准备，严格遵守作业规范进行施工，线路安装完毕后进行调试，填写相关表格并交检测指导教师验收。按照现场管理规范清理场地、归置物品。

二、任务要求

　　1）掌握电子式单相电能表的安装接线方法；
　　2）掌握电子式三相电能表的安装接线方法；
　　3）能根据控制要求设计电路原理图；
　　4）掌握相应电气元件的布置和布线方法；
　　5）认真填写学材上的相关资讯问答题。

三、能力目标

　　1）学会使用电子式三相电能表测量单相、三相电路中的用电量；
　　2）根据要求设计电气原理图，并进行布线；
　　3）各小组发挥团队合作精神，学会应用电子式仪表监测单相、三相电能的设计、安装步骤、实施和成果评估。

四、任务准备

（一）相关理论知识

1. 电子式电能表的基本原理

电能作为一种商品，衡量其多少的唯一工具是电能表。随着电子工业的发展，正在向高智能、高精度、高可靠性和全自动计费的方向发展。

（1）电子式电能表的基本原理　电子式电能表是基于电功率的测量技术，采用电子乘法器实现功率运算的新型电能计量仪表。具体是把输入的电压信号或电流信号经分压器和互感器进行增益和相位补偿后，分别送至有功乘法器和无功乘法器（90°相移后送无功乘法器）产生脉冲信号，经过处理器、检测器等电路准确地测量出有功、无功、视在功率电能，并进行各种费率时段处理以及最大需量选择。

（2）特点对比

1）精度高。电子式电能表能在很宽的电压、电流范围内实现1.0至0.1级高精度的电能测量。1.0级表误差很容易控制在 +0.5%以内。0.5级可控制在 ± 0.2%以内，0.2级表可控制在 ± 0.1%以内。而机械式电能表做到0.5级就已经很困难了。

2）误差曲线平直。从负载下限到最大负载，误差数据基本不变。而对于机械式电能表，即使调整优良也不可能实现，而且大部分机械式电能表在轻负载时误差数据偏大且为负值。

3）误差恒定。在误差范围内不因内部条件变化而发生变化，校验数据基本不变。机械式电能表由于存在机械磨损的因素导致误差加大，必须定期（3~6个月）进行调整校验。实际应用中，只对少数大用户进行校验，对于占绝大多数的小用户和居民用户进行周期校验很难实现，运行中轻负载负超差现象仍然存在。

4）TV二次回路压降小。电子式电能表接入TV二次回路后，每相输入电流仅为10mA，而且一只电子式表可同时实现有功、无功及最大需量测量，至少取代三只机械式电能表，对于同样的TV二次回路压降可减少到1/20甚至更小。而压降通常是负值。同时，电子式电能表对于提高电能计量精度，减少电量计量损失作用较大。

5）省去抄表环节。实现电量预购功能是电子式电能表的主要特点，用户到供电部门预先购买了电量，就不用抄表员去用户处抄表，减少用工成本。

6）便于信息化管理。电子式电能表装有微电脑和专用程序，所有程序和数据处理均自动完成。供电部门可通过计算机售电管理系统对用户实现预购电量、预置最大负荷限制、对电卡进行密码设置等功能。同时按需要储存用户表的出厂表号、表常数、计度器初始值、用户住址、姓名等相关信息以便进行系统的管理。

7）记录判断及报警功能。电子式电能表在其数据卡中存有总电量、本次剩余电量和上次剩余电量、负电量、总购电次数等数据，便于供电部门与用户进行信息传递，保护供、用电双方的利益。电子式电能表自动计算用户消耗电量，并在电量小于一定量时数码管常亮并显示所剩电量，提醒用户及时购电。当用户电量剩至5kW·h时，报警提醒用户购电。

8）不受安装位置影响。机械式电能表由于受其工作原理的制约，对其安装位置尤其是悬挂角度要求很高，否则会影响精度和寿命。而电子式则不然，由于采用电子技术，其精度取决于采样及运算的准确度，而与安装位置无关。

（3）存在的问题

1）可靠性问题

电子式电能表对关键电子部件，如PBC板电源，数据卡的工作性能要求很高，其性能高低直接影响正常使用。

2）抗干扰和抗过压能力差

对于低压表，由于电压回路直接接入电网，则存在电网浪涌冲击或其他干扰以及电网电压长时间偏高造成电子式电能表损坏的情况。

3）产品成熟度有待提高

电子式电能表属新型计量产品，其产品结构不丰富，型号规格不多，可选择余地小。

（4）电能表的选择

电能表分为单相、三相三线和三相四线三种。电能表的选择使用应参照以下要求：

1）严格区分用户　在选用电能表前，首先应区分使用者是居民用户、工矿企业还是服务业等情况，对于数量庞大的居民用户尽量推荐使用电子式单相电能表，因为电子表校验周期很长，精度高。对于生产者如企业等用户，结合实际情况依照用户要求可选择使用电子式或机械式三相三线电能表，或者电子式或机械式三相四线电能表。虽然机械电能表校验周期短，但鉴于在一个辖区的工矿企业相对较少，因此，用户选用哪种电能表都行。如果属于新用户或者更新电能表，以选择电子式电能表为宜。

2）尊重用户，避免"一刀切"现象　单相机械式电能表在我国使用率是最高的，仪表生产厂家多，产品结构丰富，规格型号齐全，相关产业庞大。不能只因新型电子式电能表的功能优点而全面淘汰机械式电能表，应以科学发展观的态度，尊重国情，尊重用户选择，循序渐进，逐步推广电子式电能表。若全面更新换代，会造成产业链的极大浪费和大多数人的反对。因此，应结合实际情况，有选择地进行更换。

3）以用量定规格　电能表以电压或电流大小作为规格指标。电压分为：110V、220V、380V等规格，电流分为：2（10）A、5（10）A、5（20）A、10（30）A、20（80）A等规格。不同的用户选择不同的规格。对于大用电户，可结合互感器变比作适当选择。而对于小用电户，电流规格要以用户用电的大小而定，不能采取小规格电能表的办法限定用户的用电量。不能单纯考虑 TA、TV 回路轻载时的误差让电能表超载运行。标定电流应根据用户的用电功率和用电总量来正确选定。建议推广过载三倍表和二倍表。

2. 电子式电能表的知识拓展

（1）型号说明见图 2-4-1。

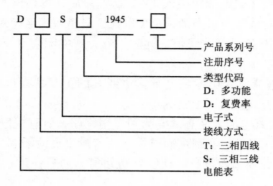

图 2-4-1　型号说明

（2）电子式电能表的原理框图见图 2-4-2，图 2-4-3，图 2-4-4。

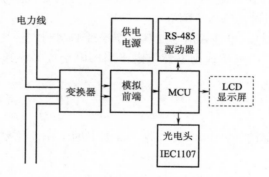

图 2-4-2　电子式电能表原理方框图

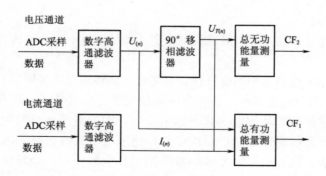

图 2-4-3　电子式电能表工作原理

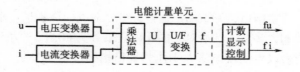

图 2-4-4　电子式电能表工作原理框图

（3）三相电子式电能表典型通信与接口见图 2 - 4 - 5。

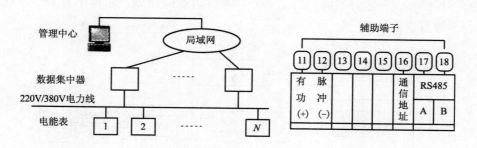

图 2 - 4 - 5　供电测控系统构成框图

（4）电子式电能表的接线图（图 2 - 4 - 6）与安装使用（与感应式相同）

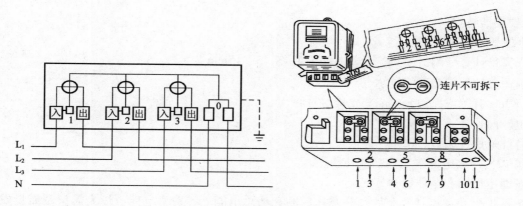

图 2 - 4 - 6　电子式电能表接线图

1）电度表应安装在室内，选择干燥通风的地方，安装电度表的底板应放置在坚固、耐火不易受振动的墙上，建议安装高度为 1.8m 左右，安装后的电度表应垂直不倾斜。安装时应按规定将外壳上的接地端接地。

2）电度表按规定的相序（正相序）接入线路，并按端钮盒盖上的接线图进行接线；应使用铜线或铜接头接入，铜线截面积应保证每平方毫米载流量不大于 5A。拧紧螺钉，避免接线短路的接触不良造成烧毁设备和电度表。严禁带电接线和打开端钮盒盖。

3．几种典型的电子式电能表

（1）单相电子式复费率电能表　能精确地计量有功电能、最大需量等数据。该表集有功、分时计费于一体，表中设有 4 种费率、10 个时段；具有遥控器红外编程、掌上电脑红外抄表及 RS485 通信接口有线抄表功能，是电力部门进行现代化电能测量的理想计量仪表。

1）常用术语

①复费率电能表。有多个计度器分别在规定的不同费率时段内记录交流有功或无功电能的电能表。

②费率计度器。由储存器（用作储存信息）和显示器（用作显示信息）两者构成的电—机械装置或电子装置，能记录不同费率的有功或无功的电能量。

③电能测量单元。由被测量输入回路、测量等部分构成，进行有功或无功电能计量的单元。

④费率时段控制单元。由费率计度器（含驱动电路）、时间开关及逻辑电路等构成，进行费率时段电能测量和显示的单元。

⑤峰、平、谷电量。电力系统日负荷曲线高峰时段的电量称峰电量，低谷时段的电能量称谷电量，计量峰、谷时段以外的电能量称平电量，三者之和为总电量。

2）工作原理　单相电子式复费率电能表的工作原理框图如图 2 - 4 - 7 所示。电流、电压采样电路是将流过线路的大电流和外部 220V 交流电压变换为合适的小电流、小电压信号，经电能专用集成电路转换成随功率变化的脉冲信号。单片微处理器接收到功率脉冲信号后进行电能累计，并且存入存储器中，同时读取时钟信号，按照预先设定好的时段分时计量，并将数据输出到显示器中显示，并且随时接收串行通信口的通信信号进行数据处理。

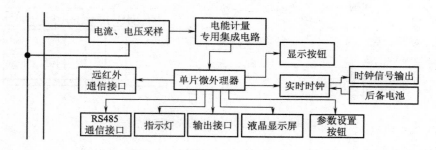

图 2 - 4 - 7　单相电子式复费率电能表的工作原理框图

3）主要功能特点

①4 种费率、10 个时段。

②最大需量计算采用滑差式，滑差时间为 1、3、5、15min。

③当前一分钟平均功率的显示。

④5V/80ms 有源或无源光电隔离电能脉冲输出。

⑤停电时间累计。

⑥具有红外遥控编程、RS485 通信接口。

⑦可用 12V 外接电源掌上电脑红外抄表。

⑧可设固定显示和循环显示方式。

⑨可记录 3 个月（本月、上月、上上月）的有功总电能、各费率电能、最大需量及需量发生的时间等信息。

⑩遥控器可全面显示所有功能项，并可方便编程。

4）规格　见表 2 - 4 - 1。

表 2 - 4 - 1　　　　　　　　　　　　单相电子式复费率电能表规格

准确度等级	额定电压 U_e/V	基本电流 I_b/A	表壳类型
1.0	220	5（6） 2.5（10） 5（20） 5（30） 10（40）	1 型
		15（60） 20（80） 20（100）	2 型

5）基本误差　见表 2 - 4 - 2。

表 2 - 4 - 2　　　　　　　　　　　　单相电子式复费率电能表基本误差

基本电流	功率因数 $\cos\varphi$	基本误差/%
$0.05I_b$	1.0	±1.5
$0.1I_b \sim I_{max}$	1.0、0.5L、0.8C	±1.0

续表

基本电流	功率因数 cosφ	基本误差/%
0.1I_b	0.5L 0.8C	±1.5

6）主要技术指标

①时钟准确度：日误差 ≤ ±0.5 秒/天。

②停电后数据保持时间：≥10 年。

③电能计度器容量：99999.9 kW·h。

④需量计度器容量：99.999kW。

⑤绝缘耐压：≥2000 VAC。

⑥功耗（LED 显示）：≤2VA。

⑦启动电流：0.4%I_b。

⑧电池功耗（停电不显示时）：≤0.4μA。

⑨工作温度：−20 ~ +50℃。

⑩存储和运输温度：−25 ~ +50℃。

⑪相对湿度：≤75%。

7）显示功能

①数码管显示：左边 2 位指示功能序号，右边 6 位指示内容。

②峰平谷指示灯：峰、平、谷指示灯中的一个亮依次代表右边 6 位显示为峰电量、平电量、谷电量；峰、平两灯齐亮表示尖峰电量；三灯全亮表示总电量。当功能序号显示 00 号时，峰、平、谷指示灯指示当前时段的费率，便于用户监视时段的正常切换。

③欠压指示灯：内部电池欠压时此灯常亮显示。

④电能脉冲灯：用于指示用户用电负载情况。

8）遥控器功能

①记忆键：编程时，将调整正确的数据记忆，同时功能号递增一位；读表时，显示"00"项功能序号。

②右移键：编程时循环移动要调整的数据位；在正常工作状态下，该键为循环显示和固定显示转换开关。

③上移及下移键：编程时，用以增、减闪烁位的数值；正常工作时，用以增、减显示项功能序号。

④编程键：在需要对电能表进行编程时按此键2s钟便可进入编程状态。

⑤清零键：在电能表最大需量需要清零时按此键可将最大需量值清零。

⑥复位键：编程状态时按此键退出编程，正常工作时按此键显示功能序号00项。

⑦数字键：数字键0~9在编程状态时用于修改数码管闪烁位的数值，正常工作时用于查看功序号项数据。

⑧自检键：用于检查数码管各段显示是否正常。

9）遥控器编程

出厂后第一次编程时务必进行总清操作（用遥控器清零键操作）。

①进入编程状态：按"编程"键，此时显示"99——0"，依次在数码管闪烁位输入6位密码，密码正确后进入编程状态，显示编程首项内容"00 X X X X X X"。若输入密码有误，则显示错误次数提示"99——X"，若连续错误超过10次，电能表将自动锁定当日编程功能。次日可再进行编程，其他功能不受影响。电能总清后密码为"000000"。

②选定编程项：进入编程状态后，左边两位数码管显示编程项目号，用遥控器上的数字键"0~9"或者按"上移"或"下移"键，改变到要编程的项目号。

③输入数据：按"右移"键选择数据位，其闪烁位可用数字键"0～9"或"上移""下移"键输入数字。

④记忆数据：确认输入数据正确后，按记忆键保存该项数据。如果需要对其他项编程，重复②、③、④操作步骤。

⑤编程结束：按"复位"键结束编程。

⑥时段设置说明。时段总清后为00点00分，费率为1（1、2.3、4分别表示费率尖、峰、平、谷）。编程时各时段按24h制从早到晚排列。

⑦分时电量预置说明。只要将尖、峰、平、谷电量进行预置，系统会将4个电量自动累加写入总电量，而对总电量预置时各分时电量不受影响。

10）读表

表内存贮3个月的电量、最大需量，即当月、上月、上上月数据。新的一月数据以最大需量清零时刻起保存。

①直接读表：表内显示可以设定为固定项目显示或循环显示。固定显示时，用户只要按遥控器上的"数字键"、"上移"或"下移"键显示相应功能顺序号项内容，按复位或记忆键显示回到"00××××××"项。

②最大需量清零：最大需量清零是将当前电能表内电量、最大需量冻结保存。按清零键后电能表自动将上月电量、需量等数据存入上上月保存，将当前电量、需量等数据存入上月保存，当前需量置0，以后依此类推。

最大需量清零有自动和手动两种方式。当设置为自动方式时，必须设定用电结算日（01～28），电能表在该日的0时自动需量清零。若该日停电，则电能表在该日后的第一次通电时首先进行自动需量清零。当设置为手动方式时，按遥控器上的"清零"键，显示"98——0"，在数码管闪烁位输入6位密码，密码正确后，电能表自动进行需量清零，电能表总清后的最大需量清零密码为"000000"。

注意：编程密码与最大需量清零密码是相互独立的，为防止误操作，电能表每天只允许需量清零一次，第二次需量清零操作无效（且电能表显示NO）。

（2）单相预付费电能表 单相预付费电能表是在普通单相电子式电能表基础上增加了微处理器、IC卡接口和表内跳闸继电器构成的。它通过IC卡进行电能表电量数据以及预购电费数据的传输，通过继电器自动实现欠费跳闸功能，为解决抄表收费问题提供了有效的手段。

1）基本原理 单相预付费电能表原理框图如图2-4-8所示。测量模块为表计核心，它和普通电子式单相电能表采用相同技术输出功率脉冲到微处理器。微处理器接收到测量部分的功率脉冲进行电能累计，并且存入存储器中，同时进行剩余电费递减，在欠费时给出报警信号并控制跳闸。它随时监测IC卡接口，判断插入卡的有效性以及购电数据的合法性，将购电数据进行读入和处理。它还将数据输出到相应的显示器中显示。

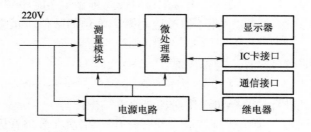

图2-4-8 单相预付费电能表原理框图

显示采用液晶显示器（LCD）或数码管显示（LED）。继电器一般为磁保持继电器，可以通断较大的电流。电能表中可扩展RS485接口，进行数据抄读。

2）IC卡技术 在预付费电能表中IC卡技术是一个关键技术。IC卡是集成电路卡（Intergrated Circuit

Card）的简称。它将集成电路镶在塑料卡片上。它与磁卡比较有接口电路简单、保密性好、不易损坏、存储容量大、寿命长等特点。IC 卡中的芯片分为不挥发的存储器（也称存储卡）、保护逻辑电路（也称加密卡）和微处理单元（也称 CPU 卡）三种。在电能表上使用的卡，这三种都有，接口往往采用串行方式的接触式卡。

下面对这三种卡的构成特点及使用特点作简单介绍。

①存储卡。在目前大量使用的存储卡中，可以分为以下 3 种。

a. 只读型。数据一次性写入存储器不可更改，往往由 ROM 或 PROM 存储器构成，其价格非常低廉，但数据内容不可改变，适用于游戏卡、特定标识卡等。

b. 计数型。芯片采用熔丝式的电路或存储单元锁死的电路，单元初始状态为 1（未熔断或未锁死），当需要改写时，把相关单元熔丝烧断，单元状态变为 0。计数卡简单可靠，数据内容不可改写，有很高的安全性，成本也较低；缺点是卡不可以改写，不能重复充值使用。它适用于电话卡、加油收费卡等。

c. 充值型。芯片采用电可擦除的存储电路，可以重复改写多次（一般为 1 万次以上），数据保持时间一般大于 10 年。它适用于卡的数据需要反复改写的场合，如收费卡、公路卡等。

②加密卡。加密卡由电可擦除存储单元和密码控制逻辑单元构成，对于存储区数据的读写受到逻辑单元的控制不能任意进行，必须先核对密码后才可以操作，否则卡将被锁死。这样可以大大提高卡的安全保密性能。

加密卡中分主存储区、保护存储区、加密存储区三部分。其中主存储区数据可以任意读写。保护存储区数据可以任意读出，但改写需要先送"检验字"，芯片将检验字与存在加密存储区的密码比较，当检验结果一致时，控制逻辑打开存储器，可以进行写入。检验字比较次数限定 4 次，如果连续 4 次检验出错，芯片将锁死，整个芯片只能读出，不能再使用。加密存储区为存放密码和比较计数值的区域，此区域在校验字未比较成功前不能读写。

③CPU 卡。在卡上集成了存储器及微处理器。由于有了微处理器，CPU 卡可以进行各种较为复杂的运算，而且从总线上直接进行检验字比较变为间接的卡的认证和识别，排除了从总线上破译密码的可能，安全性能有了很大提高。目前 CPU 卡已在金融卡中广泛使用。IEC7S16 国际标准中，对 CPU 卡的结构、数据接口都有规定。

3）主要性能指标及功能

①主要参数

a. 准确等级：1.0 级；

b. 电流规格：5（20），10（40）A；

c. 电压回路功耗：<2W；

d. 工作电压范围：（70%～130%）U_e；

e. 脉冲常数：5（20）A，3200imp/（kW·h）；10（40）A，1600imp/（kW·h）；

f. 启动电流：4%I_b；

g. 卡类型：加密卡；

h. 设计寿命：15 年。

②主要功能

a. 计量功能。计量有功电量，有功＝正向有功＋反向有功。

b. 功率脉冲输出。脉冲宽度（80±5）ms，空触点输出，同时有脉冲 LED 指示。

c. 负荷控制。具有超功率自动断电的负荷控制功能，可以设置功率限额以及允许次数，当平均功率大于限额后，电能表跳闸并显示当时的功率。使用用户购电卡插入电能表可以恢复供电。但当超功率跳闸次数超过设定的允许次数时，电能表将不可恢复供电，只有使用了参数设置卡改变了功率限额后，才恢复供电。

d. 防窃电功能。具有自动检测短接电流回路的防窃电功能，当短接进出线时，电能表显示"0"并且记录窃电次数。

e. 显示。LCD 显示可以设置自动及手动（按钮切换）方式显示如下几项数据：01：有功总电量；02：剩余电费；03：费率；04：剩余电费报警限额；05：功率限额；06：允许过载跳闸次数；07：电能表常数；08：电能表编号。

f. 报警显示。当电能表自检出现故障时，显示：

E1××××——存储器故障；

E2××××——继电器故障；

E3××××——时钟故障。

g. 预付费功能。使用购电卡可购电量送入电能表，电能表按设定的费率递减，当剩余电费小于设定的报警门限时，电能表跳闸，提醒用户去购电；此时插入购电卡可以恢复供电。当剩余电费小于 0 后，电能表将跳闸，直到购电后才恢复供电。

（3）三相三线电子式多功能电能表

多功能电能表采用了专用集成电路、永久保存信息的不挥发性存储器、标准 RS485 通信接口、红外通信、汉字大画面超扭曲宽温液晶显示、国际标准 IC 卡等技术，采用了当代 SMT 电子装配新工艺，是按 IEC 标准制造的换代型电能表。

多功能电能表实现了有功双向分时电能计量、需量计量、正弦式无功计量、功率因数计量、显示和远传实时电压、电流、功率、负载曲线等，且可按电力部门标准实现全部失压、失流、电压合格率记录、报警、显示功能，可有效地杜绝窃电行为。

该电能表可根据用户需求安装 GPRS 模块（内置或外配），无线模块，GSM 模块，解决远程抄表通道，以扩展其功能。

①常用术语

a. 测量单元。它是产生与被计量的电能量成正比例输出的电能表部件。

b. 数据处理单元。它是对输入信息进行数据处理的电能表部件。

c. 多功能电能表。它是由测量单元和数据处理单元等组成，除计量有功（无功）电能外，还具有分时、测量需量等两种以上功能，并能显示、储存和输出数据的电能表。

d. 显示器。它是显示存储器内容的装置。

e. 需量周期。测量平均功率的连续相等的时间间隔。

f. 最大需量。在指定的时间区间内，需量周期中测得的平均功率最大值。

g. 滑差（窗）时间。依次递推来测量最大需量的小于需量周期的时间间隔。

h. 额定最大脉冲频率。多功能电能表在参比电压、参比频率、额定最大电流及 $\cos\varphi = 1.0$ 条件下，单位时间发出的脉冲数。

i. 常数。表示多功能电能表计量到的电量与其相应的输出值之间关系的数。如输出值是脉冲数，则常数以 imp/（kW·h）[imp/（kvar·h）] 或 imp/W·h [imp/（var·h）] 表示。

②工作原理。A、B、C 三相电压、电流信号经电能表采样电路和功率计量处理器变换成相应的数字信息后，传送给数据处理中心，并通过程序处理求出各相电压、电流、功率、电量、需量、功率因数等各项参数；同时识别各相电压、电流有无异常并记录相应的失压、失流状态。工作原理框图如图 2 - 4 - 9 所示。

③主要性能

a. 电能表的线路设计和元器件的选择以较大的环境允许误差为依据，因此可保证整机长期稳定工作；精度基本不受频率、温度、电压变化影响；整机体积小，重量轻，密封性能好，可靠性较其他同类产品有明显提高。

b. 当电网停电后，锂电池作为后备电源，提供停电后表内电量的显示读取，并保证内部数据不丢失，日历、时钟、时段程序控制功能正常运行，来电后自动投入运行。在电能表端钮盒上设置有光电耦合脉冲输出接口，以便于进行误差测试和数据采集。

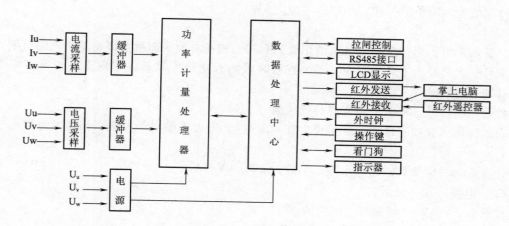

图 2 - 4 - 9　三相三线电子式多功能电能表工作原理框图

c. 电能表运行信息可由手持电脑、RS485 接口、国际标准 IC 卡三种媒介传输，电力部门可根据本地区具体情况自行选择一种或多种传输方式。

d. 为方便用户现场更换电能表，使用表中特有的复印功能，可以方便地将被更换表的所有信息复印至更换后的电能表上，安全可靠，简化了用户更换电能表的工作程序，提高了工作效率。

e. 电能表适用于环境温度为 -25 ~ 60℃，相对湿度不超过 85% 的地区。

④规格和主要技术参数

a. 规格见表（表 2 - 4 - 3）。

表 2 - 4 - 3　　　　　　　　　　　　　　　多功能电能表规格表

精度	额定电压/V	额定电流/A
有功 0.5S/1.0 无功 2.0	3 × 100 3 × 380	0.3（1.2），1.5（6），3（6）， 5（20），10（40），20（80），30（100）

b. 主要技术参数

时钟误差：±0.5s/天。

功　　　耗：LCD 显示，电压线路≤1.2W、6V·A，电流线路≤1V·A。

电源工作电压范围：（ +20% ~ -30%）U_e。

后备电源采用双锂电池：3.6V、1.2Ah，可保持数据 5 年以上。

电池工作寿命：≥10 年。

准确度等级：有功 0.5S/1.0 级　无功 2.0 级。

启动电流：≤0.1% I_b（0.5S 级），≤0.2% I_b（1.0 级）。

潜　　　动：具有逻辑防潜动电路。

费率时段：费率时间可分区、分段，时段设置后节假日可自动识别切换。

⑤主要功能

a. 计量功能：

（a）电能计量。

● 记录、显示当前、上月及上上月的正反向有功、无功累计总电量。

● 记录、显示当前、上月及上上月的正反向有功尖电量、峰电量、平电量。谷电量及用户要求的更多费率电量。

● 可分别记录、显示任意两象限无功电量绝对值之和。

● 可分别记录、显示当前、上月及上上月的 U 相、V 相、W 相正反向有功累计总电量。

● 电量计量值为六位整数、两位小数，单位为 kW·h、kvar·h。

（b）需量计量。

● 记录、显示本月、上月及上上月总的正反向有功、视在总最大需量及该需量出现的日期、时间。

● 记录本月、上月及上上月尖、峰、平、谷各时段的有功最大需量或用户提出的更多费率需量及该需量的出现日期、时间。

● 随机显示当前需量，真实反映当前负载状况。

● 电能表运行到预置抄表日零点（可设为 0~23 点），最大需量自动抄表后清零，也可由授权人手动抄表后清零。

● 需量计量值为二位整数，四位小数，单位为 kW，kV·A。

（c）电压、电流、功率计量。

● 实时显示 U、V、W 三相电压、电流值。

● 实时显示总、U、V、W 相有功、无功功率值。

● 可记录 36 天（整点记录，时间间隔可设为 1~100min）负载曲线（U、V、W 相电压、电流和有功总功率），也可按用户要求增加记录天数。

（d）功率因数计量。

● 记录、显示本月、上月及上上月的平均功率因数值。

● 随机显示当前 15 min 的功率因数值。

b. 失压、失流报警、显示、记录功能

（a）当电流 $I \geqslant 5\% I_v$ 时，三相电压中任意一相（两相）失压或低于额定电压的 78%±2V 时，电能表判定为故障失压，电能表声光报警、显示故障相别、该相失压累计时间（单位：h），连续失压超过 1min，启动内部失压记录程序，记录本次失压相别、失压累计时间、失压累积次数及故障期间失压相的安培小时数与额定电压乘积所得电量；当失压电压恢复到额定电压的 85%±2V 时撤除失压报警，恢复正常显示和计量。

当三相电压失压时，电能表无显示，此时若电能表有电流信号且 $I > 10\% I_v$ 时，电能表判定为故障失压，电能表记录本次失压相别、失压累计时间、失压累积次数；当电压恢复时可以显示以上记录。

（b）失流。当 DSSD22 型三相三线电能表同时满足：

$$实际电流不平衡率 = [（最大相电流 - 最小相电流）/最大相电流] \times 100\% \geqslant$$
$$不平衡电流设定比值（用 bph 表示）$$
$$电流低限 = （任意相电流/I_n） \times 100\% \geqslant 设定比值（用 dLd 表示）$$

式中　I_n——互感器二次额定电流。

以上两条件满足时，电能表失流报警，同时记录失流次数、时间、故障电量等。当 bph 设置为 100% 时，不对失流进行考核。

c. 电压越限报警、显示、记录功能　可按月记录电能表总运行时间以及 U 相、V 相、W 相电压超越上限和下限时间。超限时电能表会声光报警。

d. 超负载报警功能　该电能表具有预置超负载报警功能。当电能表超过预置负载值 5 min 后，电能表声光报警，提示用户尽快降负载。

e. 电网参数记录功能　电力部门可根据用户的用电情况，将用户的用电负载连续记录下来，画出负载曲线，以便于更合理地进行用电管理。由授权人设置月电网参数记录间隔时间（间隔时间可设定为 1~100 min）后，表计将自动对三相平均电压、电流和功率整点记录。当时间间隔设定为 60min 时，记录时间为 36 天，间隔时间设定 30min 时，记录时间为 18 天，依此类推，最小间隔时间为 1 min；也可按用户要求增加记录天数。

f. 事件记录功能　记录最近一次清零、最大需量清零、编程、最近 5 次失压事件出现和恢复时间及最大需量清零次数和编程次数；也可按用户要求增加记录次数。

g. 远方编程、抄表功能　根据用户需要，电力部门可利用电能表中标准 RS485 接口和 6 路脉冲输出接口，通过负控端、市话网、移动通信网以及其他传输形式，组成远方抄表管理系统，实现电力部门营业抄表、负载监控等远动控制、接口通信协议和数据结构符合 DL/T645—1997《多功能电能表通信规约》、DL535—1993《电力负荷控制系统数据传输规约》（适用加装 GPRS 通信模块）标准；也可按用户要求制作其他形式的通信规约。

h. 停电抄表功能　在电网停电的情况下，按动#3 按键使液晶显示，既可实现停电抄表，也可按用户要求实现无接触式红外唤醒抄表。

i. 复印功能　该电能表具有独特设计的复印功能，轮换表时可用复印卡将旧表上所有的信息转换至新表上，方便电能表的编程和轮换。

g. 远方控制功能（仅适用于 GPRS 通信模块电能表）　该电能表通过 GPRS 移动通信网可对用户用电情况实施全天候的监测，当发现电能表任何不正常情况时，立即在系统界面上显示该电能表异常信息，促使供电部门进行检查，甚至输出 2 路控制信号实施远方控制报警、拉闸、断电等操作。

⑥显示功能

a. 全屏显示画面见图 2-4-10。

图 2-4-10　电子式电能表全屏显示画面

b. 代码说明见表 2-4-4。

表 2-4-4　　　　　　　　　　　　　　多功能电能表代码说明

内容	第一位	第二位	第三位		第四位
0	有功电量	总	有功正向	无功象限 1	总
1	无功电量	U 相	有功反向	无功象限 2	尖
2	需量	V 相	视在	无功象限 3	峰
3	需量时间	W 相		无功象限 4	平
4	实时数据			无功象限 1 +2	谷
5	越限记录			无功象限 1 +3	
6	失压失流			无功象限 1 +4	
7	其他			无功象限 2 +3	
8	参数			无功象限 2 +4	
9	时段			无功象限 3 +4	

c. 按键与显示内容的对应关系见表 2-4-5。

表 2 - 4 - 5   **多功能电能表按键与内容对应关系**

按键	第1位代码	显示量类型
#1	0	有功电量 （本、上月、上上月）（正、反向；各费率及 A、B、C 相）
	1	无功电量 （本、上月、上上月）（象限1、2、3、4、1+2、1+3、1+4、2+3、2+4、3+4）
	2	最大需量 （本、上月、上上月）（有功正、反向及各费率、视在总）
	3	最大需量出现时间 （本、上月、上上月）（有功正、反向及各费率、视在总）
	4	总/A 相/B 相/C 相实时有功、无功功率，电压、电流、当前功率因数
	5	电压越限记录（本、上月、上上月） [总运行时间；越上限、越下限、总越限时间（A/B/C）]
	6	失压、失流记录 （总/A 相/B 相/C 相；起始时间；累计次数；累计时间；累计电量）
	7	其他
	8	时钟；表号；用户号；设备号；通信表地址
		回到循环显示状态
#2		第 2 位代码加 1
#3		后 3 位代码加 1
#4		预置参数显示（全部显示完后回到循环显示状态）

注：#1—主菜单键，#2—子菜单键，#3—项目显示键，#4—参数显示键。

⑦电能表使用方法

a. 电能表显示

（a）循环显示

电能表通电，或无按键操作 3min 后，显示屏每隔 5s（可设为 5~20s）自动循环显示。

（b）按键操作说明

#1 按键（主菜单键）用于切换显示数据的类型，依次在有功电量、无功电量、需量、需量时间、实时数据、电压越限记录、失压、失流、时钟和循环显示状态间切换。每按动一次，第一位代码加 1。

#2 按键（子菜单键）用于在#1 按键选定的显示数据类型中，进一步选择显示类型。每按动一次，第二位代码加 1。

#3 按键（项目显示键）用于在#1、#2 按键选定的显示数据类型中，依次显示该项目中各个显示量。每按动一次，后 3 位代码加 1。

#4 按键（预置参数显示键）用于依次显示电能表预先设定的各个参数。预置参数显示全部显示完后，回到循环显示状态。

按下任意键，液晶上显示按键符号，指示当前处于按键显示状态。当状态回到循环显示状态后，按键符号自动消失。

b. 参数设置

用户可以通过 RS485、红外通信口或编程 IC 卡对电能表的参数进行预置，但必须通过参数编程键硬件开锁（按住参数编程键 5s，出现一笛声报警，LCD 显示钥匙出现，开锁成功）后方可进行。在通过 RS485 或红外设置电能表通信地址时，需按住#2 按键进行。见电能表预置参数表 2 - 4 - 6。

表2-4-6 多功能电能预设参数表

序号	内容	单位	范围
1	需量滑差时间	min	1~15
2	循环显示间隔时间	s	5~20
3	抄表日	日、时	≥29日手动抄表
4	负载记录间隔时间	min	1~100
5	电压上限	0.1V	120%V_e（默认）
6	电压下限	0.1V	80%V_e（默认）
7	电流不平衡率	%	1~100
8	电流低限	%	0~99
9	表号		6字节
10	用户号		6字节
11	设备号		6字节
12	通信表地址		6字节
13	波特率	bit/s	600~9600
14	功能方式		00/02
15	超负载限制	0.1W	0~99.99kW 0：不限制
16	通信费率顺序	0/1	0（总峰平谷尖） 1（总尖峰平谷）
17	时区1（总共N_1个时段）		$N_1 \leq 10$
18	时区2（总共N_2个时段）		$N_2 \leq 10$

c. 最大需量清零 当抄表日在1~28日之间时，电能表自动在设定的结算日整点运行信息抄表保存，然后清零当月最大需量。抄表日出厂默认值为月初零点。若抄表日不在此范围内，用户则可以通过RS485、红外通信或功能IC卡，对电能表进行最大需量清零。此操作每月仅允许进行一次。

d. 故障报警显示 电能表在运行中自动进行电池失压、线路失压、失流、电压越限、超负载和逆相序故障检测，故障声光报警。报警显示画面如图2-4-11，错误代码含义见表2-4-7。

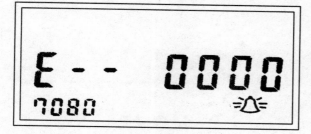

图2-4-11 故障报警显示画面图

表2-4-7 错误代码含义表

序号	错误代码	故障信息
0	E—0000	工作正常
1	E—0001	电池欠压
2	E—0002	失压、失流
3	E—0003	电压越限
4	E—0004	超负载
5	E—0005	逆相序

（二）设备、工具的准备

为完成工作任务，每个工作小组需要向工作站内仓库工作人员提供借用工具清单（表2-4-8）。

表2-4-8 _____工作岛借用工具清单

序号	名称（型号、规格）	数量	借出时间	学生签名	归还时间	学生签名	管理员签名
1							
2							
3							
4							
5							

（三）材料的准备

为完成工作任务，每个工作小组需要向工作站内仓库工作人员提供领用材料清单（表2-4-9）。

表2-4-9 _____工作岛借用材料清单

序号	名称（型号、规格）	数量	借出时间	学生签名	归还时间	学生签名	管理员签名
1							
2							
3							
4							
5							

（四）团队分配的方案

将学生分为5个小组，每个工作岛为1组，根据工作岛工位要求，每组6人，每组指定1人为小组长、2人为材料管理员，材料管理员负责材料领取分发，小组长负责组织本组相关问题的计划、实施及讨论汇总，填写各组人员工作任务实施所需文字材料的相关记录表。

五、制定工作计划

六、任务实施

（一）为了完成任务，必须回答以下问题

（1）试画出电子式电能表的工作原理框图。

（2）试写出单相电子式复费率电能表的主要功能特点和主要技术指标。

（3）试写出三相三线电子式多功能电能表的主要技术指标。

（4）三相三线电子式多功能电能表运行时出现哪些现象发出故障报警显示？

（二）应用电子式仪表监测单相、三相电能

1. 设计要求

（1）根据控制要求设计一个电路原理图。控制要求：

①电路中有单相、三相负载，其用电量由电子式单相、三相电能表来监测；

②线路有短路带漏电保护的空气断路器作为电源总开关；

③用三个白炽灯作星形接法为三相负载，单相负载有一个白炽灯负载。

（2）根据任务要求设计应用电子式仪表监测单相、三相电能线路电器布置图。

2. 安装步骤及工艺要求

（1）逐个检验电气设备和元件的规格和质量是否合格；

（2）正确选配导线的规格、导线通道类型和数量、接线端子板型号等；

（3）在控制板上安装电器元件，并在各电器元件附近做好与电路图上相同代号的标记；

（4）按照控制板内布线的工艺要求进行布线和套编码套管；

（5）选择合理的导线走向，做好导线通道的支持准备，并安装控制板外部的所有电器；

（6）进行外部布线，并在导线线头上套装与电路图相同线号的编码套管。对于可移动的导线通道应放适当的余量，使金属软管在运动时不承受拉力，并按规定在通道内放好备用导线；

（7）检查电路的接线是否正确和接地通道是否具有连续性；

（8）检测线路的绝缘电阻，清理安装场地。

3. 通电调试

（1）通电试验时，应认真观察各电器元件、线路工作情况；

（2）通电试验时，应检查各项功能操作是否正常。

4. 注意事项

（1）不要漏接接地线，严禁采用金属软管作为接地通道；

（2）在导线通道内敷设的导线进行接线时，必须集中思想，做到查出一根导线，立即套上编码套管，接上后再进行复验；

（3）在安装、调试过程中，工具、仪表的使用应符合要求；

（4）通电操作时，必须严格遵守安全操作规程。

七、任务评价

（一）成果展示

　　各小组派代表总结完成任务的过程中，掌握了哪些技能技巧，发现错误后如何改正，并展示已接好的电路，通电试验效果。

负载通断情况：_____

_____

电子式电能表测量情况：_____

_____

安装工艺情况：_____

_____

其他小组提出的改进建议：_____

_____

（二）学生自我评估与总结

_____

_____。

（三）小组评估与总结

_____

_____。

（四）教师评估与总结

_____

_____。

（五）各小组对工作岗位的"6S"处理

　　在小组和教师都完成工作任务总结以后，各小组必须对自己的工作岗位进行"整理、整顿、清扫、清洁、安全、素养"；归还所借的工量具和实习工件。

（六）评价表（表 2 – 4 – 10）

表 2 – 4 – 10　　　　　　　学习任务 4　应用电子式仪表监测单相、三相电能评价表

班级：＿＿＿＿＿＿　　　　　　　　　指导教师：＿＿＿＿＿＿

小组：＿＿＿＿＿＿　　　　　　　　　日期：＿＿＿＿＿＿

姓名：＿＿＿＿＿＿

评价项目	评价标准	评价依据	评价方式			权重	得分小计
			学生自评 20%	小组互评 30%	教师评价 50%		
职业素养	1. 遵守企业规章制度、劳动纪律 2. 按时按质完成工作任务 3. 积极主动承担工作任务，勤学好问 4. 人身安全与设备安全 5. 工作岗位 6S 完成情况	1. 出勤 2. 工作态度 3. 劳动纪律 4. 团队协作精神				0.3	
专业能力	1. 学会使用电子式三相电能表测量单相、三相电路中的用电量 2. 根据要求设计电气原理图，并进行布线 3. 认真填写学材上的相关资讯问答题	1. 操作的准确性和规范性 2. 工作页或项目技术总结完成情况 3. 专业技能任务完成情况				0.5	
创新能力	1. 在任务完成过程中能提出自己的有一定见解的方案 2. 在教学或生产管理上提出建议，具有创新性	1. 方案的可行性及意义 2. 建议的可行性				0.2	
合计							

八、技能拓展

1. 请说说电子式电能表有何优点。
2. 若想测三相负载的无功功率怎么计算？

学习任务 5 安装综合动力系统线路及故障排除

一、任务描述

根据控制要求设计电路原理图，控制要求：①电路中有单相、三相负载，其用电量分别由单相、三相电度表来监测（三相电度表配合电流互感器使用）；②线路有空气开关作为电源总开关，用短路带漏电保护的空气断路器作为分开关；③用三个白炽灯作星形接法为三相负载，用一个白炽灯做单相负载；④三相电源电流分别由三个电流表监测；⑤三相电源电压由一个电压表利用换相开关监测。合理布置和安装电气元件，根据电气原理图进行布线。

学生接到本任务后，应根据任务要求，准备工具和仪器仪表，做好工作现场准备，严格遵守作业规范进行施工，线路安装完毕后进行调试，填写相关表格并交检测指导教师验收。按照现场管理规范清理场地、归置物品。

二、任务要求

1）掌握单相、三相电度表的安装接线方法；
2）掌握单相、三相电度表配合电流互感器的安装接线方法；
3）掌握三相电源配合互感器监测三相电流；
4）掌握换相开关的工作原理及三相电源电压监测；
5）能根据控制要求设计电路原理图；
6）掌握相应电气元件的布置和布线方法；
7）认真填写学材上的相关资讯问答题。

三、能力目标

1）学会使用单相、三相电度表测量单相、三相电路中的用电量；
2）学会三相电源电压、电流的测量；
3）根据要求设计电气原理图，并进行布线；
4）各小组发挥团队合作精神，学会应用电子式仪表监测单相、三相电能的设计、安装步骤、实施和成果评估。

四、任务准备

（一）相关理论知识

1. 自动空气开关

自动空气开关又称自动空气断路器，是低压配电网络和电力拖动系统中一种非常重要的电器。它具有操作安全、使用方便、工作可靠、安装简单、动作值可调、分断能力较强、兼有多种保护功能、动作后不需要更换元件等优点。

（1）自动空气开关的分类

①按级数分：单极、双极和三极。

②按保护形式分：电磁脱扣器式、热脱扣器式、复式脱扣器式和无脱扣器式。

③按分断时间分：一般式和快速式（先于脱扣机构动作，脱扣时间在 0.02s 以内）。

④按结构形式分：塑壳式、框架式、限流式、直流快速式、灭磁式和漏电保护式。

电力拖动与自动控制线路中常用的自动空气开关为塑壳式，如 DZ5 系列和 DZ10 系列。DZ5 系列为小电流系列，其额定电流为 10～50A；DZ10 系列为大电流系列，其额定电流等级有 100A、250A 和 600A 三种。

（2）自动空气开关的结构及工作原理。

以 DZ5 - 20 型自动空气开关为例，其外形及结构如图 2 - 5 - 1 所示。DZ5 - 20 型自动空气开关结构采用立体布置，操作机构在中间，外壳顶部突出为红色分断按钮和绿色停止按钮，通过储能弹簧连同杠杆机构实现开关的接通和分断；壳内底座上部为热脱扣器，由热元件和双金属片构成，作为过载保护，还有一电流调节盘，用来调节整定电流；下部为电磁脱扣器，由电流线圈和铁心组成，作为短路保护；还有一电流调节装置，用以调节瞬时脱扣整定电流；主触头系统在操作机构的下面，有动触头和静触头各一对，可作为信号指示或控制电路用；主、辅触头接线柱伸出壳外，便于接线。

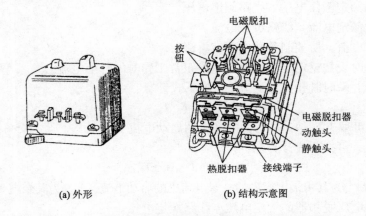

(a) 外形　　　　　　(b) 结构示意图

图 2 - 5 - 1　DZ5 - 20 型自动空气开关外形及结构示意图

自动空气开关的工作原理如图 2 - 5 - 2 所示。

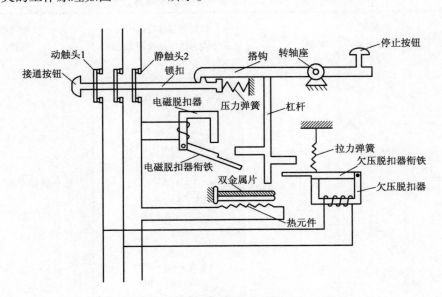

图 2 - 5 - 2　自动空气开关工作原理示意图

图 2 - 5 - 2 中动触头 1、2 为自动空气开关的三副主触头，它们串联在被控制的三相电路中。当按下接通按钮时，外力使锁扣克服反力弹簧的斥力，使固定在锁扣上面的动触头与静触头闭合，并由锁扣锁住搭钩，使开关处于接通状态。

当开关接通电源后，电磁脱扣器、热脱扣器及欠电压脱扣器若无异常反应，开关运行正常。当线路发生短路或严重过电流时，短路电流超过瞬时脱扣整定值，电磁脱扣器产生足够大的吸力，将衔铁吸合并撞击杠杆时，搭钩绕转轴座向上转动与锁扣脱开，锁扣在压力弹簧的作用下，将三副主触头分断，切断电源。

当线路发生一般性过载时，过载电流虽不能使电磁脱扣器动作，但能使热元件产生一定的热量，促使双金属片受热向上弯曲，推动杠杆使搭钩与锁扣脱开将主触头分断。

欠电压脱扣器的工作过程与电磁脱扣器恰恰相反。当线路电压正常时，欠电压脱扣器产生足够的吸力，克服拉力弹簧的作用将欠电压脱扣器衔铁吸合，衔铁与杠杆脱离，锁扣与搭钩才得以锁住，主触头方能闭合。当线路上电压全部消失或电压下降到某一数值时，欠电压脱扣器吸力消失或减小，衔铁被拉力弹簧拉开并撞击杠杆，主电路电源被分断。同理，在无电源电压或电压过低时，自动空气开关也不能接通电源。

正常分断电路时，按下停止按钮即可。

（3）自动空气开关的一般选用原则

①自动空气开关的额定工作电压≥线路额定电压。

②自动空气开关的额定电流≥线路负载电流。

③热脱扣器的整定电流 = 所控制负载的额定电流。

④电磁脱扣器的瞬时脱扣整定电流 > 负载电路正常工作时的峰值电流。

对单台电动机来说，瞬时脱扣整定电流 I_z 可按下式计算：

$$I_z \geqslant K \cdot I_{st}$$

式中，K 为安全系数，可取 1.5 ~ 1.7；I_{st} 为电动机的启动电流。

对多台电动机来说，可按下式计算：

$$I \geqslant K \left(I_{stmax} + \sum I_n \right)$$

式中，K 取 1.5 ~ 1.7；I_{stmax} 为其中最大容量的一台电动机的启动电流；$\sum I_n$ 为其余电动机额定电流的总和。

⑤自动空气开关欠电压脱扣器的额定电压 = 线路额定电压。

DZ5 - 20 型自动空气开关的技术数据如表 2 - 5 - 1 所示。

表 2 - 5 - 1　　　　　　　　　　DZ5 - 20 型自动空气开关技术数据

型　号	额定电压 /v	主触头额定电流 /A	极数	脱扣器型式	热脱扣器额定电流（括号内为整定电流调节范围） /A	电磁脱扣器瞬时动作整定值 /A
DZ5 - 20/330 DZ5 - 20/230			3 2	复式	0. 15（0. 10 ~ 0. 15） 0. 20（0. 15 ~ 0. 20） 0. 30（0. 20 ~ 0. 30） 0. 45（0. 30 ~ 0. 45）	
DZ5 - 20/320 DZ5 - 20/220	AC380	20	3 2	电磁式	0. 65（0. 45 ~ 0. 65） 1（0. 65 ~ 1） 1. 5（1 ~ 1. 5） 2（1. 5 ~ 2） 3（2 ~ 3） 4. 5（3 ~ 4. 5）	为电磁脱扣器额定电流的 8 ~ 12 倍（出厂时整定于 10 倍）
DZ5 - 20/310 DZ5 - 20/210	DC220		3 2	热脱扣器式	6. 5（4. 5 ~ 6. 5） 10（6. 5 ~ 10） 15（10 ~ 15） 20（15 ~ 20）	
DZ5 - 20/300 DZ5 - 20/200			3 2	无脱扣器式		

2. 小型配电箱的安装

（1）居民住宅用配电箱的组成。一个配电箱应包括底板、单相电度表、插入式熔断器、单相空气开关、线槽等部分。其主要结构有上、中、下3层。

①下层的左半部分安装3个较大的熔断器，具体规格应根据实际需要选定。右半部分安装接零排和接地排。电源进线从下层接进。

②中层安装单相电度表，每户一只。

③上层的下半部分安装单相空气开关，上半部分安装插入式熔断器，在上层的最右边还要安装一个接地排和一个接零排。出线从上层引出。

（2）安装步骤及要求

①按配电箱结构和元器件数目确定各元器件的位置。要求盘面上的电器排列整齐美观，便于监视、操作和维修。通常仪表和信号灯居上，经常操作的开关设备居中，较重的电器居下，各种电器之间应保持足够的距离，以保证安全。在接线时要求空气开关必须接相线。

②用螺钉固定各电器元件，要求安装牢固，无松动。

③按线路图正确接线，要求配线长短适度，不能出现压皮、露铜等现象；线头要尽量避免交叉，必须交叉时应在交叉点架空跨越，两线间距不小于2mm。

④配线箱内的配线要通过线槽完成，导线要使用不同的颜色。

（3）室内配电箱。目前在家庭和办公室中使用的配电箱，一般都是专业厂家生产的成套低压照明配电箱或动力配电箱。这些配电箱在低压电器的选用、器件排布、工艺要求、外形美观等方面都有比较好的质量和性能。组合电箱有多种规格，家庭普遍采用PZ30－10系列产品。

①组合配电箱的结构。家庭常用组合配电箱的中间是一根导轨，用户可根据需要在导轨上安装空气开关和插座。上、下两端分别有按零排和接地排。

②组合电箱的使用。在使用组合电箱时，用户应根据实际需要合理的安排器件，如：先设一总电源开关，再在每间房间设分开关。开关全部为空气开关，常用型号DZ47－63型。当某一房间有短路、漏电等现象，空气开关会自动断开，切断电源，保证安全，同时也可知道线路故障的大致位置，便于检修，如图2－5－3所示。

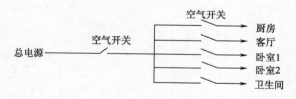

图2－5－3　组合电箱接线示意图

（二）设备、工具的准备

为完成工作任务，每个工作小组需要向工作站内仓库工作人员提供借用工具清单（表2－5－2）。

表2－5－2　　　　　　　　　　　　　　工作岛借用工具清单

序号	名称（型号、规格）	数量	借出时间	学生签名	归还时间	学生签名	管理员签名
1							
2							
3							
4							
5							

（三）材料的准备

为完成工作任务，每个工作小组需要向工作站内仓库工作人员提供领用材料清单（表2－5－3）。

表2－5－3   工作岛借用材料清单

序号	名称（型号、规格）	数量	借出时间	学生签名	归还时间	学生签名	管理员签名
1							
2							
3							
4							
5							

（四）团队分配的方案

将学生分为5个小组，每个工作岛为1组，根据工作岛工位要求，每组6人，每组指定1人为小组长、2人为材料管理员，材料管理员负责材料领取分发，小组长负责组织本组相关问题的计划、实施及讨论汇总，填写各组人员工作任务实施所需文字材料的相关记录表。

五、制定工作计划

六、任务实施

（一）为了完成任务，必须回答以下问题

（1）自动空气开关按级数分可分为：_____、_____和_____。

（2）自动空气开关按保护形式分可分为：_____、_____、_____和无脱扣器式。

（3）自动空气开关欠电压脱扣器的额定电压为_____线路额定电压。

（二）安装综合动力系统线路及故障排除

（1）设计要求

1）根据控制要求设计一个电路原理图。控制要求：

①电路中有单相、三相负载，其用电量分别由单相、三相电度表来监测（三相电度表配合电流互感器使用）；

②线路有空气开关作为电源总开关，用短路带漏电保护的空气断路器作为分开关；

③用三个白炽灯作星形接法为三相负载，用一个白炽灯做单相负载；

④三相电源电流分别由三个电流表监测；

⑤三相电源电压由一个电压表利用换相开关监测。

　　2）根据任务要求设计安装综合动力系统线路电器布置图。

　　（2）安装步骤及工艺要求

　　1）逐个检验电气设备和元件的规格和质量是否合格；

　　2）正确选配导线的规格、导线通道类型和数量、接线端子板型号等；

　　3）在控制板上安装电器元件，并在各电器元件附近做好与电路图上相同代号的标记；

　　4）按照控制板内布线的工艺要求进行布线和套编码套管；

　　5）选择合理的导线走向，做好导线通道的支持准备，并安装控制板外部的所有电器；

　　6）进行外部布线，并在导线线头上套装与电路图相同线号的编码套管。对于可移动的导线通道应放适当的余量，使金属软管在运动时不承受拉力，并按规定在通道内放好备用导线；

　　7）检查电路的接线是否正确和接地通道是否具有连续性；

　　8）检测线路的绝缘电阻，清理安装场地。

　　（3）通电调试

　　1）通电试验时，应认真观察各电器元件、线路工作情况；

　　2）通电试验时，应检查各项功能操作是否正常。

　　（4）注意事项

　　1）不要漏接接地线，严禁采用金属软管作为接地通道；

　　2）在导线通道内敷设的导线进行接线时，必须集中思想，做到查出一根导线，立即套上编码套管，接上后再进行复验；

　　3）在安装、调试过程中，工具、仪表的使用应符合要求；

　　4）通电操作时，必须严格遵守安全操作规程。

七、任务评价

（一）成果展示

　　各小组派代表上台总结完成任务的过程中，掌握了哪些技能技巧，发现错误后如何改正，并展示已接好的电路，通电试验效果。

其他小组提出的改进建议：_____

_____

_____

（二）学生自我评估与总结

_____

_____

_____ 。

（三）小组评估与总结

_____

_____

_____ 。

（四）教师评估与总结

_____

_____

_____ 。

（五）各小组对工作岗位的"6S"处理

在小组和教师都完成工作任务总结以后，各小组必须对自己的工作岗位进行"整理、整顿、清扫、清洁、安全、素养"；归还所借的工量具和实习工件。

（六）评价表（表2-5-4）

表2-5-4　　　　学习任务5　安装综合动力系统线路及故障排除评价表

班级：_____						
小组：_____			指导教师：_____			
姓名：_____			日期：_____			

评价项目	评价标准	评价依据	评价方式			权重	得分小计
			学生自评 20%	小组互评 30%	教师评价 50%		
职业素养	1. 遵守企业规章制度、劳动纪律 2. 按时按质完成工作任务 3. 积极主动承担工作任务，勤学好问 4. 人身安全与设备安全 5. 工作岗位6S完成情况	1. 出勤 2. 工作态度 3. 劳动纪律 4. 团队协作精神				0.3	

续表

| 班级：＿＿＿＿＿ | | | | | 指导教师：＿＿＿＿＿ | | | | |
| 小组：＿＿＿＿＿ | | | | | 日期：＿＿＿＿＿ | | | | |

| 评价
项目 | 评价标准 | 评价依据 | 评价方式 | | | 权重 | 得分
小计 |
			学生 自评 20%	小组 互评 30%	教师 评价 50%		
专业 能力	1. 学会使用单相、三相电度表测量单相、三相电路中的用电量 2. 学会三相电源电压、电流的测量 3. 根据要求设计电气原理图，并进行布线 4. 认真填写学材上的相关资讯问答题	1. 操作的准确性和规范性 2. 工作页或项目技术总结完成情况 3. 专业技能任务完成情况				0.5	
创新 能力	1. 在任务完成过程中能提出自己的有一定见解的方案 2. 在教学或生产管理上提出建议，具有创新性	1. 方案的可行性及意义 2. 建议的可行性				0.2	
合计							

八、技能拓展

请你在学校工厂车间内，找到动力系统配电箱，将电路图画出来。

要求：1. 画出所有电器元件并标注元件名称、型号、规格；

　　　2. 按电箱内编号标注在电路图上；

　　　3. 所有输入端和输出端标清注释。

机床电气控制电路安装与维修

任务三　三相异步电动机控制线路的装调与维修

学习任务 1　拆装及检测 10kW 以下三相交流异步电动机

一、任务描述

在此项典型工作任务中主要使学生掌握 10kW 以下三相交流异步电动机拆装工具的正确选用和使用；学会正确拆装 10kW 以下三相交流异步电动机；熟悉 10kW 以下三相交流异步电动机的绝缘检测及处理。

学生接到本任务后，应根据任务要求，准备工具和仪器仪表，做好工作现场准备，严格遵守作业规范进行施工，任务完成后进行通电试验，填写相关表格并交检测指导教师验收。按照现场管理规范清理场地、归置物品。

二、任务要求

1）掌握 10kW 以下三相交流异步电动机拆装工具和仪表（兆欧表、万用表、转速表、钳形电流表）的正确选用和使用；

2）掌握正确拆装 10kW 以下三相交流异步电动机的工艺；

3）熟悉 10kW 以下三相交流异步电动机的绝缘检测及处理；

4）能根据任务要求完成工作任务并通电检测；

5）认真填写学材上的相关资讯问答题。

三、能力目标

1）学会 10kW 以下三相交流异步电动机拆装工具的正确选用和使用；

2）学会正确拆装 10kW 以下三相交流异步电动机；

3）掌握 10kW 以下三相交流异步电动机绕组端子确定、绝缘电阻测试、空载运行电流测试等方法；

4）掌握万用表、摇表、钳形电流表的使用；

5）各小组发挥团队合作精神，学会对 10kW 以下三相交流异步电动机拆装的步骤、实施和成果评估。

四、任务准备

（一）相关理论知识

1. 常用仪表使用及应用

（1）兆欧表（摇表）

1）用途：测量大电阻和绝缘电阻。

2）仪表介绍：有三个接线端，"L"——线路，"E"——接地，"G"——保护环。

3）测量前仪表检查：

开路实验："L"和"E"端断开，摇动手柄到额定转速，指针应在"∞"的位置。

短路实验："L"和"E"端短接，缓慢摇动手柄，指针应在"0"的位置。

4）使用方法：测量时，被测电阻两端分别与"L"和"E"线端相连，平衡地转动手柄，使转速保持在120r/min，通常在1min后读取数据。

5）使用注意点

①测量前必须将被测设备表面处理干净，同时切断电源，并接地短路放电，以保证人身和设备的安全，获得正确的测量结果。

②测量时，摇表应放置平衡，并远离带电导体和磁场，以免影响测量的准确度。

③在摇表停止转动和被测设备放电以后，才可用手拆除测量连线。

比较：用万用表的电阻挡测量，也可判断绕组是否接地（接地时电阻很小或为零），但难以测出具体的绝缘电阻值。

6）应用

①三相异步电动机各绕组对地的绝缘电阻

检查方法：使用摇表，将"E"端接在不涂漆的机壳上，"L"端依次接在各相绕组的引出端，平衡地转动手柄，使转速保持在120r/min，分别测其阻值应不得小于0.5MΩ。

②三相异步电动机使用前检查三相绕组之间的绝缘电阻

检查方法：使用摇表，将"L"和"E"端分别接在两相绕组的引出端，平衡地转动手柄，使转速保持在120r/min，测其阻值不得小于0.5MΩ。

（2）钳形电流表

1）特点：在不切断电路的情况下进行电流测量。

2）使用方法：

捏紧扳手，铁心张开，被测电路可穿入铁心内，放松扳手，铁心闭合，被测电路作为铁心的一组线圈（工作类似电流互感器）。

3）使用注意点

①只限于被测电路电压不超过600V时使用。

②要选择合适的量程，在转换量程挡位时应在不带电的情况下进行，以免损坏仪表。

③测量时应注意相对带电部分的安全距离，以免发生触电事故。

④测量5A以下的小电流时，将被测导线多绕几圈穿入钳口进行测量，实际电流数值应为读数除以放进钳口内的导线根数。

4）应用：测量电机空载电流（空载电流不大，一般为额定电流的20%～50%）。

（3）转速表（手持离心转速表）

1）应用：测量空载转速。

2）使用方法：

①将调速盘旋转到所要测量的范围内。

②读数：调速盘的数值在Ⅰ、Ⅲ、Ⅴ挡，则测得的转速应看分度盘外圈的数字再分别乘以"10"、

"100"、"1000"。若调速盘的数值在Ⅱ、Ⅳ挡，则测得的转速应看分度盘内圈的数字再分别乘以"10"、"100"。

3）使用注意点

①不得以低转速范围测量高转速。

②测轴与被测轴接触时，动作应缓慢，同时应使两轴保持在一条直线上。

③测量时，测轴和被测轴不应顶得过紧，以两轴接触不产生相对滑动为原则。

④转速表不能测量瞬时转速。

⑤指针偏转方向与被测轴旋转方向无关。

2. 电动机的拆装过程

异步电动机广泛应用在各种机床和各种机械上。为保证这些设备正常工作，应定期维护和检修，为保证维修质量必须正确掌握电动机的拆装方法。

对于修理电动机来说，电动机的拆卸和重新组装是修理电动机的基本功。当电动机出现故障时，就应将其拆开修理，故正确的拆装电动机，是保证维修质量的前提，在拆卸时，可以同时进行检查和测量，并做好记录。电动机结构示意图如图3-1-1。

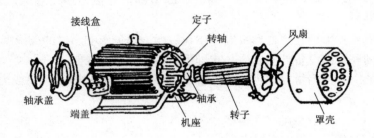

图3-1-1 电动机结构示意图

（1）电动机的拆卸

1）电动机拆卸前做好下面准备工作

①首先要求学生准备好拆卸电动机所需用到的工具。

②切断电源，拆开电动机与电源连接线，并对电源线头作好绝缘处理。

③记录机座的负荷端与非负荷端，标注出线口方向。

④测量并记录联轴器与轴台间距离。

⑤标注端盖的负荷端及非负荷端。

⑥对滑环式异步电动机，应记录好刷握的位置。总之，在拆卸前应记录好电动机的各特征位置，不可盲目动手，应多观察，多用脑。

2）电动机的拆卸步骤及主要零部件的拆卸方法

①准备工作 拆卸前，首先要做好准备工作，即准备好各种工具，做好拆卸前的记录和检查工作。如先在线头端盖等处做好标记，以便修复后的装配，然后才能开始拆卸。

②拆卸皮带轮或联轴器 先在皮带轮（或联轴器）的轴伸端做好尺寸标记，再将皮带轮或联轴器上的固定螺钉或销子松脱取下，应用专用工具——拉具将其慢慢拉出，如拉不出，可在定位螺孔注入煤油，过一会儿再拉；或用喷灯急火在皮带外侧轴套四周加热，趁热迅速拉出。注意：加热温度不能过高，以防止变形，一定要轻敲轻拉。

③拆卸刷架、风罩和风扇叶。

④拆卸轴承盖及端盖 先将轴承外盖螺栓松下，拆下轴承外盖，为了以后的装配准确，应在端盖与机壳缝处做好标记后，方可松开端盖的紧固螺栓，把端盖取下。对于小型电动机，可先把轴伸端的轴承外盖卸下，再松开后端盖的紧固螺栓，即可将转子、端盖、轴承盖与风扇一起抽出，对于大、中型电动

机，由于端盖较重，应借助于起重设备，将两侧端盖慢慢拆下。

⑤抽出转子　小型电动机的转子可用手托住主轴慢慢抽出，而大、中型电动机则需用起重设备吊住抽出。

抽出转子时应注意：

a. 在定、转子间垫放绝缘纸板且缓缓抽出，以免碰伤定子绕组。

b. 吊装前，应在转子轴颈用棉纱包好，或外套钢管，以免碰伤轴头。

c. 起吊后，当重心移至机外时，可用木架支住，以保持转子平衡抽出。

⑥拆卸轴承　轴承一般不拆，在需要拆卸时，可用以下三种方法：

a. 用拉具拉出，这种方法与拆皮带轮相似，但要注意拉具的拉钩一定要扣住轴承的内环，否则会拉坏轴承。

b. 用铜棒打出，将铜棒对准内环均匀敲打，千万不要用锤子直接打轴承。

c. 用扁铁架住拆卸，将转子悬空架在扁铁架上，再用铅块或铜块垫住来打主轴。

（2）电动机的装配

电动机的装配工序跟拆卸时刚好相反，装配前先清理各配合处和部件表面的锈与灰积，装配时应按照拆卸时所做的记号复位。

1）有可能的话最好用压缩空气吹净电动机内部灰尘，检查各部零件的完整性，清洗油污等。

2）装配异步电动机的步骤与拆卸相反。装配前要检查定子内污物及锈是否清除，止口有无损伤，装配时应将各部件按标记复位，并检查轴承盖配合是否合适。

3）轴承装配可采用热套法和冷装配法。但轴承在装配前应加好润滑脂，在轴承内外圈里和轴承盖里装的润滑脂要干净，塞装要均匀，不应完全装满。一般二极电动机装满 $1/3 \sim 1/2$ 的空腔容积，四极和四极以上电动机装满轴承 $2/3$ 的空腔容积。轴承内外盖的润滑脂一般为盖内容积的 $1/3 \sim 1/2$。

（3）注意拆装标准件的规范

全纹六角头螺栓用扳手；

螺钉（十字槽）用起子。

要求：观察对应部件的名称；定子绕组的连接形式；前后端部的形状；引线连接形式；绝缘材料的放置等。

获取定子绕组的相关参数：

例如：槽数 $Z_1 = 24$、线圈节距 $y = 5$，极对数 $p = 2$，

计算：极距 $\tau = 6$，每极每相槽数 $q = 2$，槽距角30°。

3. 一般故障检测及处理

（1）定子绕组接地（槽绝缘不好）

1）用试灯检查　接地点常有绝缘破裂，焦黑等痕迹。而且接地点最易发生在铁心槽口附近，所以应先在这些地方查找接地点。有时，接地点损伤不重，靠直接观察不易发现，采用上面介绍的第二种方法，用一只瓦数较大的灯泡进行检查，接地点可能冒烟或出现火花，这样可以方便地找出接地点。

若用上述方法还不能找到接地点，那就要拆开绕组，用"分组淘汰法"查找接地点。查出接地点的一相绕组后，把该相的各极组之间的联线剪开，用摇表或试灯逐组检查，找到接地点所在的极相组后，再用同样方法查找接地线圈。

2）接地故障修理方法

①若接地点在绕组端部槽口附近，而且没有烧坏，只要在接地处的导线和铁心之间插入绝缘材料后，涂上绝缘漆即可，不必拆出线圈。

②若接地点在槽的里面，可以在故障线圈线槽的槽楔上，用毛刷刷上适当的溶剂（配方为丙酮40%，甲苯35%和酒精25%），约半小时后，绕组可软化，这时轻轻地抽出槽楔，仔细地用划线板将线圈的线匝一根一根地取出来，直至取出有故障的导线为止。用绝缘带将绝缘损坏处包好，再仔细地将线圈导线嵌至线槽中去，如果是多根导线的绝缘损坏了，处理后再嵌回槽里有困难，可以用同规格的电磁线，更换

已损坏的导线，匝数不变。

③若发现整个绕组受潮，就要把整个绕组预烘，然后浇上绝缘漆并烘干，直到绕组对地绝缘电阻超过0.5MΩ为止。如果绕组受潮严重，绕组绝缘大部分因老化焦脆而脱落，接地点较多，可以根据具体情况，把整机绕组拆下换成新的。

④有时铁心槽内有一片或几片硅钢片凸出来，将绕组绝缘割破造成接地。遇到这种情况，只要将硅钢片敲下去，再将绝缘被割破的地方重新包好绝缘就可以了。

（2）绕组短路

1）现象：绕组短路就是绕组的线圈导线绝缘损坏，使不应该相通的线匝直接相碰，构成一个低阻抗的环路。接通电源后，该环路中会产生高于正常电流很多倍的大电流，使线圈迅速发热加速绝缘的老化变质。若短路匝数过多，会引起电流激增，甚至烧坏电机。

若定子绕组线圈只有几匝短路，电动机可以启动、运转，但电流增大，三相电流不平衡，启动力矩降低。有严重短路故障时，电机不能启动。

常见的短路情况有：同一相绕组内线圈匝间短路、两个相邻线圈间短路、两个绕组间短路。

2）绕组短路检查方法

①直接观察法　仔细观察绕组，颜色变深或烧焦的线圈就是短路线圈，可以从中查找短路点的位置。若直接看不出，可让电动机空载运行10min（若有冒烟或发出焦味应立即停机），然后迅速拆开电动机端盖，用手摸绕组，找出温度较高的线圈，从中可查找短路点。

②直流电阻法　电机绕组发生短路时，其电阻将减小，据此，可以用测定电动机绕组的直流电阻大小的方法，确定短路的绕组。测量的方法是：对被测电动机的六个出线头，先用万用表的电阻挡（R×1），找出每个绕组的两个线端，然后用直流电桥分别测量各相绕组的直流电阻值，并将它们加以比较，其中电阻值最小的一相就是可能发生短路的那一相。

3）绕组短路时的修理

①局部垫绝缘法　若短路线圈的绝缘还未焦脆，可在线圈短路处重垫绝缘，再涂上绝缘漆，烘干。这种方法适于绕组端部或绕组外层短路的修理。

②局部拆修重嵌法　若故障发生在线槽里面，可参照前面绕组接地故障修理方法②进行局部拆修重嵌。若短路故障发生在底层，则必须把上边的线圈取出槽外，待故障线圈修好后，再顺序放回槽内。

③跳接法　该方法是把短路线圈从绕组中切除出去的一种应急措施。方法是把短路线圈导线全部切断，包好绝缘，把这个线圈原来的两个线头连接起来，跳过这个有故障的线圈。跳接法会破坏相电流的平衡。一相绕组中可跳过10%～15%的线圈，但必须减小电动机负载。

（3）绕组断路故障的检修

电动机定子绕组的导线，连接线和引出线等断开或接头脱落，造成的故障叫绕组断路故障。电动机定子绕组的断路故障有：线圈导线断路，一相断路，并绕导线中有一根或几根断路，并联支路断路等。

一相绕组断路，电机便不能启动。若是电机运转时一相突然断路，电机可能继续运转。但完好的绕组中电流增大，电机较大嗡响，若负载较大，可能使好的绕组被烧坏。

1）产生绕组断路故障的原因

①制造和修理时操作的疏忽，或接线头焊接不良，在长时间过热使用中松落；

②受机械力的影响，如绕组受到碰撞，振动或机械应力而断裂；

③由于储存保养不善，霉烂腐蚀或老鼠啃坏等；

④电动机绕组的匝间短路或接地故障没有及时发现，在长期运行中导线过度发热而熔断；

⑤在定子绕组的并绕导线中有一根或几根导线熔断，另几根导线由于电流密度增加，以致过热而烧断等。

2）绕组断路故障的检查方法

绕组断路检查比较容易，可用万用表（低电阻挡）、兆欧表和试验灯来检查。

电流表法

①对于星形接法的电动机来说，使电动机空载运行，若三相电流不平衡又无短路现象，那么，电流较小的一相就是存在部分断相的一相。

对于三角形接法的电动机，先把三角形的接头拆开，然后把电流表连接在每相绕组的两端，其中电流小的为断路相。

②电阻法　用电桥测三相绕组的电阻，如三相电阻值相差大于5%，则电阻较大的一相为断路相。

③绕组断路故障的修理　查绕组断路故障时，若断路发生在端部，只要把断线处的绕组适当加热软化，然后把断线焊好并包扎好绝缘即可。若接线头松脱或接触不良，可重新焊牢，包好绝缘。

若断线处在槽内，则可按照前面所讲绕组短路故障的修理方法进行。

（4）绕组接线错误的检查

在接线时，若对绕组联接规律不熟悉，或工作疏忽，很容易使绕组接错。若实际接线与设计的绕组连接不符，难以形成完整的旋转磁场，造成电机启动困难，电流不平衡，噪声大，甚至不能启动，剧烈振动等故障，若不及时停机还可能烧坏绕组。

绕组接线错误一般有以下几种：同一极相组中一只或几只线圈嵌反或头尾接错；极相组之间接反；相绕组与相绕组接反。

（二）设备、工具的准备

为完成工作任务，每个工作小组需要向工作站内仓库工作人员提供借用工具清单（表3-1-1）。

表3-1-1　　　　　　　　　　　　　　　工作岛借用工具清单

序号	名称（型号、规格）	数量	借出时间	学生签名	归还时间	学生签名	管理员签名
1							
2							
3							
4							
5							

（三）材料的准备

为完成工作任务，每个工作小组需要向工作站内仓库工作人员提供领用材料清单（表3-1-2）。

表3-1-2　　　　　　　　　　　　　　　工作岛借用材料清单

序号	名称（型号、规格）	数量	借出时间	学生签名	归还时间	学生签名	管理员签名
1							
2							
3							
4							
5							

（四）团队分配的方案

将学生分为5个小组，每个工作岛为1组，根据工作岛工位要求，每组6人，每组指定1人为小组长、2人为材料管理员，材料管理员负责材料领取分发，小组长负责组织本组相关问题的计划、实施及讨论汇总，填写各组人员工作任务实施所需文字材料的相关记录表。

五、制定工作计划

六、任务实施

（一）为了完成任务，必须回答以下问题

1）用万用表的电阻挡测量，也可判断_____是否接地（接地时电阻很小或为零），但难以测出具体的_____电阻值。

2）测量_____ A 以下的小电流时，将被测导线多绕几圈穿入钳口进行测量，实际电流数值应为读数_____以放进钳口内的导线根数。

3）电动机拆卸时首先切断_____，拆开_____与_____连接线，并对_____线头作好绝缘处理。

4）电动机的装配工序与_____时刚好相反，装配前先_____各配合处和部件表面的锈与灰积，装配时应按照_____时所做的记号复位。

5）若接地点在绕组端部槽口附近，而且没有烧坏，只要在接地处的_____和_____之间插入绝缘材料后，涂上_____即可，不必拆出线圈。

6）常见的绕组短路情况有：同一相绕组内线圈_____短路、两个_____线圈间短路、两个_____间短路。

7）对于星形接法的电动机来说，使电动机空载运行，若三相电流不平衡又无短路现象，那么，电流较_____的一相就是存在部分_____的一相。对于三角形接法的电动机，先把三角形的接头拆开，然后把电流表连接在每相绕组的_____，其中电流_____的为断路相。

8）紧固端盖螺栓时，要按对角线_____逐步拧紧。

9）拆、装时不能用_____直接敲击零件，应垫_____、_____或_____，对称敲。

（二）拆装及检测 10kW 以下三相交流异电动机

1. 实施要求

（1）遵守安全操作规程，避免不安全事故的发生；

（2）掌握工艺过程的动作要领，并能在规定时间内完成；

（3）文明生产、杜绝乱拆、乱放、不讲清洁的坏习惯；

（4）理论联系实际；

（5）有吃苦耐劳的精神；

（6）实训报告的书写要求：

1）思路清晰（目的、内容、步骤、注意点、常见及相关问题、体会）；

2）语言简单明了（从实践中获取到的信息最大限度地体现出来），类似于产品的安装说明书；

3）体现个人风格。

2. 通电调试，记录数据（表3-1-3）

表 3－1－3   **通电调试数据记录表**

铭牌额定值	电压_____ V，电流_____ A，转速_____ r/min，功率_____ kW，接法_____		
实际检测	三相电源电压	U_{UV}_____ V，U_{VW}_____ V，U_{WU}_____ V	
	三相绕组电阻	$U_相$_____ Ω，$V_相$_____ Ω，$W_相$_____ Ω	
	绝缘电阻	对地绝缘	$U_{相对地}$_____ MΩ，$V_{相对地}$_____ MΩ，$W_{相对地}$_____ MΩ
		相间绝缘	$U_{V间}$_____ MΩ，$V_{W间}$_____ MΩ，$W_{U间}$_____ MΩ
三相电流	空载	I_U_____ A，I_V_____ A，I_W_____ A	
转速	空载	r/min	

3. 操作技术要点

（1）拆卸异步电动机

1）拆卸电动机之前，必须拆除电动机与外部电气连接的连线，并做好相位标记。

2）拆卸步骤：

①带轮或联轴器；②前轴承外盖；③前端盖；④风罩；⑤风扇；⑥后轴承外盖；⑦后端盖；⑧抽出转子；⑨前轴承；⑩前轴承内盖；⑪后轴承；⑫后轴承内盖。

3）皮带轮或联轴器的拆卸 拆卸前，先在皮带轮或联轴器的轴伸端作好定位标记，用专用拉具将皮带轮或联轴器慢慢拉出。拉时要注意皮带轮或联轴器受力情况务必使合力沿轴线方向，拉具顶端不得损坏转子轴端中心孔。

4）拆卸端盖、抽转子 拆卸前，先在机壳与端盖的接缝处（即止口处）作好标记以便复位。均匀拆除轴承盖及端盖螺栓拿下轴承盖，再用两个螺栓旋于端盖上两个顶丝孔中，两螺栓均匀用力向里转（较大端盖要用吊绳将端盖先挂上）将端盖拿下（无顶丝孔时，可用铜棒对称敲打，卸下端盖，但要避免过重敲击，以免损坏端盖）。对于小型电动机。抽出转子是靠人工进行的，为防手滑或用力不均碰伤绕组，应用纸板垫在绕组端部进行。

5）轴承的拆卸、清洗 拆卸轴承应先用适宜的专用拉具。拉力应着力于轴承内圈，不能拉外圈，拉具顶端不得损坏转子轴端中心孔（可加些润滑油脂）。在轴承拆卸前，应将轴承用清洗剂洗干净，检查它是否损坏，有无必要更换。

（2）装配异步电动机

1）用压缩空气吹净电动机内部灰尘，检查各部零件的完整性，清洗油污等。

2）装配异步电动机的步骤与拆卸相反。装配前要检查定子内污物及锈是否清除，止口有无损伤，装配时应将各部件按标记复位，并检查轴承盖配合是否合适。

3）轴承装配可采用热套法和冷装配法。

4. 注意事项

（1）在拆卸端盖前不要忘记在端盖与机座的接缝处做好标记。

（2）拆移电机后，电机底座垫片要按原位摆放固定好，以免增加钳工对中的工作量。

（3）拆、装转子时，一定要遵守要点的要求，不得损伤绕组，拆前、装后均应测试绕组绝缘及绕组通路。

（4）拆、装时不能用手锤直接敲击零件，应垫铜、铝棒或硬木，对称敲。

（5）直立转子时，地面上必须垫木板。

（6）装端盖前应用粗铜丝或铝线，从轴承装配孔伸入钩住内轴承盖，以便于装配外轴承盖。

（7）用热套法装轴承时，只要温度超过 100℃，应停止加热，工作现场应放置 1211 灭火器。

（8）清洗电机及轴承的清洗剂（汽油、柴油、煤油）不准随便乱倒，必须倒入污油井。

（9）紧固端盖螺栓时，要按对角线上下左右逐步拧紧。

（10）检修场地需打扫干净。

七、任务评价

（一）成果展示

各小组派代表总结完成任务的过程中，掌握了哪些技能技巧，发现错误后如何改正，并展示已拆装好的电动机通运行，观察电动机的转动情况。

（二）学生自我评估与总结

_____

_____ 。

（三）小组评估与总结

_____

_____ 。

（四）教师评估与总结

_____

_____ 。

（五）各小组对工作岗位的"6S"处理

在小组和教师都完成工作任务总结以后，各小组必须对自己的工作岗位进行"整理、整顿、清扫、清洁、安全、素养"；归还所借的工量具和实习工件。

（六）评价表（表3-1-4）

表3-1-4　　　　　　学习任务1　拆装及检测10kW以下三相交流异步电动机评价表

班级：_____　　　　　　　指导教师：_____
小组：_____　　　　　　　日期：_____
姓名：_____

| 评价项目 | 评价标准 | 评价依据 | 评价方式 | | | 权重 | 得分小计 |
			学生自评 20%	小组互评 30%	教师评价 50%		
职业素养	1. 遵守企业规章制度、劳动纪律 2. 按时按质完成工作任务 3. 积极主动承担工作任务，勤学好问 4. 人身安全与设备安全 5. 工作岗位6S完成情况	1. 出勤 2. 工作态度 3. 劳动纪律 4. 团队协作精神				0.3	
专业能力	1. 熟悉10kW以下三相交流异步电动机拆装工具和仪表（兆欧表、万用表、转速表、钳形电流表）的正确选用和使用 2. 掌握正确拆装10kW以下三相交流异步电动机的工艺 3. 熟悉10kW以下三相交流异步电动机的绝缘检测及处理 4. 能根据任务要求完成工作任务并通电检测	1. 操作的准确性和规范性 2. 工作页或项目技术总结完成情况 3. 专业技能任务完成情况				0.5	

续表

班级：_____ 小组：_____ 姓名：_____		指导教师：_____ 日期：_____					
评价项目	评价标准	评价依据		评价方式			权重	得分小计
			学生自评 20%	小组互评 30%	教师评价 50%		
创新能力	1. 在任务完成过程中能提出自己的有一定见解的方案 2. 在教学或生产管理上提出建议，具有创新性	1. 方案的可行性及意义 2. 建议的可行性				0.2	
合计							

八、技能拓展

当电动机接线板损坏，定子绕组的 6 个线头分不清楚时，不可盲目接线，以免引起电动机内部故障，因此必须分清 6 个线头的首尾端后才能接线。

1. 用 36V 交流电源和灯泡判别首尾端

判别步骤如下：

（1）用摇表或万用表的电阻挡，分别找出三相绕组的各相两个线头。

（2）先任意给三相绕组的线头分别编号为 U_1 和 U_2、V_1 和 V_2、W_1 和 W_2。并把 V_1、U_2 连接起来，构成两相绕组串联。

（3）U_1、V_2 线头上接一只灯泡。

（4）W_1、W_2 两个线头上接通 36V 交流电源，如果灯泡发亮，说明线头 U_1、U_2 和 V_1、V_2 的编号正确。如果灯泡不亮，则把 U_1、U_2 或 V_1、V_2 中任意两个线头的编号对调一下即可。

（5）再按上述方法对 W_1、W_2 两线头进行判别。

2. 用万用表或微安表判别首尾端

（1）方法一

1）先用摇表或万用表的电阻挡，分别找出三相绕组的各相两个线头。

2）给各相绕组假设编号为 U_1 和 U_2、V_1 和 V_2、W_1 和 W_2。

3）按所示接线，用手转动电动机转子，如万用表（微安挡）指针不动，则证明假设的编号是正确的；若指针有偏转，说明其中有一相首尾端假设编号不对。应逐相对调重测，直至正确为止。

（2）方法二

1）先分清三相绕组各相的两个线头，并将各相绕组端子假设为 U_1 和 U_2、V_1 和 V_2、W_1 和 W_2。

2）注视万用表（微安挡）指针摆动的方向，合上开关瞬间，若指针摆向大于零的一边，则接电池正极的线头与万用表负极所接的线头同为首端或尾端；如指针反向摆动，则接电池正极的线头与万用表正极所接的线头同为首端或尾端。

3）再将电池和开关接另一相两个线头，进行测试，就可正确判别各相的首尾端。

学习任务 2　掌握低压电器的拆装工艺及维修方法

一、任务描述

在此项典型工作任务中主要使学生掌握低压电器元件的结构、拆装工艺及维修方法；正确掌握电力拖动控制线路的安装工艺要求。

学生接到本任务后，应根据任务要求，准备工具和仪器仪表，做好工作现场准备，严格遵守作业规范进行施工，任务完成后进行通电试验，填写相关表格并交检测指导教师验收。按照现场管理规范清理场地、归置物品。

二、任务要求

1）掌握低压电器元件的拆装工艺及维修方法；
2）正确掌握电力拖动控制线路的安装工艺要求；
3）能根据任务要求完成工作任务；
4）认真填写学材上的相关资讯问答题。

三、能力目标

1）掌握低压电器元件的拆装工艺及维修方法；
2）正确掌握电力拖动控制线路的安装工艺要求；
3）各小组发挥团队合作精神，学会对低压电器元件与变压器拆装的步骤、实施和成果评估。

四、任务准备

（一）相关理论知识

1. 组合开关（图 3 – 2 – 1）

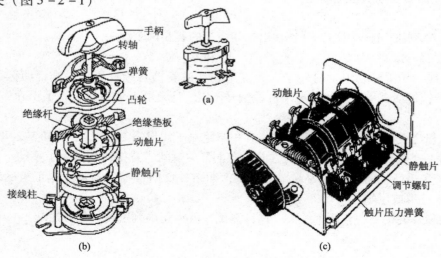

图 3 – 2 – 1　组合开关结构示意图

（1）用途：接通或分断电路，换接电源或负载，测量电压及控制小容量电机的正反转。

（2）分类：按极数分有单极、双极和三极，按层数分有三层、六层等。

（3）选择：组合开关一般用于电热、照明电路中，其额定电流应等于或大于被控制电路中各负载电流的总和。若控制小容量电动机不频繁的全压启动，应取电动机额定电流的 1.5~2.5 倍。

2. 熔断器（图 3-2-2）

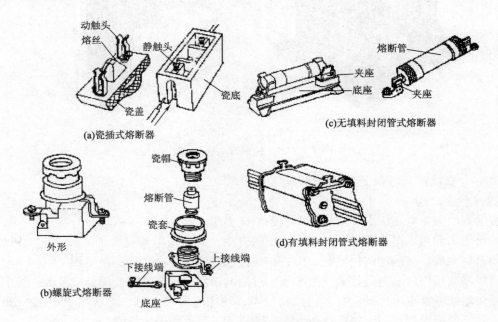

图 3-2-2　熔断器结构示意图

（1）用途：短路保护。

（2）分类：按结构形式可分为开启式、半封闭式、封闭式；按外壳内有无填料可分为有填料式和无填料式；按熔体的替换和装拆情况可分为可拆式和不可拆式。

（3）选择：用于输配电线路时，熔体的额定电流应等于或小于线路的安全电流。

用于一台电动机负载的短路保护应按下式选用：

$$I_{er} \geq KI_s$$

式中　I_{er}——熔体的额定电流；

　　　K——系数，取 0.25~0.45；

　　　I_s——电动机启动电流。

用于多台电动机负载的短路保护应按下式选用：

$$I_{er} \geq KI_{s1} + \Sigma I_n (n-1)$$

式中　I_{s1}——容量最大的一台电动机的启动电流；

$\Sigma I_n (n-1)$——其余电动机额定电流之和。

3. 按钮（图 3-2-3）

（1）用途：发出改变电力拖动的控制动作的命令，如启动、停止等。

（2）分类：分开启式、防护式、钥匙式等。

（3）选择：可根据使用场合、操作需要的触头数目及区别的颜色来选择适合的按钮。

4. 接触器（图 3-2-4）

（1）用途：频繁地远距离接通和分断主电路或控制大容量电路。

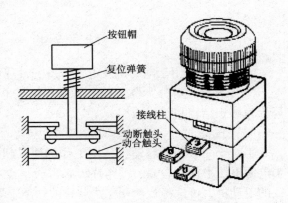

图 3-2-3　按钮结构示意图

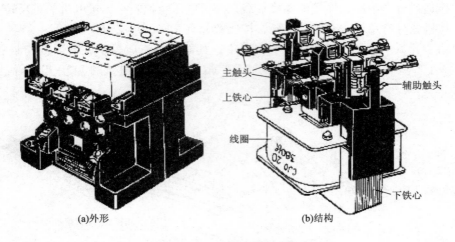

图3-2-4　接触器结构示意图

（2）分类：分直流接触器和交流接触器。

（3）交流接触器的选择

①交流接触器的额定电压应大于或等于负载的额定电压。

②交流接触器主要用于电力拖动中异步电动机的启动，其额定电流应大于或等于电动机的额定电流。如作电动机频繁启动或反接制动的控制时，应将交流接触器的额定电流降一级使用。

③交流接触器如用作通断电流较大及通断频率过高的控制时，应选用其额定电流大一级的使用。

④交流接触器线圈额定电压的选择：当线路简单、使用电器较少时，可选用380V或220V的电压线圈；当线路复杂、使用电器较多时，可选用36V、110V或127V的电压线圈。

5. 热继电器（图3-2-5）

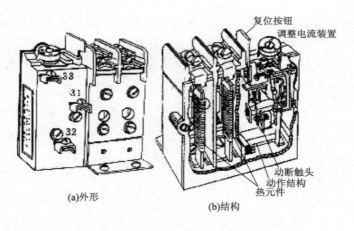

图3-2-5　热继电器结构示意图

（1）用途：用于电动机及电气设备的过载保护。

（2）分类：可分为普通双金属片式热继电器和带差动式缺相保护的热继电器。根据热元件的相数，可分为两相结构和三相结构。

（3）选择

①对于一般轻载启动、长期工作的电动机或间断长期工作的电动机，可选择两相结构的热继电器；当电源电压平衡性较差、工作环境恶劣或很少有人看管时，可选择三相结构的热继电器；对于三角形接线的电动机，可选择带断相保护装置的热继电器。

②热继电器的额定电流应大于电动机额定电流。一般电动机启动电流为其额定电流的6倍，启动时间

不超过 5s 时，热元件整定电流要调节到等于电动机的额定电流。如电动机的启动时间较长或启动冲击负载时，热元件整定电流可调节到电动机额定电流的 1.1 ~ 1.15 倍。

6. 电力拖动控制线路图的绘制及线路安装步骤

电气图用来表达设备的电气控制系统的组成、分析控制系统工作原理以及安装、调试、检修控制系统。常用的电气图有电气原理图、电器元件布置图、电气安装接线图。

（1）电气原理图

电气原理图用来表达电气控制系统的组成和联接关系，主要用来分析控制系统工作原理。

1）主电路、控制电路和其他辅助的信号、照明电路，保护电路一起构成电气控制系统，各电路应沿水平方向独立绘制。

2）电路中所有电器元件均采用国家标准规定统一符号表示，其触头状态均按常态画出。主电路一般都画在控制电路的左侧或上面，复杂的系统则分图绘制。所有耗能元件（线圈、指示灯等）均画在电路的最下端。

图形符号应符合 GB4728 - 2000《电气图用图形符号》的规定。

文字符号应符合 GB7159 - 1987《电气设备常用基本文字符号》的规定。

3）沿横坐标方向将原理图划分成若干图区，并标明该区电路的功能如图 3 - 2 - 6。继电器和接触器线圈下方的触头表用来说明线圈和触头的从属关系。

KM		
主触头所在图区	辅助常开触头所在图区	辅助常闭触头所在图区

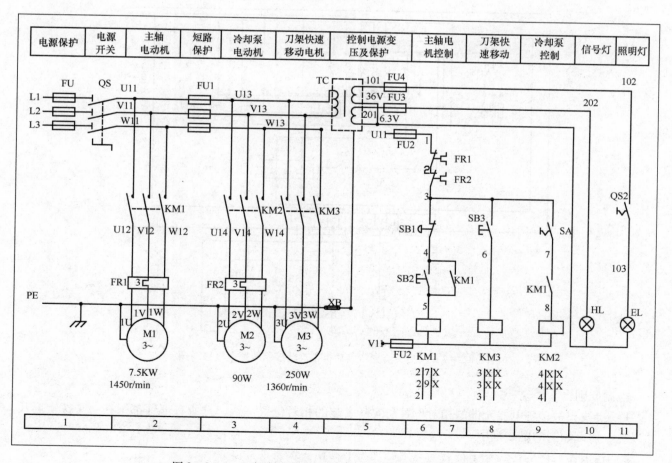

图 3 - 2 - 6　三相交流异步电动机正反转控制线路电气原理图

（2）电器元件布置图

电器元件布置图表明电气原理图中所有电器元件、电器设备的实际位置，为电气控制设备的制造、安装提供必要的资料，如图3-2-7。

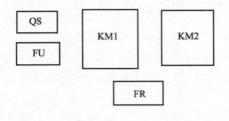

图3-2-7　三相交流异步电动机正反转控制线路电器元件布置图

1）各电器代号应与有关电路图和电器元件清单上所列的元器件代号相同。

2）体积大的和较重的电器元件应该安装在电气安装板下面，发热元件应安装在电气安装板的上面。

3）经常要维护、检修、调整的电器元件安装位置不宜过高或过低，图中不需要标注尺寸。

（3）电气接线图

电气接线图表明所有电器元件、电器设备联接方式，为电气控制设备的安装和检修调试提供必要的资料，如图3-2-8。

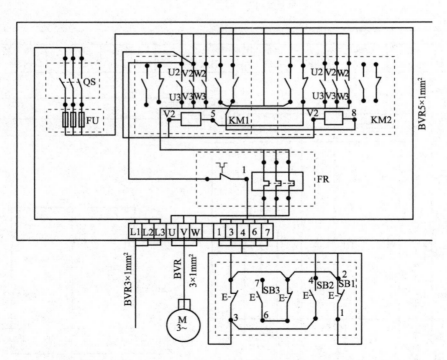

图3-2-8　三相交流异步电动机正反转控制线路电气接线图

绘制原则：

1）接线图中，各电器元件的相对位置与实际安装的相对位置一致，且所有部件都画在一个按实际尺寸以统一比例绘制的虚线框中。

2）各电器元件的接线端子都有与电气原理图中的相一致编号。

3）接线图中应详细地标明配线用的导线型号、规格、标称面积及连接导线的根数，标明所穿管子的型号、规格等，并标明电源的引入点。

4）安装在电气板内外的电器元件之间需通过接线端子板连线。

（4）电动机基本控制线路的安装步骤

1）识读电路图，明确线路所用电器元件及其作用，熟悉线路的工作原理；

2）根据电路图或元件明细表配齐电器元件，并进行检验；

3）根据电器元件选配安装工具和控制板；

4）根据电路图绘制布置图和接线图，然后按要求在控制板上固装电器元件；

5）根据电动机容量选配主电路导线的截面，控制电路导线一般采用截面为 $1mm^2$ 的铜芯线，按钮线一般采用截面为 $0.75mm^2$ 的铜芯线，接地线一般采用截面不小于 $1.5mm^2$ 的铜芯线；

6）根据接线图布线，同时将剥去绝缘层的两端线头套上标有与电路图一致编号的编码套管；

7）安装电动机；

8）连接电动机和所有电器元件金属外壳的保护接地线；

9）连接电源、电动机等控制板外部的导线；

10）自检；

11）交验；

12）通电试车。

（二）设备、工具的准备

为完成工作任务，每个工作小组需要向工作站内仓库工作人员提供借用工具清单（表3-2-1）。

表3-2-1　　　　　　　　　　　　　工作岛借用工具清单

序号	名称（型号、规格）	数量	借出时间	学生签名	归还时间	学生签名	管理员签名
1							
2							
3							
4							
5							

（三）材料的准备

为完成工作任务，每个工作小组需要向工作站内仓库工作人员提供借用材料清单（表3-2-2）。

表3-2-2　　　　　　　　　　　　　工作岛借用材料清单

序号	名称（型号、规格）	数量	借出时间	学生签名	归还时间	学生签名	管理员签名
1							
2							
3							
4							
5							

（四）团队分配的方案

将学生分为5个小组，每个工作岛为1组，根据工作岛工位要求，每组6人，每组指定1人为小组长、2人为材料管理员，材料管理员负责材料领取分发，小组长负责组织本组相关问题的计划、实施及讨论汇总，填写各组人员工作任务实施所需文字材料的相关记录表。

五、制定工作计划

六、任务实施

（一）为了完成任务，必须回答以下问题

1）组合开关一般用于电热、照明电路中，其额定电流应_____或_____被控制电路中各负载电流的总和。若控制小容量电动机不频繁的全压启动，应取电动机额定电流的_____倍。

2）按钮选择可根据_____、操作需要的_____及区别的_____来选择适合的按钮。

3）接触器可分_____接触器和_____接触器。

4）交流接触器线圈额定电压的选择：当线路简单、使用电器较少时，可选用_____V或_____V的电压线圈；当线路复杂、使用电器较多时，可选用_____V、_____V或_____V的电压线圈。

5）在拆除变压器铁心前，必须记录原始数据，作为重绕变压器的依据。所需记录的数据包括：_____、_____、_____。

6）常用的电气图有_____、_____、_____。

（二）拆装及检测低压电器

1. 实施要求

（1）掌握常用低压电器的拆装与维修方法。

（2）掌握工艺过程的动作要领，并能在规定时间内完成。

（3）文明生产、杜绝乱拆、乱放、不讲清洁的坏习惯。

（4）理论联系实际。

（5）有吃苦耐劳的精神。

（6）实训报告的书写要求：

1）思路清晰（目的、内容、步骤、注意点、常见及相关问题、体会）；

2）语言简单明了（从实践中获取到的信息最大限度地体现出来），类似于产品的安装说明书；

3）体现个人风格。

2. 拆装原则和方法

（1）熟练掌握各种低压电器的结构。

（2）按拆卸顺序将元器件排列整齐。

（3）安装时按反顺序进行。

（4）参照原物组装。

（5）注意掌握螺丝的松紧程度。

3. 低压电器的检修与测量

（1）外壳断裂，可补焊或胶粘。

（2）触点用酒精或汽油进行擦拭。

（3）毛刺不能用砂纸或锉刀打磨，应该用电工刀刮掉。

（4）低压电器检修以后，应用万用表和摇表测量通断和绝缘。

4. 注意事项

（1）拆卸和安装时，应该备有盛放零件的容器，以防止丢失零件。

（2）在拆卸和安装过程中，不允许硬撬，以防止损坏电器。

（3）通电校验时，必须将各个电器元件紧固在校验板上，并有教师监护，以确保用电安全。

七、任务评价

（一）成果展示

各小组派代表总结完成任务的过程中，掌握了哪些技能技巧，发现错误后如何改正，并展示已拆装好的低压电器和变压器，通电观察元件的运行情况。

（二）学生自我评估与总结

_____

_____。

（三）小组评估与总结

_____

_____。

（四）教师评估与总结

_____

_____。

（五）各小组对工作岗位的"6S"处理

在小组和教师都完成工作任务总结以后，各小组必须对自己的工作岗位进行"整理、整顿、清扫、清洁、安全、素养"；归还所借的工量具和实习工件。

（六）评价表（表3-2-3）

表3-2-3　　　　学习任务2　掌握低压电器与变压器的拆装工艺及维修方法评价表

班级：_____ 小组：_____ 姓名：_____			指导教师：_____ 日期：_____					
评价项目	评价标准		评价依据	评价方式			权重	得分小计
				学生自评 20%	小组互评 30%	教师评价 50%		
职业素养	1. 遵守企业规章制度、劳动纪律 2. 按时按质完成工作任务 3. 积极主动承担工作任务，勤学好问 4. 人身安全与设备安全 5. 工作岗位6S完成情况		1. 出勤 2. 工作态度 3. 劳动纪律 4. 团队协作精神				0.3	

续表

班级：_____	指导教师：_____
小组：_____	日期：_____
姓名：_____	

评价项目	评价标准	评价依据	评价方式			权重	得分小计
			学生自评 20%	小组互评 30%	教师评价 50%		
专业能力	1. 熟悉低压电器与变压器的内部结构 2. 掌握正确拆装常用低压电器和变压器 3. 掌握电力拖动控制线路的安装工艺要求 4. 能根据任务要求完成工作任务并通电检测	1. 操作的准确性和规范性 2. 工作页或项目技术总结完成情况 3. 专业技能任务完成情况				0.5	
创新能力	1. 在任务完成过程中能提出自己的有一定见解的方案 2. 在教学或生产管理上提出建议，具有创新性	1. 方案的可行性及意义 2. 建议的可行性				0.2	
合计							

八、技能拓展

试抄画电力拖动控制电气图。

要求：1. 画出电气原理图、电器元件布置图和电气接线图。

2. 不一定抄画本工作页提供的纸图，可以在其他工作页或其他课本上抄画。

3. 熟悉和理解抄画的电气原理图、电器元件布置图和电气接线图所表达的意义。

学习任务 3　安装与调试三相电动机的点动正转控制线路

一、任务描述

在此项典型工作任务中主要使学生掌握正确识别、选用、安装、使用按钮和接触器，熟悉它们的功能、基本结构、工作原理及型号意义，熟记它们的图形符号和文字符号；学习绘制、识读电气控制线路的电路原理图、电气接线图和电器布置图；熟悉电动机控制线路的一般安装步骤，学会安装点动正转控制线路。

学生接到本任务后，应根据任务要求，准备工具和仪器仪表，做好工作现场准备，严格遵守作业规范进行施工，线路安装完毕后进行调试，填写相关表格并交检测指导教师验收。按照现场管理规范清理场地、归置物品。

二、任务要求

1）熟悉按钮和接触器的功能、基本结构、工作原理及型号意义，熟记它们的图形符号和文字符号，学会正确识别、选用、安装、使用按钮和接触器。

2）掌握电力拖动线路的布线工艺，掌握按钮、接触器、熔断器的安装接线方法；

3）熟悉电动机控制线路的一般安装步骤；

4）能根据控制要求设计电路原理图、电气接线图和电器布置图并进行安装调试；

5）认真填写学材上的相关资讯问答题。

三、能力目标

1）学会正确识别、选用、安装、使用按钮和接触器，熟悉它们的功能、基本结构、工作原理及型号意义，熟记它们的图形符号和文字符号。

2）学习绘制、识读电气控制线路的电路原理图、电气接线图和电器布置图。

3）熟悉电动机控制线路的一般安装步骤，学会安装点动正转控制线路。

4）各小组发挥团队合作精神，学会三相电动机的点动正转控制线路的安装的步骤、实施和成果评估。

四、任务准备

（一）相关理论知识

1. 按钮开关

利用按钮推动传动机构，使动触点与静触点按通或断开并实现电路换接的开关。

（1）按钮开关（图 3-3-1）可以完成启动、停止、正反转、变速以及互锁等基本控制。通常每一个按钮开关有两对触点。每对触点由一个常开触点和一个常闭触点组成。按下按钮，两对触点同时动作，两对常闭触点先断开，随后两对常开触点闭合。

为了标明各个按钮的作用，避免误操作，通常将按钮帽做成不同的颜色，以示区别，其颜色有红、绿、黑、黄、蓝、白等。如，红色表示停止按钮，绿色表示启动按钮等。按钮开关的主要参数有型式及

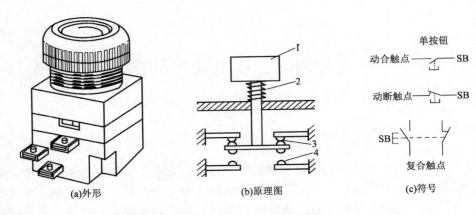

图 3 - 3 - 1 按钮的结构、符号
1—按钮 2—弹簧 3、4—触点

安装孔尺寸，触头数量及触头的电流容量，在产品说明书中都有详细说明。常用国产产品有 LAY3，LAY6，LA20，LA25，LA38，LA101，LA115 等系列。

（2）分类 按操作方式、防护方式分类

按钮可按操作方式、防护方式分类，常见的按钮类别及特点：

1）开启式：适用于嵌装固定在开关板、控制柜或控制台的面板上。代号为 K。

2）保护式：带保护外壳，可以防止内部的按钮零件受机械损伤或人触及带电部分，代号为 H。

3）防水式：带密封的外壳，可防止雨水侵入。代号为 S。

4）防腐式：能防止化工腐蚀性气体的侵入。代号为 F。

5）防爆式：能用于含有爆炸性气体与尘埃的地方而不引起传爆，如煤矿等场所。代号为 B。

6）旋钮式：用手把旋转操作触点，有通断两个位置，一般为面板安装式。代号为 X。

7）钥匙式：用钥匙插入旋转进行操作，可防止误操作或供专人操作。代号为 Y。

8）紧急式：有红色大蘑菇钮头突出于外，作紧急时切断电源用。代号为 J 或 M。

9）自持按钮：按钮内装有自持用电磁机构，主要用于发电厂、变电站或试验设备中，操作人员互通信号及发出指令等，一般为面板操作。代号为 Z。

10）带灯按钮：按钮内装有信号灯，除用于发布操作命令外，兼作信号指示，多用于控制柜、控制台的面板上。代号为 D。

11）组合式：多个按钮组合。代号为 E。

12）联锁式：多个触点互相联锁。代号为 C。

按用途和触头的结构不同分类：①常开按钮；②常闭按钮；③复合按钮

（3）技术参数

使用环境条件   周围空气温度 - 25℃ ~ 40℃

海拔高度：≤2000m

空气相对湿度：≤90%

污染等级：3 级

防护等级：IP55

主要技术参数：

开关额定值：AC - 15 36V/10A 110V/10A 220V/5A 380V/2.7A 660V/1.8A

DC - 13 24V/4A 48V/4A 110V/2A 220V/1A 440V/0.6A

约定发热电流：1th 10A

触电电阻：≤50mΩ

绝缘电阻：≥10mΩ

机械寿命：一般钮 $n \geqslant 100 \times 10$ 次；旋钮 $\geqslant 30 \times 10$ 次

　　　　　　钥匙钮 $n \geqslant 5 \times 10$ 次；急停钮 $\geqslant 5 \times 10$ 次

（4）常见品牌

市场上常见的品牌有：施耐德，西门子，ABB，NKK/日开，上海二工，FUJI/富士，正泰，IDEC/和泉，凯昆，天逸，TEND/天得，德力西，GQELE/高桥，松下，DECA，人民，OMRON/欧姆龙等品牌。

2. 交流接触器

接触器（图 3-3-2）广泛用作电力的开断和控制电路。它利用主接点来开闭电路，用辅助接点来执行控制指令。主接点一般只有常开接点，而辅助接点常有两对具有常开和常闭功能的接点，小型的接触器也经常作为中间继电器配合主电路使用。交流接触器的接点，由银钨合金制成，具有良好的导电性和耐高温烧蚀性。

（1）基本组成　交流接触器主要有四部分组成：①电磁系统，包括吸引线圈、动铁心和静铁心；②触头系统，包括三组主触头和一至二组常闭、常闭辅助触头，它和动铁心是连在一起互相联动的；③灭弧装置，一般容量较大的交流接触器都设有灭弧装置，以便迅速切断电弧，免于烧坏主触头；④绝缘外壳及附件，各种弹簧、传动机构、短路环、接线柱等。

（2）工作原理：当线圈通电时，静铁心产生电磁吸力，将动铁心吸合，由于触头系统是与动铁心联动的，因此动铁心带动三条动触片同时运行，触点闭合，从而接通电源。当线圈断电时，吸力消失，动铁心联动部分依靠弹簧的反作用力而分离，使主触头断开，切断电源。当接触器电磁线圈不通电，弹簧的反作用力和衔铁心的自重使主触点保持断开位置。当电磁线圈通过控制回路接通控制电压（一般为额定电压）时，电磁力克服弹簧的反作用力将衔铁吸向静铁心，带动主触点闭合，接通电路，辅助接点随之动作。

图 3-3-2　接触器外形图

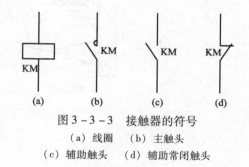

图 3-3-3　接触器的符号

（a）线圈　（b）主触头

（c）辅助触头　（d）辅助常闭触头

（3）基本分类、符号：交流接触器又可分为电磁式，永磁式和真空式三种，其符号如图 3-3-3。

①电磁系统：电磁系统包括电磁线圈和铁心，是接触器的重要组成部分，依靠它带动触点的闭合与断开。

②触点系统：触点是接触器的执行部分，包括主触点和辅助触点。主触点的作用是接通和分断主回路，控制较大的电流，而辅助触点是在控制回路中，以满足各种控制方式的要求。

③灭弧系统：灭弧装置用来保证触点断开电路时，产生的电弧可靠的熄灭，减少电弧对触点的损伤。为了迅速熄灭断开时的电弧，通常接触器都装有灭弧装置（图 3-3-4），一般采用半封式纵缝陶土灭弧罩，并配有强磁吹弧回路。

④其他部分：有绝缘外壳、弹簧、短路环、传动机构等。

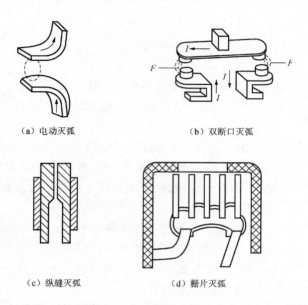

（a）电动灭弧 （b）双断口灭弧

（c）纵缝灭弧 （d）栅片灭弧

图 3 - 3 - 4　灭弧装置

（4）永磁式交流接触器

1）结构：接触器主要由驱动系统、触点系统、灭弧系统及其他部分组成。

①驱动系统：驱动系统包括电子模块、软铁、永磁体，是永磁式接触器的重要组成部分，依靠它带动触点的闭合与断开（图 3 - 3 - 5、图 3 - 3 - 6）。

②触点系统：触点是接触器的执行部分，包括主触点和辅助触点。主触点的作用是接通和分断主回路，控制较大的电流，而辅助触点是在控制回路中，以满足各种控制方式的要求。

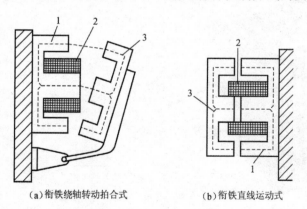

（a）衔铁绕轴转动拍合式 （b）衔铁直线运动式

图 3 - 3 - 5　接触器磁路

1、3—永磁铁　2—软磁铁

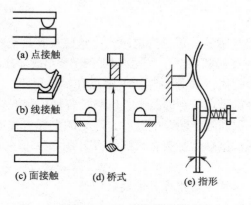

（a）点接触

（b）线接触

（c）面接触 （d）桥式 （e）指形

图 3 - 3 - 6　接触器分类

③灭弧系统：灭弧装置用来保证触点断开电路时，产生的电弧可靠的熄灭，减少电弧对触点的损伤。为了迅速熄灭断开时的电弧，通常接触器都装有灭弧装置，一般采用半封式纵缝陶土灭弧罩，并配有强磁吹弧回路。

④其他部分：有绝缘外壳、弹簧、传动机构等。

2）工作原理：永磁交流接触器是利用磁极的同性相斥、异性相吸的原理，用永磁驱动机构取代传统的电磁铁驱动机构而形成的一种微功耗接触器。安装在接触器联动机构上极性固定不变的永磁铁，与固化在接触器底座上的可变极性软磁铁相互作用，从而达到吸合、保持与释放的目的。软磁铁的可变极性是通过与其固化在一起的电子模块产生十几到二十几毫秒的正反向脉冲电流，而使其产生不同的极性。根据现场需要，用控制电子模块来控制设定的释放电压值，也可延迟一段时间再发出反向脉冲电流，以达到低电压延时释放或断电延时释放的目的，使其控制的电机免受电网晃电而跳停，从而保持生产系统的稳定。

3）特点：永磁交流接触器的革新技术特点是用永磁式驱动机构取代了传统的电磁铁驱动机构，即利用永久磁铁与微电子模块组成的控制装置，置换了传统产品中的电磁装置，运行中无工作电流，仅由微弱信号电流（0.8～1.5mA）。微电子模块中包含六个基本的部分：①电源整流；②控制电源电压实时检测；③释放储能（有的也有吸合储能，但不是必须有）；④储能电容电压检测；⑤抗干扰门槛电压检测；⑥释放逻辑电路。这6部分是永磁操作机构电子控制部分的必要组成，如果缺少任何一个部分，操作机构在特定的情况下就没法正常工作。以上六点决定了操作机构可以具备抗晃电功能。

①节能：传统接触器的合闸保持是靠合闸线圈通电产生电磁力来克服分闸弹簧来实现的，一旦电流变小使产生的电磁力不足以克服弹簧的反作用力，接触器就不能保持合闸状态，所以，传统交流接触器的合闸保持是必须靠线圈持续不断的通电来维持的，这个电流从数十到数千毫安。而永磁交流接触器合闸保持依靠的是永磁力，而不需要线圈通过电流产生电磁力来进行合闸保持，只有电子模块的0.8～1.5mA的工作电流，因而，能最大限度地节约电能，节电率高达99.8%以上。

②无噪声：传统交流接触器合闸保持是靠线圈通电使硅钢片产生电磁力，使动静硅钢片吸合，当电网电压不足或动静硅钢片表面不平整或有灰尘、异物等时，就会有噪音产生。而永磁交流接触器合闸保持是依靠永磁力来保持的，因而不会有噪音产生。

③无温升：传统接触器依靠线圈通电产生足够的电磁力来保持吸合，线圈是由电阻和电感组成的，长期通以电流必然会发热，另一方面，铁心中的磁通穿过也会产生热量，这两种热量在接触器腔内共同作用，常使接触器线圈烧坏，同时，发热降低主触头容量。而永磁交流接触器是依靠永磁力来保持的，没有维持线圈，自然也就没有温升。

④触头不振颤：传统交流接触器的吸持是靠线圈通电来实现的，吸持力量跟电流、磁隙有关，当电压在合闸与分闸临界状态波动时，接触器处于似合似分状态，便会不断地震颤，造成触头熔焊或烧毁，而使电机烧坏。而永磁交流接触器的吸持，完全依靠永磁力来实现，一次完成吸合，电压波动不会对永磁力产生影响，要么处于吸合状态，要么处于分闸状态，不会处于中间状态，所以不会因震颤而烧毁主触头，烧坏电机的可能性就大大降低。

⑤寿命长，可靠性高：接触器寿命和可靠性主要是由线圈和触头寿命决定的。传统交流接触器由于它工作时线圈和铁心会发热，特别是电压、电流、磁隙增大时容易导致发热而将线圈烧毁，而永磁交流触器不存在烧毁线圈的可能。触头烧蚀主要是由分闸、合闸时产生的电弧造成的。与传统接触器相比，永磁交流接触器在合闸时，除同样有电磁力作用外，还具有永磁力的作用，因而合闸速度较传统交流接触器快很多，经检测，永磁交流接触器合闸时间一般小于20ms，而传统接触器合闸速度一般在60ms左右。分闸时，永磁交流接触器除分闸弹簧的作用外，还具有磁极相斥力的作用，这两种作用使分闸的速度较传统接触器快很多，经检测，永磁交流接触器分闸时间一般小于25ms，而传统接触器分闸速度一般在80ms以上。此外，线圈和铁心的发热会降低主触头容量，电压波动导致的吸力不够或震颤会使传统接触器主触头发热、拉弧甚至熔焊。永磁交流接触器触头寿命与传统交流接触器触头相比，在同等条件下寿命提高3～5倍。

⑥防电磁干扰：永磁交流接触器使用的永磁体磁路是完全密封的，在使用过程中不会受到外界电磁干扰，也不会对外界进行电磁干扰。

⑦智能防晃电：控制电子模块控制设定的释放电压值，可延迟一定时间再发出反向脉冲电流以达到低电压延时释放或断电延时释放，使其控制的电机免受电网电压波动（晃电）而跳停，从而保持生产系统的稳定。尤其是装置型连续生产的企业，可减少放空和恢复生产的电、蒸汽、天然气消耗和人工费、设备损坏修理费等。

（5）使用接法

1）一般三相接触器一共有 8 个点，三路输入，三路输出，还有控制点两个。输出和输入是对应的，很容易能看出来。如果要加自锁的话，则还需要从输出点的一个端子将线接到控制点上面。

2）首先应该知道交流接触器的原理。它是用外界电源来加在线圈上，产生电磁场。加电吸合，断电后接触点就断开。知道原理后，还应该弄清楚外加电源的接点，也就是线圈的两个接点，一般在接触器的下部，并且各在一边。其他的几路输入和输出一般在上部，一看就知道。还要注意外加电源的电压是多少（220V 或 380V），一般都有标注。并且注意接触点是常闭还是常开。如果有自锁控制，根据原理理一下线路就可以了。

（6）型号划分　在电工学上，接触器是一种用来接通或断开带负载的交直流主电路或大容量控制电路的自动化切换器，主要控制对象是电动机，此外也用于其他电力负载，如电热器，电焊机，照明设备，接触器不仅能接通和切断电路，而且还具有低电压释放保护作用。接触器控制容量大，适用于频繁操作和远距离控制，是自动控制系统中的重要元件之一。通用接触器可大致分以下两类。

1）交流接触器：主要由电磁机构、触头系统、灭弧装置等组成。常用的是 CJ10、CJ12、CJ12B 等系列。

2）直流接触器：一般用于控制直流电器设备，线圈中通以直流电，直流接触器的动作原理和结构基本上与交流接触器是相同的。但现在接触器的型号都是 AC 系列的了。AC–1 类接触器是用来控制无感或微感电路的。AC–2 类接触器是用来控制绕线式异步电动机的启动和分断的。AC–3 和 AC–4 接触器可用于控制异步电动机的频繁启动和分断。

（7）选用维护

1）选用：① 按接触器的控制对象、操作次数及使用类别选择相应类别的接触器；②按使用位置处线路的额定电压选择；③ 按负载容量选择接触器主触头的额定电流；④ 对于吸引线圈的电压等级和电流种类，应考虑控制电源的要求；⑤对于辅助接点的容量选择，要按联锁回路的需求数量及所连接触头的遮断电流大小考虑；⑥ 对于接触器的接通与断开能力问题，选用时应注意一些使用类别中的负载，如电容器、钨丝灯等照明器，其接通时电流数值大，通断时间也较长，选用时应留有余量；⑦对于接触器的电寿命及机械寿命问题，由已知每小时平均操作次数和机器的使用寿命年限，计算需要的电寿命，若不能满足要求则应降容使用；⑧选用时应考虑环境温度、湿度，使用场所的振动、尘埃、化学腐蚀等，应按相应环境选用不同类型接触器；⑨对于照明装置适用接触器，还应考虑照明器的类型、启动电流大小、启动时间长短及长期工作电流，接触器的电流选择应不大于用电设备（线路）额定电流的 90%，对于钨丝灯及有电容补偿的照明装置，应考虑其接通电流值；⑩设计时应考虑一、二次设备动作的一致性。

2）维护：在电气设备进行维护工作时，应一并对接触器进行维护工作。

①外部维护：a. 清扫外部灰尘；b. 检查各紧固件是否松动，特别是导体连接部分，防止接触松动而发热。

②触点系统维护：a. 检查动、静触点位置是否对正，三相是否同时闭合，如有问题应调节触点弹簧；b. 检查触点磨损程度，磨损深度不得超过 1mm，触点有烧损，开焊脱落时，须及时更换；轻微烧损时，一般不影响使用；清理触点时不允许使用砂纸，应使用整形锉；c. 测量相间绝缘电阻，阻值不低于 10MΩ；d. 检查辅助触点动作是否灵活，触点行程应符合规定值，检查触点有无松动脱落，发现问题时，应及时修理或更换。

③铁心部分维护：a. 清扫灰尘，特别是运动部件及铁心吸合接触面间；b. 检查铁心的紧固情况，铁

心松散会引起运行噪声加大；c 铁心短路环有脱落或断裂要及时修复。

④电磁线圈维护：a. 测量线圈绝缘电阻；b. 线圈绝缘物有无变色、老化现象，线圈表面温度不应超过 65℃；c. 检查线圈引线连接，如有开焊、烧损应及时修复。

⑤灭弧罩部分维护：a. 检查灭弧罩是否破损；b. 灭弧罩位置有无松脱和位置变化；c. 清除灭弧罩缝隙内的金属颗粒及杂物。

3. 组合开关

定义：组合开关是在电气控制线路中，一种常被作为电源引入的开关，可以用它来直接启动或停止小功率电动机或使电动机正反转。局部照明电路也常用它来控制。

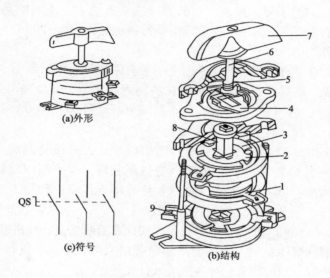

图 3 - 3 - 7 组合开关的结构及符号

1—静触头 2—动触头 3—绝缘垫板 4—凸轮
5—弹簧 6—转轴 7—手柄 8—绝缘棒 9—接线柱

根据组合开关在电路中的不同作用，组合开关图形与文字符号有两种。当在电路中用作隔离开关时，其图形符号见图，其文字柱注为 QS，有单极、双极和三极之分，机床电气控制线路中一般采用三极组合开关。

4. 熔断器

熔断器是当电流超过规定值时，以本身产生的热量使熔体熔断，断开电路的一种电器。熔断器也被称为保险丝，IEC127 标准将它定义为"熔断体（fuse - link）"。它是一种安装在电路中，保证电路安全运行的电器元件。熔断器其实就是一种短路保护器，广泛用于配电系统和控制系统，主要进行短路保护或严重过载保护。

（1）简介 熔断器是一种过电流保护器。熔断器主要由熔体和熔管以及外加填料等部分组成。使用时，将熔断器串联于被保护电路中，当被保护电路的电流超过规定值，并经过一定时间后，由熔体自身产生的热量熔断熔体，使电路断开，从而起到保护的作用。

以金属导体作为熔体而分断电路的电器，串联于电路中，当过载或短路电流通过熔体时，熔体自身将发热而熔断，从而对电力系统、各种电工设备以及家用电器都起到了一定的保护作用。具有反时延特性，当过载电流小时，熔断时间长；过载电流大时，熔断时间短。因此，在一定过载电流范围内至电流恢复正常，熔断器不会熔断，可以继续使用。

（2）工作原理 利用金属导体作为熔体串联于电路中，当过载或短路电流通过熔体时，因其自身发热而熔断，从而分断电路。熔断器结构简单，使用方便，广泛用于电力系统、各种电工设备和家用电器中作为保护器件。

（3）特点 熔体额定电流不等于熔断器额定电流，熔体额定电流按被保护设备的负荷电流选择，熔断器额定电流应大于熔体额定电流,与主电器配合确定。

熔体的材料、尺寸和形状决定了熔断特性。熔体材料分为低熔点和高熔点两类。低熔点材料如铅和铅合金,其熔点低容易熔断,由于其电阻率较大,故制成熔体的截面尺寸较大,熔断时产生的金属蒸气较多,只适用于低分断能力的熔断器。高熔点材料如铜、银,其熔点高,不容易熔断,但由于其电阻率较低,可制成比低熔点熔体较小的截面尺寸,熔断时产生的金属蒸气少,适用于高分断能力的熔断器。熔体的形状分为丝状和带状两种。改变截面的形状可显著改变熔断器的熔断特性。

(4)分类

1)螺旋中式熔断器 RL 在熔断管中装有石英砂,熔体埋于其中,熔体熔断时,电弧喷向石英砂及其缝隙,可迅速降温而熄灭。为了便于监视,熔断器一端装有色点,不同的颜色表示不同的熔体电流,熔体熔断时,色点跳出,示意熔体已熔断。螺旋式熔断器额定电流为 5~200A,主要用于短路电流大的分支电路或有易燃气体的场所。

2)有填料管式熔断器 RT 有填料管式熔断器是一种有限流作用的熔断器。由填有石英砂的瓷熔管、触点和镀银铜栅状熔体组成。填料管式熔断器均装在特别的底座上,如带隔离刀闸的底座或以熔断器为隔离刀的底座上,通过手动机构操作。填料管式熔断器额定电流为 50~1000A,主要用于短路电流大的电路或有易燃气体的场所。

3)无填料管式熔断器 RM 无填料管式熔断器的熔丝管是由纤维物制成。使用的熔体为变截面的锌合金片。熔体熔断时,纤维熔管的部分纤维物因受热而分解,产生高压气体,使电弧很快熄灭。无填料管式熔断器具有结构简单、保护性能好、使用方便等特点,一般均与刀开关组成熔断器刀开关组合使用。

4)有填料封闭管式快速熔断器 RS 有填料封闭管式快速熔断器是一种快速动作型的熔断器,由熔断管、触点底座、动作指示器和熔体组成。熔体为银质窄截面或网状形式,熔体为一次性使用,不能自行更换。由于其具有快速动作性,一般作为半导体整流元件保护用。

5)熔断器根据使用电压 可分为高压熔断器和低压熔断器 根据保护对象可分为保护变压器用和一般电气设备用的熔断器、保护电压互感器的熔断器、保护电力电容器的熔断器、保护半导体元件的熔断器、保护电动机的熔断器和保护家用电器的熔断器等。根据结构可分为敞开式、半封闭式、管式和喷射式熔断器。

6)敞开式熔断器 结构简单,熔体完全暴露于空气中,由瓷柱作支撑,没有支座,适于低压户外使用。分断电流时在大气中产生较大的声光。

7)半封闭式熔断器 熔体装在瓷架上,插入两端带有金属插座的瓷盒中,适于低压户内使用。分断电流时,所产生的声光被瓷盒挡住。

8)管式熔断器 熔体装在熔断体内。插在支座或直接连在电路上使用。熔断体是两端套有金属帽或带有触刀的完全密封的绝缘管。这种熔断器的绝缘管内若充以石英砂,则分断电流时具有限流作用,可大大提高分断能力,故又称作高分断能力熔断器。若管内抽真空,则称作真空熔断器。若管内充以 SF6 气体,则称作 SF6 熔断器,其目的是改善灭弧性能。由于石英砂、真空和 SF6 气体均具有较好的绝缘性能,这种熔断器不但适用于低压也适用于高压。各种熔断器的外形与基本结构见图 3-3-8。

(5)选择

1)熔体额定电流的选择 由于各种电气设备都具有一定的过载能力,允许在一定条件下较长时间运行;而当负载超过允许值时,就要求保护熔体在一定时间内熔断。还有一些设备启动电流很大,但启动时间很短,所以要求这些设备的保护特性要适应设备运行的需要,要求熔断器在电机启动时不熔断,在短路电流作用下和超过允许过负荷电流时,能可靠熔断,起到保护作用。熔体额定电流选择偏大,负载在短路或长期过负荷时不能及时熔断;选择过小,可能在正常负载电流作用下就会熔断,影响正常运行,为保证设备正常运行,必须根据负载性质合理地选择熔体额定电流。

①照明电路 熔体额定电流≥被保护电路上所有照明电器工作电流之和。

②电动机:

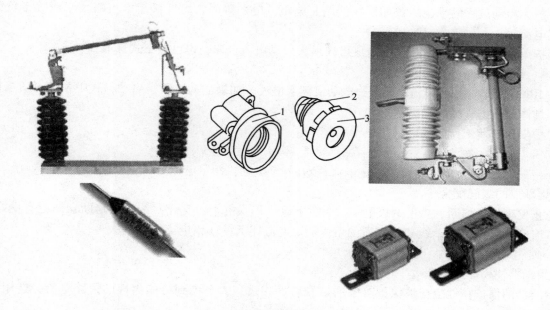

图 3 - 3 - 8 熔断器基本结构
1—瓷套 2—熔断套 3—瓷帽

a. 单台直接启动电动机 熔体额定电流 =（1.5 ~ 2.5）×电动机额定电流。
b. 多台直接启动电动机 总保护熔体额定电流 =（1.5 ~ 2.5）×各台电动机电流之和。
c. 降压启动电动机 熔体额定电流 =（1.5 ~ 2）×电动机额定电流。
d. 绕线式电动机 熔体额定电流 =（1.2 ~ 1.5）×电动机额定电流。
③配电变压器低压侧 熔体额定电流 =（1.0 ~ 1.5）×变压器低压侧额定电流。
④并联电容器组 熔体额定电流 =（1.43 ~ 1.55）×电容器组额定电流。
⑤电焊机 熔体额定电流 =（1.5 ~ 2.5）×负荷电流。
⑥电子整流元件 熔体额定电流 ≥ 1.57 ×整流元件额定电流。
说明：熔体额定电流的数值范围是为了适应熔体的标准件额定值。

2）熔断器的安秒（反时限）特性 熔断器的动作是靠熔体的熔断来实现的，当电流较大时，熔体熔断所需的时间就较短。而电流较小时，熔体熔断所需用的时间就较长，甚至不会熔断。因此对熔体来说，其动作电流和动作时间特性即熔断器的安秒特性，为反时限特性。

每一熔体都有一最小熔化电流。相应于不同的温度，最小熔化电流也不同。虽然该电流受外界环境的影响，但在实际应用中可以不加考虑。一般定义熔体的最小熔断电流与熔体的额定电流之比为最小熔化系数，常用熔体的熔化系数大于1.25，也就是说额定电流为 10A 的熔体在电流 12.5A 以下时不会熔断。熔断电流与熔断时间之间的关系如图 3 - 3 - 9 所示。

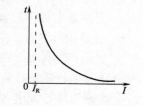

图 3 - 3 - 9 熔断电流与熔断时间关系

从这里可以看出，熔断器只能起到短路保护作用，不能起过载保护作用。如确需在过载保护中使用，必须降低其使用的额定电流，如 8A 的熔体用于 10A 的电路中，作短路保护兼作过载保护用，但此时的过载保护特性并不理想。

熔断器的选择，主要依据负载的保护特性和短路电流的大小选择熔断器的类型。对于容量小的电动机和照明支线，常采用熔断器作为过载及短路保护，因而希望熔体的熔化系数适当小些。通常选用铅锡合金熔体的 RQA 系列熔断器。对于较大容量的电动机和照明干线，则应着重考虑短路保护和分断能力。通常选用具有较高分断能力的 RM10 和 RL1 系列的熔断器；当短路电流很大时，宜采用具有限流作用的 RT0 和 RTl2 系列的熔断器。

熔体的额定电流可按以下方法选择：

①保护无启动过程的平稳负载如照明线路、电阻、电炉等时，熔体额定电流略大于或等于负荷电路中的额定电流。

②保护单台长期工作的电机熔体电流可按最大启动电流选取，也可按下式选取：

$$I_{RN} \geqslant (1.5 \sim 2.5) I_N$$

式中 IRN——熔体额定电流；I_N——电动机额定电流。如果电动机频繁启动，式中系数可适当加大至 3～3.5，具体应根据实际情况而定。

③保护多台长期工作的电机（供电干线）

$$I_{RN} \geqslant (1.5 \sim 2.5) I_N \max + \Sigma I_N$$

$I_N \max$——容量最大单台电机的额定电流；ΣI_N 其余电动机额定电流之和。

3）熔断器的级间配合

为防止发生越级熔断、扩大事故范围，上、下级（即供电干、支线）线路的熔断器间应有良好配合。选用时，应使上级（供电干线）熔断器的熔体额定电流比下级（供电支线）的大 1～2 个级差。

（6）使用与维护

1）熔断器使用注意事项

①熔断器的保护特性应与被保护对象的过载特性相适应，考虑到可能出现的短路电流，选用相应分断能力的熔断器。

②熔断器的额定电压要适应线路电压等级，熔断器的额定电流要大于或等于熔体额定电流。

③线路中各级熔断器熔体额定电流要相应配合，保持前一级熔体额定电流必须大于下一级熔体额定电流。

④熔断器的熔体要按要求使用相配合的熔体，不允许随意加大熔体或用其他导体代替熔体。

2）熔断器巡视检查

①检查熔断器和熔体的额定值与被保护设备是否相配合。

②检查熔断器外观有无损伤、变形，瓷绝缘部分有无闪烁放电痕迹。

③检查熔断器各接触点是否完好，接触紧密，有无过热现象。

④熔断器的熔断信号指示器是否正常。

3）熔断器使用维修

①熔体熔断时，要认真分析熔断的原因，可能的原因有：

a. 短路故障或过载运行而正常熔断。

b. 熔体使用时间过久，熔体因受氧化或运行中温度高，使熔体特性变化而误断。

c. 熔体安装时有机械损伤，使其截面积变小而在运行中引起误断。

②拆换熔体时，要求做到：

a. 安装新熔体前，要找出熔体熔断原因，未确定熔断原因，不要拆换熔体试送。

b. 更换新熔体时，要检查熔体的额定值是否与被保护设备相匹配。

c. 更换新熔体时，要检查熔断管内部烧伤情况，如有严重烧伤，应同时更换熔管。瓷熔管损坏时，不允许用其他材质管代替。填料式熔断器更换熔体时，要注意填充填料。

③熔断器应与配电装置同时进行维修工作：

a. 清扫灰尘，检查接触点接触情况。

b. 检查熔断器外观（取下熔断器管）有无损伤、变形，瓷件有无放电闪烁痕迹。

c. 检查熔断器，熔体与被保护电路或设备是否匹配，如有问题应及时调查。

d. 注意检查在 TN 接地系统中的 N 线，设备的接地保护线上，不允许使用熔断器。

e. 维护检查熔断器时，要按安全规程要求，切断电源，不允许带电摘取熔断器管。

熔断器适配器：熔断器的适配器包括基座，微动指示开关和散热器等，用户可以根据需要与熔断器生产厂家协商订做。

（7）低压管装熔断器分类（图 3-3-10）

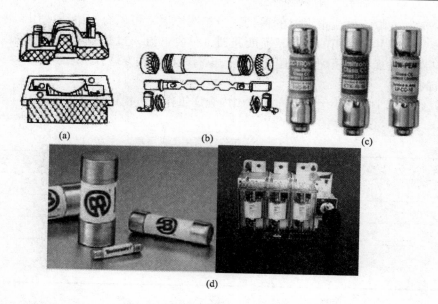

(a)　　　　　　　(b)　　　　　　　(c)

(d)

图 3 - 3 - 10　几种常见低压管装熔断器

1）用于居所和类似场合，类型 gG；

2）用于工业场合，类型 gG、gM 或 aM。

第一个字母表明熔断范围：

＊"g"表示是全范围熔断容量的熔断器；

＊"a"表示是部分范围熔断容量的熔断器。

第二个字母表明应用类别，这个字母准确说明了时间电流特性，常规的时间和电流。

举例：

＊"gG"表示通用的全范围熔断容量的熔断器；

＊"gM"表示用于保护电动机电路的全范围熔断容量的熔断器；

＊"aM"表示用于保护电动机电路的部分范围熔断容量的熔断器。

有些熔断器有"熔断器熔断"机械式指示器。当流经熔断器的电流超过给定值一定时间后，熔断器装置通过熔断器熔丝切断电路。电流与时间的关系由每种类型的性能曲线给出。

标准定义了两类熔断器：

＊用于居所，筒装，额定电流 100A，指定类型为 gG（IEC60269 - 1 和 3）。

＊用于工业场合，筒装，类型 gG（通用）；gM、aM（用于电动机电路），IEC60269 - 1 和 2。

熔断器按温度分类：

按材质分：可以分为金属壳，塑胶壳，氧化膜壳

按温度可以分为：73℃99℃77℃94℃113℃121℃133℃142℃157℃172℃192℃216℃227℃240℃70℃77℃84℃92℃95℃105℃110℃115℃121℃128℃130℃139℃141℃144℃152℃157℃169℃184℃185℃192℃216℃227℃228℃240℃250℃280℃320℃。

（8）与断路器的区别　它们相同点是都能实现短路保护，熔断器的原理是利用电流流经导体会使导体发热，达到导体的熔点后导体融化所以断开电路保护用电器和线路不被烧坏。它是热量的一个累积，所以也可以实现过载保护。一旦熔体烧毁就要更换熔体。

断路器也可以实现线路的短路和过载保护，不过原理不一样，它是通过电流底磁效应（电磁脱扣器）实现断路保护，通过电流的热效应实现过载保护（不是熔断，多不用更换器件）。具体到实际中，当电路中的用电负荷长时间接近于所用熔断器的负荷时，熔断器会逐渐加热，直至熔断。像上面说的，熔断器的熔断是电流和时间共同作用的结果，起到对线路进行保护的作用，它是一次性的。而断路器是电路中的电流突然加大，超过断路器的负荷时，会自动断开，它是对电路一个瞬间电流加大的保护，例如当漏

电很大时，或短路时，或瞬间电流很大时的保护，当查明原因，可以合闸继续使用。正如上面所说，熔断器的熔断是电流和时间共同作用的结果，而断路器，只要电流一过其设定值就会跳闸，时间作用几乎可以不用考虑。断路器是现在低压配电常用的元件。也有一部分地方适合用熔断器。

（二）设备、工具的准备

为完成工作任务，每个工作小组需要向工作站内仓库工作人员提供借用工具清单（表 3 - 3 - 1）。

表 3 - 3 - 1　　　　　　　　　　　　_____工作岛借用工具清单

序号	名称（型号、规格）	数量	借出时间	学生签名	归还时间	学生签名	管理员签名
1							
2							
3							
4							
5							

（三）材料的准备

为完成工作任务，每个工作小组需要向工作站内仓库工作人员提供借用材料清单（表 3 - 3 - 2）。

表 3 - 3 - 2　　　　　　　　　　　　_____工作岛借用材料清单

序号	名称（型号、规格）	数量	借出时间	学生签名	归还时间	学生签名	管理员签名
1							
2							
3							
4							
5							

（四）团队分配的方案

将学生分为 5 个小组，每个工作岛为 1 组，根据工作岛工位要求，每组 6 人，每组指定 1 人为小组长、2 人为材料管理员，材料管理员负责材料领取分发，小组长负责组织本组相关问题的计划、实施及讨论汇总，填写各组人员工作任务实施所需文字材料的相关记录表。

五、制定工作计划

六、任务实施

（一）为了完成任务，必须回答以下问题

1）所用的交流接触器的线圈电压是_____ V。

2）查看电动机的铭牌数据，电动机的型号是_____。

电动机使用的电压_____ V；应选择熔断器的熔体是_____ A。

（二）安装与调试三相电动机点动正转控制线路

1. 设计要求

（1）根据控制要求设计一个电路原理图。

为了在生产过程中满足工作需要，常常要电动机实现短时的断续工作。比如机床调整刀架、试车或者吊车定点放落重物等。这种断续工作特点的控制线路即为点动控制线路。根据控制要求设计一个电路原理图。

点动控制线路控制要求：

1）按钮点动运转控制线路。电路由组合开关 QS、主电路熔断器 FU1、辅助电路熔断器 FU2、启动按钮 SB、接触器 KM 和电动机 M 组成。

2）电路中一台电动机由按钮及接触器实现点动控制。

3）电动机用三相交流电源作为电源，电路有短路保护功能。

（2）根据任务要求设计出安装与调试三相电动机点动正转控制线路电器布置图。

（3）根据任务要求设计出安装与调试三相电动机点动正转控制线路电气接线图。

2. 安装步骤及工艺要求

（1）逐个检验电气设备和元件的规格和质量是否合格。

（2）正确选配导线的规格、导线通道类型和数量、接线端子板型号等。

（3）在控制板上安装电器元件，并在各电器元件附近做好与电路图上相同代号的标记。

（4）按照控制板内布线的工艺要求进行布线和套编码套管。

（5）选择合理的导线走向，做好导线通道的支持准备，并安装控制板外部的所有电器。

（6）进行控制箱外部布线，并在导线线头上套装与电路图相同线号的编码套管。对于可移动的导线通道应放适当的余量，使金属软管在运动时不承受拉力，并按规定在通道内放好备用导线。

（7）检查电路的接线是否正确和接地通道是否具有连续性。

（8）检查热继电器的整定值是否符合要求。检查各级熔断器的熔体是否符合要求，如不符合要求应予以更换。

（9）检查电动机的安装是否牢固，与生产机械传动装置的连接是否可靠。

（10）检测电动机及线路的绝缘电阻，清理安装场地。

（11）点动正转控制电动机启动，转向是否符合要求。

3. 通电调试

（1）通电空转试验时，应认真观察各电器元件、线路；

（2）通电带负载试验时，应认真观察各电器元件、线路。

4. 注意事项

（1）不要漏接接地线。严禁采用金属软管作为接地通道。

（2）在导线通道内敷设的导线进行接线时，必须集中思想，做到查出一根导线，立即套上编码套管，接上后再进行复验。

（3）在安装、调试过程中，工具、仪表的使用应符合要求。

（4）通电操作时，必须严格遵守安全操作规程。

七、任务评价

（一）成果展示

各小组派代表上台总结完成任务的过程中，掌握了哪些技能技巧，发现错误后如何改正，并展示已接好的电路，通电试验，观察电动机的转动情况。

按下按钮时，接触器的线圈_____电，_____触头先分断，_____触头后闭合；

松开按钮时，接触器的线圈_____电，_____触头先分断，_____触头后闭合。

（二）学生自我评估与总结

_____

_____。

（三）小组评估与总结

_____

_____。

（四）教师评估与总结

_____

_____。

（五）各小组对工作岗位的"6S"处理

在小组和教师都完成工作任务总结以后，各小组必须对自己的工作岗位进行"整理、整顿、清扫、清洁、安全、素养"；归还所借的工量具和实习工件。

（六）评价表（表3-3-3）

表3-3-3　　　　**学习任务3　安装与调试三相电动机的点动正转控制线路评价表**

班级：_____ 小组：_____ 姓名：_____		指导教师：_____ 日期：_____					
评价项目	评价标准	评价依据	评价方式			权重	得分小计
			学生自评 20%	小组互评 30%	教师评价 50%		
职业素养	1. 遵守企业规章制度、劳动纪律 2. 按时按质完成工作任务 3. 积极主动承担工作任务，勤学好问 4. 人身安全与设备安全 5. 工作岗位6S完成情况	1. 出勤 2. 工作态度 3. 劳动纪律 4. 团队协作精神				0.3	
专业能力	1. 熟悉按钮和接触器的功能、基本结构、工作原理及型号意义，熟记它们的图形符号和文字符号，学会正确识别、选用、安装、使用按钮和接触器 2. 掌握电力拖动线路的布线工艺，掌握按钮、接触器、熔断器的安装接线方法 3. 熟悉电动机控制线路的一般安装步骤 4. 能根据控制要求设计电路原理图并进行安装调试	1. 操作的准确性和规范性 2. 工作页或项目技术总结完成情况 3. 专业技能任务完成情况				0.5	
创新能力	1. 在任务完成过程中能提出自己的有一定见解的方案 2. 在教学或生产管理上提出建议，具有创新性	1. 方案的可行性及意义 2. 建议的可行性				0.2	
合计							

八、技能拓展

1. 什么是电路原理图？简述绘制、识读电路原理图时应遵循的原则。
2. 什么是电气接线图？简述绘制、识读电路原理图时应遵循的原则。
3. 什么是电器布置图？

学习任务 4 安装与调试三相电动机的自锁正转控制线路

一、任务描述

在此项典型工作任务中主要使学生掌握安装接触器自锁正转控制线路，当按下启动按钮 SB1 时，电动机 M 得电运转，松开启动按钮 SB1 时，电动机保持运行，当按下停止按钮 SB2 时，电动机 M 失电停转；掌握电气元件的安装布置要点，合理布置和安装电气元件；根据电气原理图进行布线，安装检测完成后通电调试；设计电路有短路及过载保护功能（请根据电动机容量选择型号）。

学生接到本任务后，应根据任务要求，准备工具和仪器仪表，做好工作现场准备，严格遵守作业规范进行施工，线路安装完毕后进行调试，填写相关表格并交检测指导教师验收。按照现场管理规范清理场地、归置物品。

二、任务要求

1. 掌握自锁的概念和热继电器的原理与应用；
2. 能根据控制要求设计电路原理图、电器元件布置图和电气接线图；
3. 掌握电气元件的布置和布线方法；
4. 能根据要求完成接触器自锁正转控制线路的安装接线并进行通电调试；
5. 认真填写学材上的相关资讯问答题。

三、能力目标

1. 学会正确识别、选用、安装、使用热继电器 FR，熟悉 FR 的功能、基本结构、工作原理及型号意义，熟记它们的图形符号和文字符号。
2. 学习绘制、识读电气控制线路的原理图、电器元件布置图和电气接线图。
3. 熟悉电动机控制线路的一般安装步骤，学会安装接触器自锁正转控制线路。
4. 各小组发挥团队合作精神，学会接触器自锁正转控制线路安装的步骤、实施和成果评估。

四、任务准备

（一）相关理论知识

1. 单向运行保护环节

（1）短路保护（FU） 在电力拖动中的控制线路无论是主电路还是辅助电路，都串接着熔断器。这些熔断器能实现短路保护功能。熔断器不能实现过载保护和过电流保护功能。熔断器短路保护可以通过熔断器式刀开关等组合元件来实现，学习安装的各电路的主电路、辅助电路，也可直接将熔断器直接串接在电路中实现。熔断器不能实现过载保护功能有两个原因，一方面是熔断器的规格必须根据电动机启动电流的大小来适当选择；另一方面是熔断器的熔断保护特性具有不可避免的滞后性和分散性。滞后性是指时间上的滞后，当流过熔断器的电流为其额定电流的 1.6 倍时，也需要一个小时以上才能熔断，这就造成了保护在时间上滞后。分散性是指性能的分散。

（2）欠压、失压保护（KM、KA） 由于某种原因电源电压降低到额定电压的 85% 及以下时，为保证电源不被接通的措施叫欠压保护。通过这种保护措施，可以保证电机或其他用电设备的安全使用。在具有接触器自锁的控制线路中，当电动机正常工作，电源电压降低到一定值，使接触器线圈磁通减弱，电磁吸力不足，动铁心在反作用弹簧的作用下释放，自锁触头断开，失去自锁，同时主触头也断开，使电动机停转，从而实现欠压保护。

运行中的用电设备或电动机，由于某种原因引起瞬时断电，当排除故障，恢复供电以后，使用电设备或电动机不能自行启动，用以保护设备和人身安全，这种保护措施叫失压保护。带有接触器自锁的控制线路就具有这种功能。

综上所述，具有接触器自锁环节的控制线路，本身都具有失压和欠压保护作用。

（3）过载保护（FR）　很多生产机械，因负载过大、操作频繁等原因，致使电动机定子绕组长时间流过较大的电流，这将会引起定子绕组过热，影响电动机的使用寿命，严重时甚至能烧坏电动机。因此，在电动机的控制电路中必须加上过载保护的环节。通常是在电路中设置热继电器来实现过载保护。

在实际情况下，通常为了提高热继电器对三相不平衡过载电流保护的灵敏度，在电动机的三相负荷线上都串接上热继电器的热元件。

2. 热继电器

热继电器是根据两种金属材料受热后膨胀程度不同这一特性制成的，是利用电流热效应原理工作。热继电器的双金属片从升温到发生形变断开动断触点有一个时间过程，不可能在短路瞬时迅速分断电路，所以不能作为短路保护，只能作为过载保护。这种特性符合电动机等负载的需要，可避免电动机启动时的短时过流造成不必要的停车。热继电器在保护形式上分为二相保护式和三相保护式两类。

（1）热继电器的结构

热继电器主要由热元件、触头等 5 部分组成，如图 3-4-1。

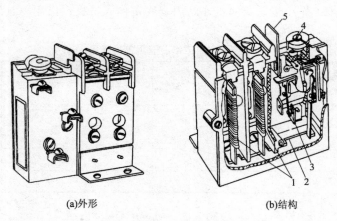

(a)外形　　　　　　　　　　　　(b)结构

图 3-4-1　热继电器的外形及结构图
1—热元件　2—动作机构　3—动断触点　4—整定电流装置　5—复位按钮

（2）热继电器的工作原理

如果电路或设备工作正常，通过热元件的电流未超过允许值，则热元件温度不高，不会使双金属片产生过大的弯曲，热继电器处于正常工作状态使线路导通。一旦电路过载，有较大电流通过热元件，热元件烤热双金属片，双金属片一端是固定的，另一端是自由端。双金属片因上层膨胀系数小、下层膨胀系数大而向上弯曲。使扣板在弹簧拉力作用下带动绝缘牵引板，分断接入控制电路中的动断触点，切断主电路，从而起过载保护作用。一般情况下，热继电器的额定电流略大于电动机的额定电流（如：1.05 倍）。

（3）热继电器的符号

热继电器型号含义如下：

$$J R 1 - 2 / 34$$

J——继电器，R——热，1——设计代号，2——额定电流，3——极数，4——有 D 表示带有断相保护。热继电器的图形与文字符号见图 3-4-2。

3. 自锁

前面介绍接触器除了有三个常开的主触头外，还有若干个常开或常闭的辅助触头，它们和主触头一样，也是由衔铁的吸合与否来控制它们的开合的。这就是说，当接触器线圈得电之后，不但主触头会闭合，而且辅助的常开触头也会闭合，辅助常闭触头会断开。这样就为获得自锁长动电路提供了可能性。于是在辅助电路的动合启动按钮 SB 两端并联一个接触器的辅助动合触点如图 3 - 4 - 3 所示。这种依靠接触器辅助动合触点而使接触器线圈自身保持得电的现象称为自锁或自保持。在启动按钮两端并联的辅助动合触点称为自锁触点。电动机的长动控制与点动控制的最大区别就在于有无自锁，点动控制是没有自锁的。

图 3 - 4 - 2　热继电器的符号

注：FR 的热元件串联于主电路中，

动断触头串联于控制电路中。

图 3 - 4 - 3　自锁控制

　　上述电路还存在着弊病，就是无法停止电动机的工作。如果在辅助电路上串接一个按钮 SB2 的常闭（动断）触头，就可以实现电动机的停止了。

（二）设备、工具的准备

为完成工作任务，每个工作小组需要向工作站内仓库工作人员提供借用工具清单（表 3 - 4 - 1）。

表 3 - 4 - 1　　　　　　　　　　工作岛借用工具清单

序号	名称（型号、规格）	数量	借出时间	学生签名	归还时间	学生签名	管理员签名
1							
2							
3							
4							
5							

（三）材料的准备

为完成工作任务，每个工作小组需要向工作站内仓库工作人员提供借用材料清单（表 3 - 4 - 2）。

表 3 - 4 - 2　　　　　　　　　　工作岛借用材料清单

序号	名称（型号、规格）	数量	借出时间	学生签名	归还时间	学生签名	管理员签名
1							
2							
3							
4							
5							

（四）团队分配的方案

将学生分为 5 个小组，每个工作岛为 1 组，根据工作岛工位要求，每组 6 人，每组指定 1 人为小组

长、2 人为材料管理员，材料管理员负责材料领取分发，小组长负责组织本组相关问题的计划、实施及讨论汇总，填写各组人员工作任务实施所需文字材料的相关记录表。

五、制定工作计划

六、任务实施

（一）为了完成任务，必须回答以下问题

1. 根据电气原理图安装元件、接线。

为了更好地完成任务，你可能需要获得以下资讯

1）热继电器的热元件应_____接在主电路中，动断触头应串接在_____电路。

2）查看电动机的铭牌数据，热继电器的整定电流应设为_____ A。

3）热继电器与熔断器的使用场合有什么不同？

2. 将你接好的电路与其他组员的电路安装工艺进行对比，发现异同，在组内和组外进行充分的讨论，得出最佳工艺和安装技巧。

（二）安装与调试三相电动机的自锁正转控制线路

1. 设计要求

（1）根据控制要求设计一个电路原理图：为了在生产过程中满足工作需要，常常要电动机实现连续工作。比如机床的加工工件、学校电动门的打开/关闭过程或者电梯的上升/下降过程等。这种连续工作特点的控制线路即为自锁控制线路。

接触器自锁正转控制线路控制要求：

①电路由组合开关 QS（断路器 QF）、主电路熔断器 FU1、辅助电路熔断器 FU2、启动按钮 SB1、停止按钮 SB2、热继电器 FR、接触器 KM 和电动机 M 组成。

②电路中一台电动机由按钮及接触器实现自锁控制，实现电动机的连续运转控制。

③电动机用三相交流电源作为电源，电路有短路保护、过载保护功能。

（2）根据任务要求设计出安装与调试三相电动机自锁正转控制线路电器布置图。

（3）根据任务要求设计出安装与调试三相电动机的自锁正转控制线路电气接线图。

2．安装步骤及工艺要求

（1）逐个检验电气设备和元件的规格和质量是否合格。

（2）正确选配导线的规格、导线通道类型和数量、接线端子板型号等。

（3）在控制板上安装电器元件，并在各电器元件附近做好与电路图上相同代号的标记。

（4）按照控制板内布线的工艺要求进行布线和套编码套管。

（5）选择合理的导线走向，做好导线通道的支持准备，并安装控制板外部的所有电器。

（6）进行控制箱外部布线，并在导线线头上套装与电路图相同线号的编码套管。对于可移动的导线通道应放适当的余量，使金属软管在运动时不承受拉力，并按规定在通道内放好备用导线。

（7）检查电路的接线是否正确和接地通道是否具有连续性。

（8）检查热继电器的整定值是否符合要求。各级熔断器的熔体是否符合要求，如不符合要求应予以更换。

（9）检查电动机的安装是否牢固，与生产机械传动装置的连接是否可靠。

（10）检测电动机及线路的绝缘电阻，清理安装场地。

（11）点动自锁控制电动机启动，转向是否符合要求。

3．通电调试

（1）通电空转试验时，应认真观察各电器元件、线路；

（2）通电带负载试验时，应认真观察各电器元件、线路；

4．注意事项

（1）不要漏接接地线。严禁采用金属软管作为接地通道。

（2）在导线通道内敷设的导线进行接线时，必须集中思想，做到查出一根导线，立即套上编码套管，接上后再进行复验。

（3）在安装、调试过程中，工具、仪表的使用应符合要求。

（4）通电操作时，必须严格遵守安全操作规程。

七、任务评价

（一）成果展示

1. 各小组派代表上台总结完成任务的过程中，掌握了哪些技能技巧，发现错误后如何改正，并展示已接好的电路，通电试验，观察电动机的转动情况。

2. 按下启动按钮时，接触器的线圈_____电，_____触头先分断，_____触头后闭合，松开启动按钮，电动机也保持得电运转；按下停止按钮时，接触器的线圈_____电，_____触头先分断，_____触头后闭合，电动机失电停转。

（二）学生自我评估与总结

_____

_____

_____ 。

（三）小组评估与总结

_____

_____ 。

（四）教师评估与总结

_____

_____ 。

（五）各小组对工作岗位的"6S"处理

在小组和教师都完成工作任务总结以后，各小组必须对自己的工作岗位进行"整理、整顿、清扫、清洁、安全、素养"；归还所借的工量具和实习工件。

（六）评价表（表3-4-3）

表3-4-3　　　　学习任务4　安装与调试三相电动机的自锁正转控制线路评价表

班级：_____　　　　　　指导教师：_____

小组：_____　　　　　　日期：_____

姓名：_____

评价项目	评价标准	评价依据	评价方式			权重	得分小计
			学生自评 20%	小组互评 30%	教师评价 50%		
职业素养	1. 遵守企业规章制度、劳动纪律 2. 按时按质完成工作任务 3. 积极主动承担工作任务，勤学好问 4. 人身安全与设备安全 5. 工作岗位6S完成情况	1. 出勤 2. 工作态度 3. 劳动纪律 4. 团队协作精神				0.3	

续表

班级：_____ 　　指导教师：_____
小组：_____ 　　日期：_____
姓名：_____

评价项目	评价标准	评价依据	评价方式			权重	得分小计
			学生自评 20%	小组互评 30%	教师评价 50%		
专业能力	1. 熟悉按钮和接触器的功能、基本结构、工作原理及型号意义，熟记它们的图形符号和文字符号，学会正确识别、选用、安装、使用按钮和接触器 2. 掌握电力拖动线路的布线工艺，掌握按钮、接触器、熔断器的安装接线方法 3. 熟悉电动机控制线路的一般安装步骤 4. 能根据控制要求设计电路原理图、电器元件布置图和电气接线图	1. 操作的准确性和规范性 2. 工作页或项目技术总结完成情况 3. 专业技能任务完成情况				0.5	
创新能力	1. 在任务完成过程中能提出自己的有一定见解的方案 2. 在教学或生产管理上提出建议，具有创新性	1. 方案的可行性及意义 2. 建议的可行性				0.2	
合计							

八、技能拓展

试为某生产机械设计电动机的电气控制线路（画出电气原理图）。
要求如下：（1）既能点动控制又能连续控制；
　　　　　　（2）有短路、过载、失压和欠压保护功能。

学习任务 5　安装与调试三相电动机的点动和连续运行的控制线路

一、任务描述

在此项典型工作任务中主要使学生掌握安装调试点动和连续运行的控制线路，实现机电需要在不同时段点动或连续正转控制功能。根据控制要求设计安装电路，当按下 SB1 时，电动机 M 为连续正转控制；当按下停止按钮 SB3 时，电动机 M 失电停转；当按下 SB2，电动机 M 为点动控制；掌握电气元件的安装布置要点，合理布置和安装电气元件，根据电气原理图进行布线，安装检测完成后通电调试，根据调试结果，分析控制线路的工作过程。

学生接到本任务后，应根据任务要求，准备工具和仪器仪表，做好工作现场准备，严格遵守作业规范进行施工，线路安装完毕后进行调试，填写相关表格并交检测指导教师验收。按照现场管理规范清理场地、归置物品。

二、任务要求

1. 掌握点动与连续控制的概念，完成点动与连续混合控制线路的安装接线；
2. 能根据控制要求设计电路原理图、电器元件布置图和电气接线图；
3. 掌握电气元件的布置和布线方法；
4. 能根据控制要求完成点动与连续混合控制线路的安装接线并进行通电调试；
5. 认真填写学材上的相关资讯问答题。

三、能力目标

1. 学会正确识别、选用、安装、使用按钮开关，熟悉它们的功能、基本结构、工作原理及型号意义，熟记它们的图形符号和文字符号；
2. 学会电路检修及故障排除的方法，巩固绘制、识读电气控制线路的电路原理图、电气接线图和电器元件布置图；
3. 熟悉电动机控制线路的一般安装步骤，学会安装点动与连续混合控制线路；
4. 各小组发挥团队合作精神，学会点动与连续混合控制线路的安装的步骤、实施和成果评估。

四、任务准备

（一）相关理论知识

1. 电动机控制线路故障检修步骤和方法

电动机控制线路的故障一般可分自然故障和人为故障两类。自然故障是由于电气设备在运行时过载、振动、金属屑和油污侵入等原因引起，造成电气绝缘下降、触点熔焊和接触不良、电路接点接触不良、散热条件恶化，甚至发生接地或短路。人为故障常由于在维修电气故障时没有找到真正原因，基本概念不清，或者修理操作不当，不合理地更换元件或改动线路，或者在安装控制线路时布线错误等原因引起。

电气控制线路发生故障后，轻者使电气设备不能工作，影响生产，重者会造成事故。维修电工应加强日常的维护检修，消除隐患，防止故障发生，还要在故障发生后，必须及时查明原因排除故障。

电气控制线路形式很多，复杂程度不一，它的故障又常常和机械、液压等系统交错在一起，难以分辨。这就要求我们：首先要弄懂原理，并应掌握正确的维修方法。这好比医生看病，首先要有一个正确的诊断，才可以对症下药。我们知道：每一个电气控制线路，往往是由若干电气基本控制环节组成，每个基本控制环节是由若干电器元件组成，而每个电器元件又由若干零件组成。但故障往往只是由于某个或某几个电器元件、部件或接线有问题而产生的。因此，只要我们善于学习，善于总结经验，找出规律，掌握正确的维修方法，就一定能迅速准确地排除故障。下面介绍电动机控制线路发生自然故障后的一般检修步骤和方法。

（1）电气控制线路故障的检修步骤

1）找出故障现象（问、闻、听、摸）。

2）根据故障现象依据原理图找到故障发生的部位或故障发生的回路，并尽可能地缩小故障范围。

3）根据故障部位或回路找出故障点。

4）根据故障点的不同情况，采用正确的检修方法排除故障。

5）通电空载校验或局部空载校验。

6）正常运行。

在以上检修步骤中，找出故障点是检修工作的难点和重点。在寻找故障点时，首先应该分清发生故障的原因是属于电气故障还是机械故障；同时还要分清故障原因是属于电气线路故障还是电器元件的机械结构故障等。

（2）电气控制线路故障的检查和分析方法

常用的电气控制线路故障的检查和分析方法有：调查研究法、试验法、逻辑分析法和测量法等几种。在一般情况下，调查研究法能帮助我们找出故障现象；实验法不仅能找出故障现象，而且还能找到故障部位或故障回路；逻辑分析法是缩小故障范围的有效方法；测量法是找出故障点的基本、可靠和有效的方法。

在检查和分析故障时，并不是仅采用一种方法就能找出故障点的，而是往往需要用几种方法同时进行才能迅速找出故障点。现将几种故障的检查和分析方法分述如下：

1）调查研究法　调查研究法主要是通过询问设备操作工人，了解故障未发生前的一些现象及引起的原因，操作是否恰当。看有无由于故障引起明显的外观征兆；听设备各电气元件在运行时的声音与正常运行时有无明显差异；摸电气发热元件及线路的温度是否正常等。

为确保人员和设备的安全，在听电气设备运行声音是否正常而需要通电时，应以不损坏设备和扩大故障范围为前提。在摸靠近传动装置的电器元件和容易发生触电事故的故障部位时，必须在切断电源后进行。

2）试验法　是在不损坏电气和机械设备的条件下，可通电进行试验。通电试验一般可先进行点动试验各控制环节的动作程序，若发现某一电器动作不符合要求，即说明故障范围在与此电器有关的电路中。然后在这部分故障电路中进一步检查，便可找出故障点。

在采用试验法检查时，可以采用暂时切除部分电路（如主电路）的试验方法，来检查各控制环节的动作是否正常。但必须注意不要随意用外力使接触器或继电器动作，以防引起事故。

3）逻辑分析法　逻辑分析法是根据电气控制线路工作原理、控制环节的动作程序以及它们之间的联系，结合故障现象作具体的分析，迅速地缩小检查范围，然后判断故障所在。

逻辑分析法是一种以准为前提、以快为目的的检查方法。因此，它更适用于对复杂线路的故障检查。因为复杂线路往往有上百个电器元件和上千条连线，如果采用逐一检查的方法，不仅需耗费大量时间，而且也容易遗漏，甚至会漏查故障点。采用逻辑分析法检查时，应根据原理图，对故障现象作具体分析，在划出可疑范围后，再借鉴试验法，对故障回路有关的其他控制环节进行控制，就可排除公共支路部分的故障，使貌似复杂的问题，变得条理清晰，从而提高维修的针对性，可以收到准而快的效果。

4）测量法　测量法是利用校验灯、试电笔、万用表、蜂鸣器、示波器等对线路进行带电或断电测量，是找出故障点的有效方法。在利用万用表欧姆挡和蜂鸣器检测电器元件及线路是否断路或短路时必须切断电源。同时，在测量时要特别注意是否有关联支路或其他回路对被测量线路的影响，以防止产生误判断。在采用可控整流供电的电动机调速控制线路中，利用示波器来观察触发电路的脉冲波形和可控整流的输出波形，就能很快地判断线路的故障所在。在用测量法检查故障点时，一定要保证各种测量工具和仪表完好，使用方法正确，还要注意防止感应电、回路电及其他并联支路的影响，以免产生误判断。在平时的测量方法当中，最常用的有下面几种测量方法。

①电压分段测量法　首先把万用表的转换开关置于交流电压 500V 的挡位上，根据各点之间的电压值来判断其通路还是断路。

②电阻分段测量法　测量检查时，首先切断电源，然后把万用表的转换开关置于适当的电阻挡，并逐步测量相邻符号点之间的电阻。如果测得某两点间的电阻值很大（∞），即说明该两点间接触不良或导线断路。

③短接法　机床电气设备的常见故障为断路故障，如导线断路、虚线、虚焊、触头接触不良、熔断器熔断等。对这类故障，除用电压法和电阻法检查外，还有一种更为可靠的方法，就是短接法。检查时，用一根绝缘良好的导线，将所怀疑的断路部位短接，若短接到某处电路接通，则说明该处断路。短接法的另一个作用是可把故障点缩小到一个较小的范围。

5）修复及注意事项　当找出电气设备的故障点后，就要着手进行修复、试运转、记录等，然后交付使用，但必须注意如下事项：

①在找出故障点和修复故障时，应注意不能把找出的故障点作为寻找故障点的终点，还必须进一步分析查明产生故障的根本原因。例如：在处理某台电动机因过载烧毁的事故时，决不能认为将烧毁的电动机重新修复或换上一台同型号的新电动机就算完事，而进一步查明电动机过载的原因，到底是因负载过重，还是电动机选择不当、功率过小所致，因为两者都将导致电动机过载。所以在处理故障时，修复故障应在找出故障原因并排除之后进行。

②故障后，一定要针对不同故障情况和部位相应采取正确的修复方法，不要轻易采用更换电器元件和补线等方法，更不允许轻易改动线路或更换规格不同的电器元件，防止产生人为故障。

③故障点的修理工作中，一般情况下应尽量做到复原。但是，有时为了尽快恢复工业机械的正常运行，根据实际情况也允许采取一些适当的应急措施，但绝不可凑合行事。

④电气故障修复完毕，需要通电试行时，应和操作者配合，避免出现新的故障。

⑤每次排除故障后，应及时总结经验，并做好维修记录。

总之，电动机控制线路的故障不是千篇一律的，就是同一种故障现象，发生的部位也并不一定相同，所以在采用故障检修的一般步骤和方法时，不要生搬硬套，而应按不同的故障情况灵活处理，力求迅速准确地找出故障点，判明故障原因，及时正确排除故障。

在实际检修工作中，应做到每次排除故障后，及时总结经验，并做好检修记录，作为档案以备日后维修时参考。并要通过对历次故障的分析和检修，采取积极有效的措施，防止再次发生类似的故障。

2. 点动与连续运转控制原理

机床设备在正常工作时，一般需要电动机处在连续工作状态，但在试车或调整刀具与工件的相对位置时，又需要电动机能点动控制，实现这一工艺要求的线路是连续与点动混合正转控制线路。

如图 3-5-1 所示线路，是在自锁正转控制线路的基础上，增加了一个复合按钮 SB3，来实现连续与点动混合正转控制的，SB3 的常闭触头应与 KM 自锁触头串联。

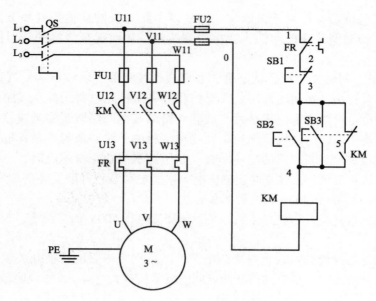

图 3 – 5 – 1　点动与连续运转控制原理图

（1）连续控制

首先合上电源开关QS

（2）点动控制

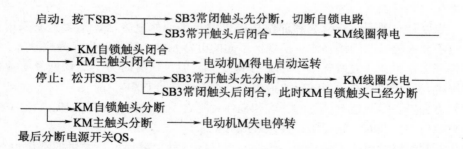

最后分断电源开关QS。

（二）设备、工具的准备

为完成工作任务，每个工作小组需要向工作站内仓库工作人员提供借用工具清单（表3－5－1）。

表 3 – 5 – 1　　　　　　　　　　工作岛借用工具清单

序号	名称（型号、规格）	数量	借出时间	学生签名	归还时间	学生签名	管理员签名
1							
2							
3							
4							
5							

（三）材料的准备

为完成工作任务，每个工作小组需要向工作站内仓库工作人员提供借用材料清单（表3-5-1）。

表3-5-2　　　　　　　　　　　　　　　　　　　　工作岛借用材料清单

序号	名称（型号、规格）	数量	借出时间	学生签名	归还时间	学生签名	管理员签名
1							
2							
3							
4							
5							

（四）团队分配的方案

将学生分为5个小组，每个工作岛为1组，根据工作岛工位要求，每组6人，每组指定1人为小组长、2人为材料管理员，材料管理员负责材料领取分发，小组长负责组织本组相关问题的计划、实施及讨论汇总，填写各组人员工作任务实施所需文字材料的相关记录表。

五、制定工作计划

六、任务实施

（一）为了完成任务，必须回答以下问题

1. 根据电气原理图安装元件、接线。

1）点动控制中复合按钮动断触点应_____接在 KM 的自锁电路中。

2）查看电动机的铭牌数据，电动机能否频繁启动/停止，为什么？

2. 将你接好的电路与其他组员的电路安装工艺进行对比，发现异同，在组内和组外进行充分的讨论，得出最佳工艺和安装技巧。

（二）安装与调试三相电动机的点动和连续运行的控制线路

1. 设计要求

（1）根据控制要求设计一个电路原理图：为了在生产过程中满足工作需要，常常要电动机实现连续工作。比如机床加工工件的主运动与进给运动、起重机的上升/下降过程等，均有点动与连续工作特点的控制线路。

控制要求：

①电路由组合开关 QS（断路器 QF）、主电路熔断器 FU1、辅助电路熔断器 FU2、连续启动按钮 SB1、

点动按钮 SB2、停止按钮 SB3、热继电器 FR、接触器 KM 和电动机 M 组成。

②电路中一台电动机由按钮及接触器实现自锁控制，实现电动机的连续运转控制。

③电动机用三相交流电源作为电源，电路有短路保护、过载保护功能。

（2）根据任务要求设计出安装与调试三相电动机的点动和连续运行的线路电器布置图。

（3）根据任务要求设计出安装与调试三相电动机的点动和连续运行的线路电气接线图。

2．安装步骤及工艺要求

（1）逐个检验电气设备和元件的规格和质量是否合格。

（2）正确选配导线的规格、导线通道类型和数量、接线端子板型号等。

（3）在控制板上安装电器元件，并在各电器元件附近做好与电路图上相同代号的标记。

（4）按照控制板内布线的工艺要求进行布线和套编码套管。

（5）选择合理的导线走向，做好导线通道的支持准备，并安装控制板外部的所有电器。

（6）进行控制箱外部布线，并在导线线头上套装与电路图相同线号的编码套管。对于可移动的导线通道应放适当的余量，使金属软管在运动时不承受拉力，并按规定在通道内放好备用导线。

（7）检查电路的接线是否正确和接地通道是否具有连续性。

（8）检查热继电器的整定值是否符合要求。各级熔断器的熔体是否符合要求，如不符合要求应予以更换。

（9）检查电动机的安装是否牢固，与生产机械传动装置的连接是否可靠。

（10）检测电动机及线路的绝缘电阻，清理安装场地。

（11）点动和连续运行的控制线路电动机启动，转向是否符合要求。

3. 通电调试

（1）通电空转试验时，应认真观察各电器元件、线路；

（2）通电带负载试验时，应认真观察各电器元件、线路；

4. 注意事项

（1）不要漏接接地线。严禁采用金属软管作为接地通道。

（2）在导线通道内敷设的导线进行接线时，必须集中思想，做到查出一根导线，立即套上编码套管，接上后再进行复验。

（3）在安装、调试过程中，工具、仪表的使用应符合要求。

（4）通电操作时，必须严格遵守安全操作规程。

七、任务评价

（一）成果展示

（1）各小组派代表总结完成任务的过程中，掌握了哪些技能技巧，发现错误后如何改正，并展示已接好的电路，通电试验，观察电动机的转动情况。

（2）按下点动的启动按钮 SB1 时，KM 接触器的线圈_____电，_____触头先分断，_____触头后闭合，松开启动按钮，电动机会_____电_____转。

（二）学生自我评估与总结

_____

_____

_____ 。

（三）小组评估与总结

_____

_____

_____ 。

（四）教师评估与总结

_____

_____

_____ 。

（五）各小组对工作岗位的"6S"处理

在小组和教师都完成工作任务总结以后，各小组必须对自己的工作岗位进行"整理、整顿、清扫、清洁、安全、素养"；归还所借的工量具和实习工件。

（六）评价表（表 3 - 5 - 3）

表 3 - 5 - 3　　　　学习任务 5　安装与调试三相电动机的自锁正转控制线路评价表

班级：＿＿＿＿＿＿　　小组：＿＿＿＿＿＿　　姓名：＿＿＿＿＿＿				指导教师：＿＿＿＿＿＿　　日期：＿＿＿＿＿＿			

评价项目	评价标准	评价依据	评价方式			权重	得分小计
			学生自评 20%	小组互评 30%	教师评价 50%		
职业素养	1. 遵守企业规章制度、劳动纪律 2. 按时按质完成工作任务 3. 积极主动承担工作任务，勤学好问 4. 人身安全与设备安全 5. 工作岗位 6S 完成情况	1. 出勤 2. 工作态度 3. 劳动纪律 4. 团队协作精神				0.3	
专业能力	1. 熟悉复合按钮 SB 的功能、基本结构、工作原理及型号意义，熟记图形符号和文字符号，学会正确识别、选用、安装、使用复合按钮 2. 熟悉电力拖动线路的布线工艺，掌握按钮、接触器、熔断器、热继电器的安装接线方法 3. 熟悉电动机控制线路的一般安装步骤 4. 能根据控制要求设计电路原理图、电器元件布置图和电气接线图 5. 认真填写学材上的相关资讯问答题	1. 操作的准确性和规范性 2. 工作页或项目技术总结完成情况 3. 专业技能任务完成情况				0.5	
创新能力	1. 在任务完成过程中能提出自己的有一定见解的方案 2. 在教学或生产管理上提出建议，具有创新性	1. 方案的可行性及意义 2. 建议的可行性				0.2	
合计							

八、技能拓展

请回答如何能使三相异步电动机改变转向。

要求：（1）用文字叙述说明；

　　　（2）设计出主电路图；

　　　（3）有短路保护。

学习任务 6　安装与调试三相电动机的正反转控制线路

一、任务描述

在任务主要是使学生掌握正反转控制线路的安装，实现正反转控制功能。某车床在车削加工中，电动机需要正转、反转控制功能。根据控制要求设计安装电路：①当按下 SB1 时，电动机 M 为连续正转控制，当按下停止按钮 SB3 时，电动机 M 失电停转；当按下 SB2，电动机 M 为反向得电连续运转，当按下停止按钮 SB3 时，电动机 M 失电停转；当电动机得电时，按下正转 SB1（或反转 SB2）按钮，均不改变转向；②掌握电气元件的安装布置要点，合理布置和安装电气元件；③根据电气原理图进行布线，安装检测完成后通电试车；④结合线路的工作过程，讲述/分析电路工作原理。

学生接到本任务后，应根据任务要求，准备工具和仪器仪表，做好工作现场准备，严格遵守作业规范进行施工，线路安装完毕后进行调试，填写相关表格并交检测指导教师验收。按照现场管理规范清理场地、归置物品。

二、任务要求

1. 熟悉复合按钮 SB、接触器 KM 的动断触头、动合触头的功能、基本结构、动作原理，熟记它们的图形符号和文字符号，学会正确识别、使用复合按钮 SB 及接触器的动断触头、动合触头。
2. 巩固电动机的转动原理知识，掌握电动机反向运转的原理。
3. 掌握联锁的概念，能熟练运用接触器、按钮的触头，实现电气联锁功能，复习巩固点动、自锁的概念。
4. 熟悉电动机控制线路的一般安装步骤，能根据控制要求设计电路原理图。
5. 掌握电动机正反转控制电路常见故障识别及排除方法。
6. 认真填写学材上的相关资讯问答题。

三、能力目标

1. 学会正确识别、选用、安装、使用按钮、接触器，熟悉它们的功能、基本结构、工作原理及型号意义，熟记它们的图形符号和文字符号。
2. 学习绘制、识读电气控制线路的电路图、接线图和布置图。
3. 熟悉电动机控制线路的一般安装步骤，学会安装正反转控制线路。

四、任务准备

（一）相关理论知识

1. 联锁的概念

在电动机的正反转控制电路中，若 KM1、KM2 同时得电，将会导致相间短路的严重后果，要采用联锁控制线路来避免这种相间短路故障。

接触器联锁的正反转控制线路中，采用了两个接触器，即正转用的是 KM1 和反转用的是 KM2，它们分别由正转按钮 SB2 和反转按钮 SB3 控制，必须指出，接触器 KM1 和 KM2 的主触头绝不允许同时闭合，否则将造成两相电源短路事故，为了避免两个接触器 KM1 和 KM2 同时得电动作，就在正反转控制电路中分别串接了对方接触器的一对常闭触头，这样，当一个接触器得电动作时，通过其常闭辅助触头使另一个接触器不能得电动作，接触器间这种相互制约的作用叫接触器联锁。

按钮联锁的正反转控制线路中，虚线相连的两个按钮是指一个按钮的两组触点（常开和常闭），就是按这个按钮时两组触点同时工作，常开的一组触点在闭合的同时，常闭的一组触点变为常开。因为互锁，两个按钮在图纸上出现交叉的虚线，实现联锁作用的常闭辅助触头称为联锁触头。

2. 使电动机反转的接线方法

当改变通入电动机定子绕组的三相电源相序，即把接入电动机电源电线中的任意两相对调接线时，等效于接入反向的旋转牵引磁场，电动机就可以反转。

我们可以在电路中串接一个双投刀开关来解决上述改变定子绕组相序的问题，但它的正反转操作性能明显还不足。所以我们经常在电路中安装一个倒顺开关来实现电动机的正反转（图 3－6－1）。倒顺开关有时也称作可逆转换开关。它是一种通过手动操作，不但能接通和分断电源，而且也可以改变电源输入的相序的开关。因此它具备对电动机进行正反转控制的功能，但所控制电动机的容量一般要小于 5kW。

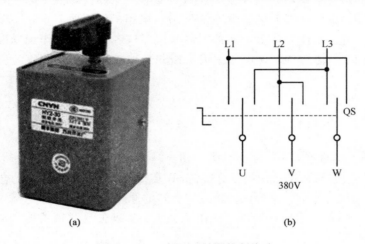

(a)　　　　　　　　　　(b)

图 3－6－1　倒顺开关的控制线路

（a）外形　　（b）符号

3. 常用的电动机正反转控制线路

为了使电动机能够正转和反转，可采用两只接触器 KM1、KM2 换接电动机三相电源的相序，但两个接触器不能同时吸合，如果同时吸合将造成电源的短路事故，为了防止这种事故，在电路中应采取可靠的互锁，采用按钮和接触器双重互锁的电动机正、反两方向运行的控制电路，其线路工作原理分析如下：

（1）正向启动：

1）合上空气开关 QF 接通三相电源。

2）按下正向启动按钮 SB3，KM1 通电吸合并自锁，主触头闭合接通电动机，电动机这时的相序是 L1、L2、L3，即正向运行。

（2）反向启动：

1）合上空气开关 QF 接通三相电源。

2）按下反向启动按钮 SB2，KM2 通电吸合并通过辅助触点自锁，常开主触头闭合换接了电动机三相的电源相序，这时电动机的相序是 L3、L2、L1，即反向运行。

（3）互锁（联锁）环节：具有禁止功能在线路中起安全保护作用。

1）接触器互锁：如图 3－6－2，KM1 线圈回路串入 KM2 的常闭辅助触点，KM2 线圈回路串入 KM1 的常闭触点。当正转接触器 KM1 线圈通电动作后，KM1 的辅助常闭触点断开了 KM2 线圈回路，若使 KM1 得电吸合，必须先使 KM2 断电释放，其辅助常闭触头复位，这就防止了 KM1、KM2 同时吸合造成相间短路，这一线路环节称为互锁环节。

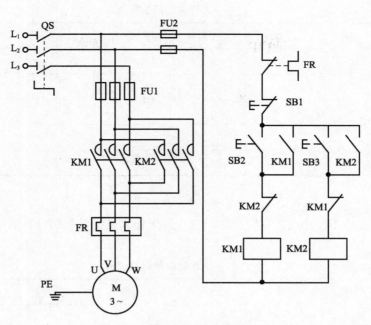

图 3 - 6 - 2　接触器联锁正反转控制

2）按钮互锁：如图 3 - 6 - 3，在电路中采用了控制按钮操作的正反转控制电路，按钮 SB2、SB3 都具有一对常开触点，一对常闭触点，这两个触点分别与 KM1、KM2 线圈回路连接。例如按钮 SB2 的常开触点与接触器 KM2 线圈串联，而常闭触点与接触器 KM1 线圈回路串联。按钮 SB3 的常开触点与接触器 KM1 线圈串联，而常闭触点压 KM2 线圈回路串联。这样当按下 SB2 时只能有接触器 KM2 的线圈可以通电而 KM1 断电，按下 SB3 时只能有接触器 KM1 的线圈可以通电而 KM2 断电，如果同时按下 SB2 和 SB3 则两只接触器线圈都不能通电。这样就起到了互锁的作用。

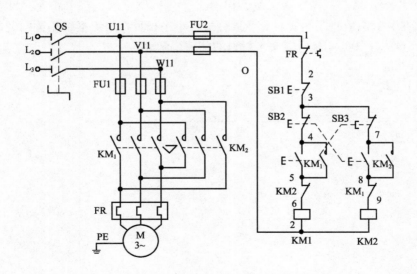

图 3 - 6 - 3　按钮、接触器双重联锁控制线路

（4）电动机正向（或反向）启动运转后，不必先按停止按钮使电动机停止，可以直接按反向（或正向）启动按钮，使电动机变为反方向运行。

（5）电动机的过载保护由热继电器 FR 完成。

（二）设备、工具的准备

为完成工作任务，每个工作小组需要向工作站内仓库工作人员提供借用工具清单（表 3 - 6 - 1）。

表3-6-1 　　　　　　　　　　　　　　　　　　_____工作岛借用工具清单

序号	名称（型号、规格）	数量	借出时间	学生签名	归还时间	学生签名	管理员签名
1							
2							
3							
4							
5							

（三）材料的准备

为完成工作任务，每个工作小组需要向工作站内仓库工作人员提供领用材料清单（表3-6-2）。

表3-6-2 　　　　　　　　　　　　　　　　　　_____工作岛借用材料清单

序号	名称（型号、规格）	数量	借出时间	学生签名	归还时间	学生签名	管理员签名
1							
2							
3							
4							
5							

（四）团队分配的方案

将学生分为5个小组，每个工作岛为1组，根据工作岛工位要求，每组6人，每组指定1人为小组长、2人为材料管理员，材料管理员负责材料领取分发，小组长负责组织本组相关问题的计划、实施及讨论汇总，填写各组人员工作任务实施所需文字材料的相关记录表。

五、制定工作计划

六、任务实施

（一）为了完成任务，必须回答以下问题

（1）联锁时，其动断触头应_____接在对方线圈的干电路中；

（2）如何实现电动机的正反转切换？要注意什么问题？

（3）根据电路图，叙述正反转控制线路的工作原理。

（二）安装与调试三相电动机的正反转控制线路

1. 设计要求

（1）根据控制要求设计一个电路原理图。

为了在生产过程中满足工作需要，常常要电动机实现正转、反转的连续工作。比如机床加工工件时的进退刀、学校电动门的打开/关闭过程或者电梯的上升/下降过程等。这种连续工作特点的控制线路即为正反转控制线路。

接触器自锁正转控制线路控制要求：

①电路由组合开关 QS（断路器 QF）、主电路熔断器 FU1、辅助电路熔断器 FU2、正转启动按钮 SB1、反转启动按钮 SB2、停止按钮 SB3、热继电器 FR、接触器 KM1、KM2 和电动机 M 组成。

②电路中一台电动机由按钮及接触器实现双重联锁控制，实现电动机的正反转连续控制。

③电动机用三相交流电源作为电源，电路有短路保护、过载保护功能。

（2）根据任务要求设计出安装与调试三相电动机的正反转控制线路电器布置图。

（3）根据任务要求设计出安装与调试三相电动机的正反转控制的线路电气接线图。

2. 安装步骤及工艺要求

（1）逐个检验电气设备和元件的规格和质量是否合格。

（2）正确选配导线的规格、导线通道类型和数量、接线端子板型号等。

（3）在控制板上安装电器元件，并在各电器元件附近做好与电路图上相同代号的标记。

（4）按照控制板内布线的工艺要求进行布线和套编码套管。

（5）选择合理的导线走向，做好导线通道的支持准备，并安装控制板外部的所有电器。

（6）进行控制箱外部布线，并在导线线头上套装与电路图相同线号的编码套管。对于可移动的导线通道应放适当的余量，使金属软管在运动时不承受拉力，并按规定在通道内放好备用导线。

（7）检查电路的接线是否正确和接地通道是否具有连续性。

（8）检查热继电器的整定值是否符合要求。各级熔断器的熔体是否符合要求，如不符合要求应予以更换。

（9）检查电动机的安装是否牢固，与生产机械传动装置的连接是否可靠。

（10）检测电动机及线路的绝缘电阻，清理安装场地。

（11）正反转的控制线路电动机启动，转向是否符合要求。

3. 通电调试

（1）通电空转试验时，应认真观察各电器元件、线路；

（2）通电带负载试验时，应认真观察各电器元件、线路。

4. 注意事项

（1）不要漏接接地线。严禁采用金属软管作为接地通道。

（2）在导线通道内敷设的导线进行接线时，必须集中思想，做到查出一根导线，立即套上编码套管，接上后再进行复验。

（3）在安装、调试过程中，工具、仪表的使用应符合要求。

（4）通电操作时，必须严格遵守安全操作规程。

七、任务评价

（一）成果展示

各小组派代表总结完成任务的过程中，掌握了哪些技能技巧，发现错误后如何改正，并展示已接好的电路，通电试验，观察电动机的转动情况。

（二）学生自我评估与总结

_____

_____

_____ 。

（三）小组评估与总结

_____

_____

_____ 。

（四）教师评估与总结

_____

_____

_____ 。

（五）各小组对工作岗位的"6S"处理

在小组和教师都完成工作任务总结以后，各小组必须对自己的工作岗位进行"整理、整顿、清扫、清洁、安全、素养"；归还所借的工量具和实习工件。

（六）评价表（表 3 - 6 - 3）

表 3 - 6 - 3　　　　学习任务 6　安装与调试三相电动机的正反转控制线路评价表

班级：＿＿＿＿＿＿　　　　　　　　指导教师：＿＿＿＿＿＿

小组：＿＿＿＿＿＿　　　　　　　　日期：＿＿＿＿＿＿

姓名：＿＿＿＿＿＿

评价项目	评价标准	评价依据	评价方式			权重	得分小计
			学生自评 20%	小组互评 30%	教师评价 50%		
职业素养	1. 遵守企业规章制度、劳动纪律 2. 按时按质完成工作任务 3. 积极主动承担工作任务，勤学好问 4. 人身安全与设备安全 5. 工作岗位 6S 完成情况	1. 出勤 2. 工作态度 3. 劳动纪律 4. 团队协作精神				0.3	
专业能力	1. 熟悉复合按钮 SB、接触器 KM 的动断触头、动合触头的功能、基本结构、动作原理 2. 巩固电动机的转动原理知识，掌握电动机反向运转的原理 3. 掌握联锁的概念，能熟练运用接触器、按钮的触头，实现电气联锁功能，复习巩固点动、自锁的概念 4. 熟悉电动机控制线路的一般安装步骤，能根据控制要求设计电路原理图 5. 掌握电动机正反转控制电路常见故障识别及排除方法 6. 能根据控制要求设计电路原理图、电器布置图和电气接线图 7. 认真填写学材上的相关资讯问答题	1. 操作的准确性和规范性 2. 工作页或项目技术总结完成情况 3. 专业技能任务完成情况				0.5	
创新能力	1. 在任务完成过程中能提出自己的有一定见解的方案 2. 在教学或生产管理上提出建议，具有创新性	1. 方案的可行性及意义 2. 建议的可行性				0.2	
合计							

八、技能拓展

　　某车床有两台电动机，一台是主轴电动机，要求能正反转控制，另一台冷却液泵电动机，只要求正转控制；两台电动机都要求有短路、过载、欠压和失压保护，试设计出满足要求的电路图。

学习任务 7　安装与调试三相电动机的行程控制线路

一、任务描述

在此项典型工作任务中主要使学生掌握行程控制线路的安装，在工厂中，常运用行程开关 SQ 来实现行车的自动停止控制及终端限位保护。要根据控制要求设计安装电路：①当按下 SB1 时，行车开始向前运行，当运行至 A 地时，撞下行程开关 SQ1，行车自动停止；当按下 SB2，行车向后运行，当运行至 B 地时，撞下行程开关 SQ2，行车自动停止；当行车向前（向后）运行中，按下停止按钮 SB3，行车马上停止。②掌握电气元件的安装布置要点，合理布置和安装电气元件。③根据电气原理图进行布线，安装检测完成后通电调试。④结合线路的工作过程，讲述/分析电路工作原理。

学生接到本任务后，应根据任务要求，准备工具和仪器仪表，做好工作现场准备，严格遵守作业规范进行施工，线路安装完毕后进行调试，填写相关表格并交检测指导教师验收。按照现场管理规范清理场地、归置物品。

二、任务要求

1. 熟悉行程开关 SQ 的功能、基本结构、动作原理，熟记它们的图形符号和文字符号，学会正确识别、使用行程开关 SQ 的动断触头、动合触头；
2. 巩固复合按钮 SB、接触器 KM 的动断触头、动合触头的原理；巩固联锁的概念，能熟练运用接触器、按钮的触头，实现电气联锁功能，复习巩固点动、自锁的概念；
3. 熟悉电动机控制线路的一般安装步骤，能根据控制要求设计电路原理图；
4. 掌握电动机正反转控制电路的行程控制中的常见故障识别及排除方法；
5. 认真填写学材上的相关资讯问答题。

三、能力目标

1. 学会正确识别、选用、安装、使用行程开关 SQ，熟悉它们的功能、基本结构、工作原理及型号意义，熟记它们的图形符号和文字符号；
2. 掌握行程控制原则的基本要求；
3. 熟悉电动机位置控制线路的一般安装步骤，学会安装位置控制线路；
4. 各小组发挥团队合作精神，学会三相电动机的行程控制线路的安装的步骤、实施和成果评估。

四、任务准备

（一）相关理论知识

1. 行程控制原则

在许多生产机械中，常需要控制某些机械运动的行程，即某些生产机械的运动位置，例如，生产车间的行车运行到终端位置时需要及时停车，铣床要求工作台在一定距离内能自动往返，以便对工件连续加工，像这种控制生产机械运动行程和位置的方法叫做行程控制，也称限位控制。

2. 行程开关

行程开关又称限位开关（位置开关），是一种短时接通或断开小电流电路的电器，是反映生产机械运动部件行进位置的主令电器。行程开关可分为机械式和电子式两大类，机械式又可以分为直动式、旋转式和微动式等（图3-7-1）。

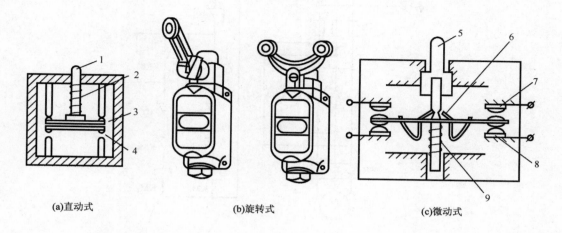

(a)直动式   (b)旋转式   (c)微动式

图3-7-1 行程开关外形、结构图

1—触杆 2—复位弹簧 3—动断触点 4—动合触点 5—推杆
6—畸形片状弹簧 7—常开触头 8—常闭触头 9—恢复弹簧

行程开关的图形符号与文字符号见图3-7-2。

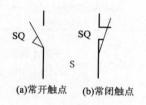

(a)常开触点   (b)常闭触点

图3-7-2 行程开关符号

行程开关型号的含义如下：JLXK1-234

J——机床电器；L——主令电器；X——行程开关；K——快速；
1——设计代号；2——滚轮形式；3——动合触点数；4——动断触点数。

行程开关的控制示意图见图3-7-3。

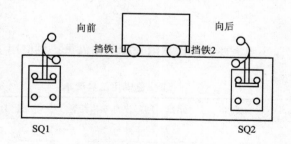

图3-7-3 行程控制示意图

3. 行程控制原理

（1）电路原理图 如图3-7-4所示。

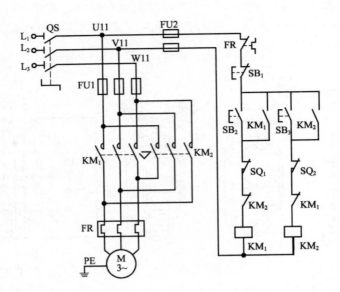

图 3-7-4 行程控制电路原理图

（2）正转控制

（3）反转控制

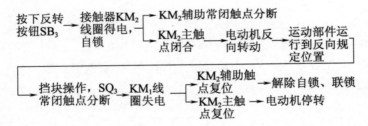

（二）设备、工具的准备

为完成工作任务，每个工作小组需要向工作站内仓库工作人员提供借用工具清单（表 3-7-1）。

表 3-7-1 　　　　　　　　　　工作岛借用工具清单

容量	名称	数量	借出时间	学生签名	归还时间	学生签名	管理员签名
1							
2							
3							
4							
5							

（三）材料的准备

为完成工作任务，每个工作小组需要向工作站内仓库工作人员提供借用材料清单（表3-7-2）。

表3-7-2　　　　　　　　　　　　　　　　工作岛借用材料清单

序号	名称（型号、规格）	数量	借出时间	学生签名	归还时间	学生签名	管理员签名
1							
2							
3							
4							
5							

（四）团队分配的方案

将学生分为5个小组，每个工作岛为1组，根据工作岛工位要求，每组6人，每组指定1人为小组长、2人为材料管理员，材料管理员负责材料领取分发，小组长负责组织本组相关问题的计划、实施及讨论汇总，填写各组人员工作任务实施所需文字材料的相关记录表。

五、制定工作计划

六、任务实施

（一）为了完成任务，必须回答以下问题

1）行程开关SQ1在_____接在KM1线圈的支路中，起到限位保护的作用。

2）查看行程开关的型号数据，如何根据实际要求选择行程开关？

3）请对比行程开关SQ与按钮SB的工作原理，它们的使用场合有什么不同？

（二）安装与调试三相电动机的行程控制线路

1. 设计要求

（1）根据电路控制要求画出控制线路原理图。为了在生产过程中满足工作需要，常常要进行位置控制工作。比如学校电动门的打开/关闭过程的自动限位停止或者电梯的上升/下降过程的终端保护等。这种有关位置控制的工作特点的控制线路即为行程控制线路。

请再想想在生活中还有哪些地方用到了位置控制，分析其电路的工作原理。

（2）根据任务要求设计出安装与调试三相电动机的行程控制线路电器布置图。

（3）根据任务要求设计出安装与调试三相电动机的行程控制线路电气接线图。

2．安装步骤及工艺要求

（1）逐个检验电气设备和元件的规格和质量是否合格。

（2）正确选配导线的规格、导线通道类型和数量、接线端子板型号等。

（3）在控制板上安装电器元件，并在各电器元件附近做好与电路图上相同代号的标记。

（4）按照控制板内布线的工艺要求进行布线和套编码套管。

（5）选择合理的导线走向，做好导线通道的支持准备，并安装控制板外部的所有电器。

（6）进行控制箱外部布线，并在导线线头上套装与电路图相同线号的编码套管。对于可移动的导线通道应放适当的余量，使金属软管在运动时不承受拉力，并按规定在通道内放好备用导线。

（7）检查电路的接线是否正确和接地通道是否具有连续性。

（8）检查热继电器的整定值是否符合要求。各级熔断器的熔体是否符合要求，如不符合要求应予以更换。

（9）检查电动机的安装是否牢固，与生产机械传动装置的连接是否可靠。

（10）检测电动机及线路的绝缘电阻，清理安装场地。

（11）行程控制线路电动机启动，是否符合设计要求。

3．通电调试

（1）通电空转试验时，应认真观察各电器元件、线路；

（2）通电带负载试验时，应认真观察各电器元件、线路。

4. 注意事项

（1）不要漏接接地线。严禁采用金属软管作为接地通道。

（2）在导线通道内敷设的导线进行接线时，必须集中思想，做到查出一根导线，立即套上编码套管，接上后再进行复验。

（3）在安装、调试过程中，工具、仪表的使用应符合要求。

（4）通电操作时，必须严格遵守安全操作规程。

七、任务评价

（一）成果展示

各小组派代表总结完成任务的过程中，掌握了哪些技能技巧，发现错误后如何改正，并展示已接好的电路，通电试验，观察电动机的转动情况。

（二）学生自我评估与总结

_____

_____

_____ 。

（三）小组评估与总结

_____

_____

_____ 。

（四）教师评估与总结

_____

_____

_____

_____ 。

（五）各小组对工作岗位的"6S"处理

在小组和教师都完成工作任务总结以后，各小组必须对自己的工作岗位进行"整理、整顿、清扫、清洁、安全、素养"；归还所借的工量具和实习工件。

（六）评价表（表3-7-3）

表3-7-3　　　　学习任务7　安装与调试三相电动机的行程控制线路评价表

班级：_____		指导教师：_____					
小组：_____		日期：_____					
姓名：_____							

评价项目	评价标准	评价依据	评价方式			权重	得分小计
			学生自评 20%	小组互评 30%	教师评价 50%		
职业素养	1. 遵守企业规章制度、劳动纪律 2. 按时按质完成工作任务 3. 积极主动承担工作任务，勤学好问 4. 人身安全与设备安全 5. 工作岗位6S完成情况	1. 出勤 2. 工作态度 3. 劳动纪律 4. 团队协作精神				0.3	

续表

班级：	指导教师：
小组：	日期：
姓名：	

| 评价项目 | 评价标准 | 评价依据 | 评价方式 | | | 权重 | 得分小计 |
			学生自评 20%	小组互评 30%	教师评价 50%		
专业能力	1. 熟悉行程开关 SQ 的功能、基本结构、动作原理，熟记它们的图形符号和文字符号，学会正确识别、使用行程开关 SQ 的动断触头、动合触头 2. 熟悉电动机控制线路的一般安装步骤，能根据控制要求设计电路原理图 3. 掌握电动机正反转控制电路的行程控制中的常见故障识别及排除方法 4. 认真填写学材上的相关资讯问答题	1. 操作的准确性和规范性 2. 工作页或项目技术总结完成情况 3. 专业技能任务完成情况				0.5	
创新能力	1. 在任务完成过程中能提出自己的有一定见解的方案 2. 在教学或生产管理上提出建议，具有创新性	1. 方案的可行性及意义 2. 建议的可行性				0.2	
合计							

八、技能拓展

试给某行车设计一个控制线路原理图。

要求：（1）用本任务的三相电动机行程控制线路改造成自动往返控制；

（2）线路有短路、失压、欠压保护。

学习任务 8　安装与调试三相电动机的自动往返控制线路

一、任务描述

在生产过程中，例如摇臂钻床、万能铣床、镗床、桥式起重机及各种自动或半自动控制机床设备中，它们的某些运动部件的行程或位置要受到限制。而部分生产机械的工作台则要求在一定行程内自动往返运动，以便实现对工件的连续加工，提高生产效率。常运用行程开关 SQ 来实现行车的自动停止控制及终端限位保护。请根据控制要求设计安装电路：①当按下 SB1 时，行车开始向前运行，当运行至 A 地时，撞下行程开关 SQ1，行车自动向后运动；当按下 SB2，行车向后运行，当运行至 B 地时，撞下行程开关 SQ2，行车自动向前运行（自动往返）；②当 A 地的 SQ1（B 地的 SQ2）失效时，行车向前（向后）运行至末端，撞下 SQ3（SQ4）后，将自动停止（终端保护）；③当行车向前（向后）运行中，按下按钮 SB3，行车马上停止。④掌握电气元件的安装布置要点，合理布置和安装电气元件。⑤根据电气原理图进行布线，安装检测完成后通电试车。结合线路的工作过程，讲述/分析电路工作原理。

学生接到本任务后，应根据任务要求，准备工具和仪器仪表，做好工作现场准备，严格遵守作业规范进行施工，线路安装完毕后进行调试，填写相关表格并交检测指导教师验收。按照现场管理规范清理场地、归置物品。

二、任务要求

1. 熟悉行程开关 SQ 的基本结构、动作原理，熟记它们的图形符号和文字符号，学会正确识别、使用行程开关 SQ 的复合触头；

2. 巩固复合按钮 SB、接触器 KM 的动断触头、动合触头的原理；巩固联锁的概念，能熟练运用接触器、按钮的触头，实现电气联锁功能；

3. 掌握电动机在自动往返的行程控制中的常见故障识别及排除方法；认真填写学材上的相关资讯问答题。

4. 能根据要求完成自动往返控制线路的安装接线并进行通电调试；

5. 认真填写学材上的相关资讯问答题。

三、能力目标

1. 学会正确识别、选用、安装、使用行程开关 SQ，熟悉它们的功能、基本结构、工作原理及型号意义，熟记它们的图形符号和文字符号。

2. 掌握行程控制原则的基本要求。

3. 熟悉行车自动往返控制线路的工作原理，学会安装自动往返控制线路。

4. 各小组发挥团队合作精神，学会三相电动机的自动往返控制线路的安装步骤、实施和成果评估。

四、任务准备

（一）相关理论知识

1. 行程控制原则

自动往返控制在许多生产机械中，常需要控制某些机械运动的行程，即某些生产机械的运动位置，例如，生产车间的行车运行到终端位置时需要及时停车，铣床要求工作台在一定距离内能自动往返，以便对工件连续加工，像这种控制生产机械运动行程和位置的方法叫做行程控制，也称限位控制。通常采用行程开关来实现限位控制。

2. 行程控制的相关知识

（1）接近开关　接近开关是一种不与运动部件进行机械接触而可以操作的位置开关，当物体接近开关的感应面时，不需要机械接触及施加任何压力即可使开关动作，从而驱动交流或直流电器或给计算机装置提供控制指令。接近开关是一种开关型传感器，它不仅有行程开关、微动开关的特性，同时还具有传感性能，且动作可靠，性能稳定，频率响应快，应用寿命长，抗干扰能力强等，并具有防水、防振、耐腐蚀等特点。产品有电感式、电容式、霍尔式、交、直流型。它广泛地应用于机床、冶金、化工、轻纺和印刷等行业。在自动控制系统中可作为限位、计数、定位控制和自动保护环节。接近开关具有使用寿命长、工作可靠、重复定位精度高、无机械磨损、无火花、无噪声、抗振能力强等特点。因此接近开关的应用范围日益广泛，其自身的发展和创新的速度也极其迅速。

（2）接近开关的主要功能

1）检验距离　检测电梯、升降设备的停止、启动、通过位置；检测车辆的位置，防止两物体相撞检测；检测工作机械的设定位置，移动机器或部件的极限位置；检测回转体的停止位置，阀门的开或关位置；检测气缸或液压缸内的活塞移动位置。

2）尺寸控制　金属板冲剪的尺寸控制装置；自动选择、鉴别金属件长度；检测自动装卸时堆物高度；检测物品的长、宽、高和体积。

3）检测物体存在有否　检测生产包装线上有无产品包装箱；检测有无产品零件。

4）转速与速度控制　控制传送带的速度；控制旋转机械的转速；与各种脉冲发生器一起控制转速。

5）计数及控制　检测生产线上流过的产品数；高速旋转轴或盘的转数计量；零部件计数。

6）检测异常　检测瓶盖有无；产品合格与不合格判断；检测包装盒内的金属制品缺乏与否；区分金属与非金属零件；产品有无标牌检测；起重机危险区报警；安全扶梯自动启停。

7）计量控制　产品或零件的自动计量；检测计量器、仪表的指针范围内控制数或流量；检测浮标控制测面高度、流量；检测不锈钢桶中的铁浮标；仪表量程上限或下限的控制；流量控制，水平面控制。

8）识别对象　根据载体上的码识别是与非。

9）信息传送　ASI（总线）连接设备上各个位置上的传感器在生产线（50～100m）中的数据往返传送等。

3. 接近开关的选型

对于不同的材质的检测体和不同的检测距离，应选用不同类型的接近开关，以使其在系统中具有高的性能价格比，为此在选型中应遵循以下原则：

1）当检测体为金属材料时，应选用高频振荡型接近开关，该类型接近开关对铁镍、A3钢类检测体检测最灵敏。对铝、黄铜和不锈钢类检测体，其检测灵敏度较低。

2）当检测体为非金属材料时，如：木材、纸张、塑料、玻璃和水等，应选用电容型接近开关。

3）金属体和非金属要进行远距离检测和控制时，应选用光电型接近开关或超声波型接近开关。

4）对于检测体为金属时，若检测灵敏度要求不高时，可选用价格低廉的磁性接近开关或霍尔式接近开关。

接近开关的外形和图形符号见图3-8-1。

4. 位置控制原理

（1）电路原理图　自动往返控制示意图见图3-8-2，控制线路原理如图3-8-3所示。

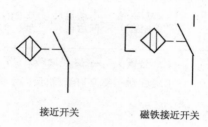

接近开关　　　　磁铁接近开关

图 3 - 8 - 1　接近开关的外形及符号

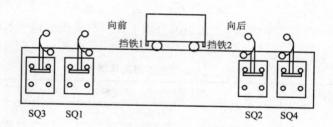

图 3 - 8 - 2　自动往返控制示意图

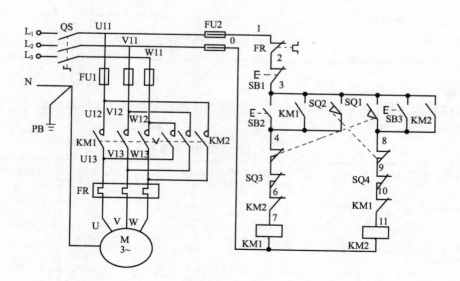

图 3 - 8 - 3　电路工作原理图

（2）自动往返控制线路工作原理如下：

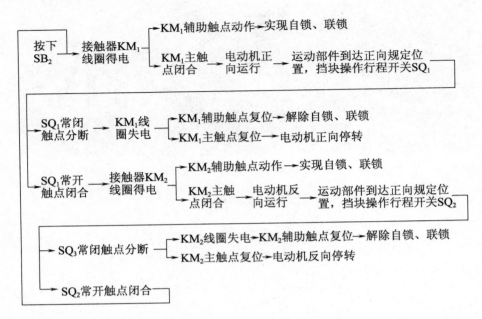

（3）停止控制

中途如需停机时，按下 SB1，控制线路断电，接触器释放，电动机停转。

（二）设备、工具的准备

为完成工作任务，每个工作小组需要向工作站内仓库工作人员提供借用工具清单（表3-8-1）。

表3-8-1 　　　　　　　　　　　**工作岛借用工具清单**

序号	名称（型号、规格）	数量	借出时间	学生签名	归还时间	学生签名	管理员签名
1							
2							
3							
4							
5							

（三）材料的准备

为完成工作任务，每个工作小组需要向工作站内仓库工作人员提供领用材料清单（表3-8-2）。

表3-8-2 　　　　　　　　　　　**工作岛借用材料清单**

序号	名称（型号、规格）	数量	借出时间	学生签名	归还时间	学生签名	管理员签名
1							
2							
3							
4							
5							

（四）团队分配的方案

将学生分为 5 个小组，每个工作岛为 1 组，根据工作岛工位要求，每组 6 人，每组指定 1 人为小组

长、2 人为材料管理员，材料管理员负责材料领取分发，小组长负责组织本组相关问题的计划、实施及讨论汇总，填写各组人员工作任务实施所需文字材料的相关记录表。

五、制定工作计划

六、任务实施

（一）为了完成任务，必须回答以下问题

（1）在本电路中，起到终端保护作用的元件是_____、_____。

（2）查看行程开关的型号数据，如何根据实际要求选择行程开关？

（3）请对比行程开关 SQ 与按钮 SB 的动作原理，它们的使用场合有什么不同？

（二）安装与调试三相电动机自动往返控制线路

1. 设计要求

（1）根据控制要求设计一个电路原理图 在日常生活中经常会用到位置控制器。比如学校电动门的打开/关闭过程的自动限位停止或者电梯的上升/下降过程的终端保护等。这种有关位置控制的工作特点的控制线路即为行程控制原则线路。请再想想在生活中还有哪些地方用到了位置控制？根据电路控制要求安装控制线路，分析其电路的工作原理。

（2）根据任务要求设计出安装与调试三相电动机自动往返控制线路电器布置图。

（3）根据任务要求设计出安装与调试三相电动机的自动往返控制线路电气接线图。

2. 安装步骤及工艺要求

（1）逐个检验电气设备和元件的规格和质量是否合格。

（2）正确选配导线的规格、导线通道类型和数量、接线端子板型号等。

（3）在控制板上安装电器元件，并在各电器元件旁做好与电路图上相同代号的标记。

（4）按照控制板内布线的工艺要求进行布线和套编码套管。

（5）选择合理的导线走向，做好导线通道的准备，并安装控制板外部的所有电器。

（6）进行控制箱外部布线，并在导线线头上套装与电路图相同线号的编码套管。对于可移动的导线通道应放适当的余量，使金属软管在运动时不承受拉力，并按规定在通道内放好备用导线。

（7）检查电路的接线是否正确和接地通道是否具有连续性。

（8）检查热继电器的整定值是否符合要求。各级熔断器的熔体是否符合要求，如不符合要求应予以更换。

（9）检查电动机的安装是否牢固，与生产机械传动装置的连接是否可靠。

（10）检测电动机及线路的绝缘电阻，清理安装场地。

3. 通电调试

（1）通电空转试验时，应认真观察各电器元件、线路；

（2）通电带负载试验时，应认真观察各电器元件、线路。

4. 注意事项

（1）不要漏接接地线。严禁采用金属软管作为接地通道。

（2）在导线通道内敷设的导线进行接线时，必须集中思想，做到查出一根导线，立即套上编码套管，接上后再进行复验。

（3）在安装、调试过程中，工具、仪表的使用应符合要求。

（4）通电操作时，必须严格遵守安全操作规程。

七、任务评价

（一）成果展示

各小组派代表上台总结完成任务的过程中，掌握了哪些技能技巧，发现错误后如何改正，并展示已接好的电路，通电试验，观察电动机的转动情况。

（二）学生自我评估与总结

_____

_____。

（三）小组评估与总结

_____

_____。

（四）教师评估与总结

_____

_____ 。

（五）各小组对工作岗位的"6S"处理

在小组和教师都完成工作任务总结以后，各小组必须对自己的工作岗位进行"整理、整顿、清扫、清洁、安全、素养"；归还所借的工量具和实习工件。

（六）评价表（表3－8－3）

表3－8－3　　　　　　学习任务8　安装与调试三相电动机的自动往返控制线路

班级：_____ 小组：_____ 姓名：_____		指导教师：_____ 日期：_____					
评价项目	评价标准	评价依据	评价方式			权重	得分小计
			学生自评 20%	小组互评 30%	教师评价 50%		
职业素养	1. 遵守企业规章制度、劳动纪律 2. 按时按质完成工作任务 3. 积极主动承担工作任务，勤学好问 4. 人身安全与设备安全 5. 工作岗位6S完成情况	1. 出勤 2. 工作态度 3. 劳动纪律 4. 团队协作精神				0.3	
专业能力	1. 熟悉行程开关SQ的基本结构、动作原理，熟记它们的图形符号和文字符号，学会正确识别、使用行程开关SQ的复合触头 2. 巩固复合按钮SB、接触器KM的动断触头、动合触头的原理；巩固联锁的概念，能熟练运用接触器、按钮的触头，实现电气联锁功能 3. 掌握电动机在自动往返的行程控制中的常见故障识别及排除方法 4. 认真填写学材上的相关资讯问答题	1. 操作的准确性和规范性 2. 工作页或项目技术总结完成情况 3. 专业技能任务完成情况				0.5	
创新能力	1. 在任务完成过程中能提出自己的有一定见解的方案 2. 在教学或生产管理上提出建议，具有创新性	1. 方案的可行性及意义 2. 建议的可行性				0.2	
合计							

八、技能拓展

如图 3-8-4 所示，是两条传送带运输机的示意图。请按下述要求画出两条传送带运输机的控制电路图。

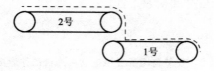

图 3-8-4　示意图

（1）1 号启动后，2 号才能启动；
（2）1 号必须在 2 号停止后才能停止；
（3）具有短路、过载、欠压及失压保护。

学习任务 9　安装与调试三相电动机的顺序控制线路

一、任务描述

　　根据控制要求设计电路原理图：①设计两台电机顺序启动、逆序停止的控制电路；②电路中设有短路、过载、失压等保护装置；③根据设计的电路图配置相关电气元件；④合理布置和安装电气元件；⑤根据电气原理图进行布线、检查、调试和试车。

　　学生接到本任务后，应根据任务要求，准备工具和仪器仪表，做好工作现场准备，严格遵守作业规范进行施工，线路安装完毕后进行通电调试并交检测指导教师验收。按照现场管理规范清理场地、归置物品。

二、任务要求

1. 能理解顺序控制线路在工程、工厂中的应用范围；
2. 能掌握顺序控制线路的设计技巧和方法；
3. 能根据控制要求设计两台电机顺序启动，逆序停止控制电路原理图；
4. 掌握相应电气元件的布置和布线方法；
5. 认真填写学材上的相关资讯问答题。

三、能力目标

1. 学习绘制、识读顺序控制线路的电路原理图、电器元件布置图和电气接线图；
2. 学会正确安装两台电动机的顺序启动逆序停止的控制电路；
3. 熟悉电动机控制线路的一般安装步骤，学会安装接触器顺序控制线路；
4. 各小组发挥团队合作精神，学会接触器顺序控制线路安装的步骤、实施和成果评估。

四、任务准备

（一）相关理论知识

1. 顺序控制基本概念

　　工厂中很多机床要求第一台电机启动后才能启动第二台电机，如 X62W 型万能铣床要求主轴电机启动后，进给电机才能启动，M7120 型平面磨床则要求当砂轮电机启动后，冷却泵电动机才能启动。在装有多台电动机的生产机械上，各电动机所起的作用是不同的，有时需按一定的顺序启动或停止，才能保证操作过程的合理和工作的安全可靠。像这种要求几台电动机的启动或停止，必须按一定的先后顺序来完成的控制方式，叫做电动机的顺序控制。

2. 常用的主电路实现顺序控制

　　图 3-9-1（a）、图 3-9-1（b）所示的是主电路实现电动机顺序控制的电路图。线路的特点是电动机 M2 的主电路接在 KM（或 KM1）主触头的下面。

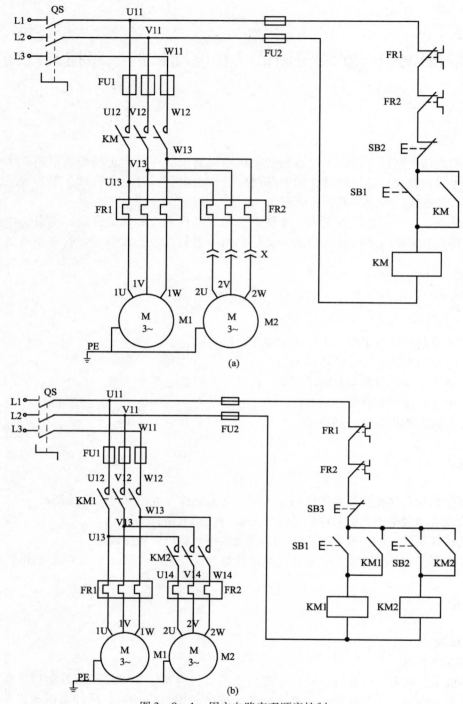

图 3 - 9 - 1　用主电路实现顺序控制

在图 3 - 9 - 1（a）所示的控制线路中，电动机 M2 是通过接插器 X 接在接触器 KM 主触头的下面，因此，只有当 KM 主触头闭合，电动机 M1 启动运转后，电动机 M2 才可能接通电源运转。M7120 型平面磨床的砂轮电动机和冷却泵电动机，就是采用了这种顺序控制线路。

在图 3 - 9 - 1（b）所示的控制线路中，电动机 M1 和 M2 分别通过接触器 KM1 和 KM2 来控制，接触器 KM2 的主触头接在接触器 KM1 主触头的下面，这样就保证了当 KM1 主触头闭合，电动机 M1 启动运转后，电动机 M2 才可能接通电源运转。线路的工作原理分析如下：

先合上电源开关 QS，M1 启动后 M2 才能启动：

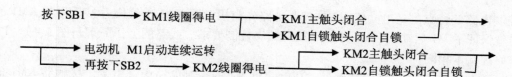

电动机 M2 启动连续运转。

该电路的电动机 M1、M2 只能同时停止，不能逆顺停止。其原理是：

按下 SB3 ——→控制电路失电——→KM1、KM2 主触头分断——→M1、M2 电机同时停。

3. 常用的控制电路实现顺序控制

几种常见的在控制电路中实现电动机顺序控制的电路如图 3 – 9 – 2（a）、（b）、（c）所示。图 3 – 9 –

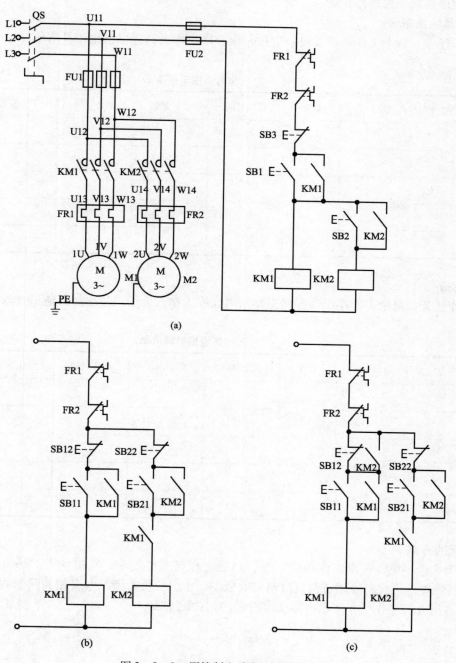

图 3 – 9 – 2　用控制电路实现顺序控制

2（a）的控制电路的特点是：电动机 M2 的控制电路先与接触器 KM1 的线圈并接后再与 KM1 的自锁触头串接，这样就保证了 M1 启动后，M2 才能启动的顺序控制要求。线路的工作原理与图 3-9-1（b）所示线路的工作原理基本相同。

图 3-9-2（b）的控制电路的特点是：在电动机 M2 的控制电路中，串接了接触器 KM1 的辅助常开触头。显然，只要 M1 不启动，即使按下 SB21，由于 KM1 的辅助常开触头未闭合，KM2 线圈也不能得电，从而保证了 M1 启动后，M2 才能启动的控制要求。线路中停止按钮 SB12 控制两台电动机同时停止，按钮 SB22 控制 M2 的单独停止。

图 3-9-2（c）所示控制电路，是在图 3-9-2（b）的控制电路中的 SB12 的两端并接了接触器 KM2 的辅助常开触头，从而实现了 M1 启动后，M2 才能启动；而 M2 停止后，M1 才能停止的控制要求，即 M1、M2 是顺序启动、逆序停止的。

（二）设备、工具的准备

为完成工作任务，每个工作小组需要向工作站内仓库工作人员提供借用工具清单（表 3-9-1）。

表 3-9-1 ＿＿＿＿＿＿工作岛借用工具清单

序号	名称（型号、规格）	数量	借出时间	学生签名	归还时间	学生签名	管理员签名
1							
2							
3							
4							
5							

（三）材料的准备

为完成工作任务，每个工作小组需要向工作站内仓库工作人员提供领用材料清单（表 3-9-2）。

表 3-9-2 ＿＿＿＿＿＿工作岛借用材料清单

序号	名称（型号、规格）	数量	借出时间	学生签名	归还时间	学生签名	管理员签名
1							
2							
3							
4							
5							

（四）团队分配的方案

将学生分为 5 个小组，每个工作岛为 1 组，根据工作岛工位要求，每组 6 人，每组指定 1 人为小组长、2 人为材料管理员，材料管理员负责材料领取分发，小组长负责组织本组相关问题的计划、实施及讨论汇总，填写各组人员工作任务实施所需文字材料的相关记录表。

五、制定工作计划

六、任务实施

（一）为了任务，必须回答以下问题

（1）试画出用主电路实现顺序控制的电路图；

（2）X62W 万能铣床的主轴与进给电动机是用＿＿＿＿＿＿＿实现顺序控制的；

（3）在控制电路接线中，红色按钮一定要作＿＿＿＿＿＿＿按钮用，绿色和黑色按钮一般作＿＿＿＿＿＿＿按钮用；

（4）自锁触头的作用是＿＿＿＿＿＿＿；联锁触头的作用是＿＿＿＿＿＿＿。

（二）安装与调试三相电动机的顺序控制线路

1. 设计要求

（1）根据控制要求设计一个顺序控制电路原理图：

①利用控制电路实现顺序开，逆序停的控制电路；

②电路中要设有短路、失压、过载等保护装置；

③根据设计的电气原理图配置相关电气元件。

（2）根据任务要求设计出安装与调试三相电动机顺序控制线路电器布置图。

（3）根据任务要求设计出安装与调试三相电动机的顺序控制线路电气接线图。

2. 安装步骤及工艺要求

（1）逐个检验电气设备和元件的规格和质量是否合格。

（2）正确选配导线的规格、导线通道类型和数量、接线端子板型号等。

（3）在控制板上安装电器元件，并在各电器元件附近做好与电路图上相同代号的标记。

（4）按照控制板内布线的工艺要求进行布线和套编码套管。

（5）选择合理的导线走向，做好导线通道的支持准备，并安装控制板外部的所有电器。

（6）进行控制箱外部布线，并在导线线头上套装与电路图相同线号的编码套管。对于可移动的导线通道应放适当的余量，使金属软管在运动时不承受拉力，并按规定在通道内放好备用导线。

（7）检查电路的接线是否正确和接地通道是否具有连续性。

（8）检查热继电器的整定值是否符合要求。各级熔断器的熔体是否符合要求，如不符合要求应予以更换。

（9）检查电动机的安装是否牢固，与生产机械传动装置的连接是否可靠。

（10）检测电动机及线路的绝缘电阻，清理安装场地。

（11）顺序控制电动机启动，转向是否符合要求。

3. 通电调试

（1）通电空转试验时，应认真观察各电器元件、线路；

（2）通电带负载试验时，应认真观察各电器元件、线路。

4. 注意事项

（1）不要漏接接地线。严禁采用金属软管作为接地通道。

（2）在导线通道内敷设的导线进行接线时，必须集中思想，做到查出一根导线，立即套上编码套管，接上后再进行复验。

（3）在安装、调试过程中，工具、仪表的使用应符合要求。

（4）通电操作时，必须严格遵守安全操作规程。

七、任务评价

（一）成果展示

各小组派代表上台总结完成任务的过程中，学会了哪些技能技巧，发现错误后如何改正，并展示已接好的电路，通电试验效果。

控制电路工作情况：_____

_____

主电路工作情况：_____

_____

其他小组提出的改进建议：＿＿＿＿＿＿＿＿＿＿＿＿＿＿＿＿＿＿＿＿＿＿＿＿＿

＿＿＿＿＿＿＿＿＿＿＿＿＿＿＿＿＿＿＿＿＿＿＿＿＿＿＿＿＿＿＿＿＿＿＿＿＿＿＿

＿＿＿＿＿＿＿＿＿＿＿＿＿＿＿＿＿＿＿＿＿＿＿＿＿＿＿＿＿＿＿＿＿＿＿＿＿＿＿

（二）学生自我评估与总结

＿＿＿＿＿＿＿＿＿＿＿＿＿＿＿＿＿＿＿＿＿＿＿＿＿＿＿＿＿＿＿＿＿＿＿＿＿＿＿

＿＿＿＿＿＿＿＿＿＿＿＿＿＿＿＿＿＿＿＿＿＿＿＿＿＿＿＿＿＿＿＿＿＿＿＿＿＿。

（三）小组评估与总结

＿＿＿＿＿＿＿＿＿＿＿＿＿＿＿＿＿＿＿＿＿＿＿＿＿＿＿＿＿＿＿＿＿＿＿＿＿＿＿

＿＿＿＿＿＿＿＿＿＿＿＿＿＿＿＿＿＿＿＿＿＿＿＿＿＿＿＿＿＿＿＿＿＿＿＿＿＿。

（四）教师评估与总结

＿＿＿＿＿＿＿＿＿＿＿＿＿＿＿＿＿＿＿＿＿＿＿＿＿＿＿＿＿＿＿＿＿＿＿＿＿＿＿

＿＿＿＿＿＿＿＿＿＿＿＿＿＿＿＿＿＿＿＿＿＿＿＿＿＿＿＿＿＿＿＿＿＿＿＿＿＿＿

＿＿＿＿＿＿＿＿＿＿＿＿＿＿＿＿＿＿＿＿＿＿＿＿＿＿＿＿＿＿＿＿＿＿＿＿＿＿。

（五）各小组对工作岗位的"6S"处理

在小组和教师都完成工作任务总结以后，各小组必须对自己的工作岗位进行"整理、整顿、清扫、清洁、安全、素养"；归还所借的工量具和实习工件。

（六）评价表（表 3 – 9 – 3）

表 3 – 9 – 3 　　　　　学习任务 9 　安装与调试三相电动机的顺序控制线路评价表

班级：＿＿＿＿＿＿　　　　　指导教师：＿＿＿＿＿＿

小组：＿＿＿＿＿＿　　　　　日期：＿＿＿＿＿＿

姓名：＿＿＿＿＿＿

评价项目	评价标准	评价依据	评价方式			权重	得分小计
			学生自评 20%	小组互评 30%	教师评价 50%		
职业素养	1. 遵守企业规章制度、劳动纪律 2. 按时按质完成工作任务 3. 积极主动承担工作任务，勤学好问 4. 人身安全与设备安全 5. 工作岗位 6S 完成情况	1. 出勤 2. 工作态度 3. 劳动纪律 4. 团队协作精神				0. 3	
专业能力	1. 能理解顺序控制线路在工程、工厂中的应用范围 2. 能掌握顺序控制线路的设计技巧和方法 3. 能根据控制要求设计两地顺序启动，逆序停止控制电路原理图 4. 能根据控制要求设计电路原理图、电器元件布置图和电气接线图 5. 认真填写学材上的相关资讯问答题	1. 操作的准确性和规范性 2. 工作页或项目技术总结完成情况 3. 专业技能任务完成情况				0. 5	

续表

班级：
小组：
姓名：

指导教师：＿＿＿＿＿＿

日期：＿＿＿＿＿＿

评价项目	评价标准	评价依据	评价方式			权重	得分小计
			学生自评 20%	小组互评 30%	教师评价 50%		
创新能力	1. 在任务完成过程中能提出自己的有一定见解的方案 2. 在教学或生产管理上提出建议，具有创新性	1. 方案的可行性及意义 2. 建议的可行性				0.2	
合计							

八、技能拓展

试设计用控制线路实现三台电动机顺序启动、逆序停止的控制电路。要求：

（1）第一台电动机启动后第二台电动机才能启动，第二台电动机启动后第三台电动机才能启动；

（2）只能先停止第三台电动机，之后停止第二台电动机，最后停止第一台电动机；

（3）具有短路、过载、失压和欠压保护。

学习任务 10　安装与调试三相电动机的多地控制线路

一、任务描述

根据控制要求设计电路原理图，控制要求：①设计同一台电动机采用接触器自锁能在两地控制的正转控制电路和采用接触器互锁能在两地控制的正反转控制电路；②电路中设有短路、过载、失压等保护装置；③根据设计的电路图配置相关电气元件，合理布置和安装电气元件，根据电气原理图进行布线、检查、调试。

学生接到本任务后，应根据任务要求，准备工具和仪器仪表，做好工作现场准备，严格遵守作业规范进行施工，线路安装完毕后进行调试，填写相关表格并交检测指导教师验收。按照现场管理规范清理场地、归置物品。

二、任务要求

1. 熟悉掌握一台电动机采用接触器自锁的正转两地控制电路在工厂中的应用范围；
2. 能设计一台电机并采用接触器自锁的正转两地控制电路和接触器互锁的正反转两地控制电路设计方案；
3. 能根据设计方案绘制出电路原理图、电器布置图和电气接线图；
4. 能根据电路原理图安装两地控制电路，做到电器元件安装整齐、布线美观；
5. 熟悉掌握两地控制的正转控制线路的安装接线。

三、能力目标

1. 学会正确安装两地控制的正转控制线路。
2. 学习绘制、识读电气控制的线路原理图、电器元件布置图和电气接线图。
3. 熟悉电动机控制线路的一般安装步骤，学会安装电动机两地控制线路。
4. 各小组发挥团队合作精神，学会电动机两地控制线路安装的步骤、实施和成果评估。

四、任务准备

（一）相关理论知识

1. 多地控制基本概念

工厂中有些机床要求在两个地方能开停这台机床，如 C6130 普通车床，在操作面板上可以控制开停，在尾架旁边也能控制开停。又如钢板弯管机要求在两个地方能对弯管机进行正反转的开停控制等，像这种能在两地或者多地控制同一台电动机的控制方式叫做电动机的多地控制。

2. 常用一台电动机正转的两地控制电路

如图 3－10－1 所示的是一台电动机的两地控制的具有过载保护的接触器自锁正转控制电线的电路图。其中 SB11、SB12 为安装在甲地的启动按钮和停止按钮，SB21、SB22 为安装在乙地的启动按钮和停止按钮。线路的特点是：两地的启动按钮 SB11、SB21 要并联在一起，两地的停止按钮 SB12、SB22 要串联在一起。这样就可以分别在甲、乙两地启动和停止同一台电动机，达到方便操作的目的。图 3－10－1 线路的工作原理请自行分析。

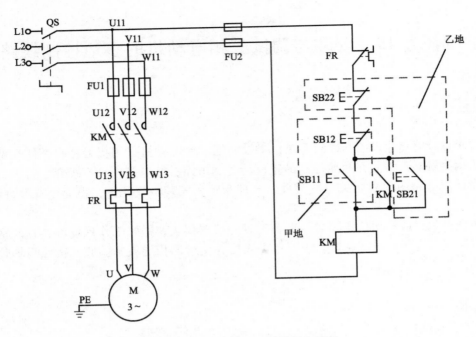

图 3 - 10 - 1　两地正转控制电路图

3. 常用一台电动机正反转的两地控制电路

图 3 - 10 - 2 所示的是一台电动机的两地控制的具有过载保护的接触器自锁正反转控制电线的电路图。其中 SB11、SB21、SB31 分别为安装在甲地的正转启动按钮、反转启动按钮和停止按钮，SB12、SB22、SB32 为安装在乙地的正转启动按钮、反转启动按钮和停止按钮。线路的特点是：两地的正转启动按钮 SB11、SB12 并联在一起，反转启动按钮 SB21、SB22 并联在一起，并且正反转控制采用接触器的辅助触头 KM1、KM2 分别在两个回路中进行互锁，两地的停止按钮 SB31、SB32 要串联在总回路中。这样也可以分别在甲、乙两地正反转启动和停止同一台电动机，达到方便操作的目的。

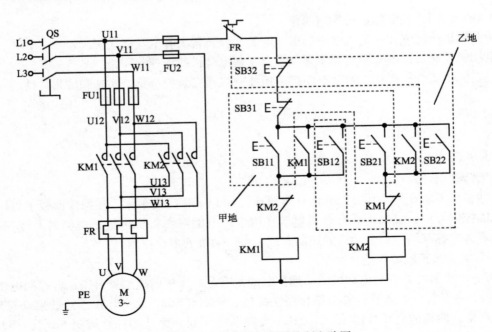

图 3 - 10 - 2　两地正反转控制电路图

在图 3 – 10 – 2 所示的控制线路中，接触器 KM1 和 KM2 来控制电动机 M 正反转，并采用接触器的辅助常闭触头 KM1、KM2 进行互锁控制，线路的工作原理分析如下，先合上电源开关 QS，M 正转启动：

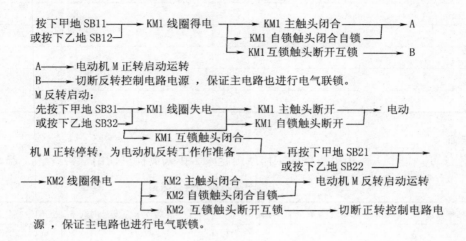

A —— 电动机 M 正转启动运转

B —— 切断反转控制电路电源，保证主电路也进行电气联锁。

M 反转启动：

A —— 电动机 M 正转启动运转

B —— 切断反转控制电路电源，保证主电路也进行电气联锁。

机 M 正转停转，为电动机反转工作作准备

源，保证主电路也进行电气联锁。

M 停止控制：

按下 SB31 或 SB32→控制电路失电→KM1 或 KM2 主触头分断→M 电机同时停转。

4. 常用一台电动机的三地控制电路

图 3 – 10 – 3 所示的是一台电动机的三地控制的具有过载保护的接触器自锁正转控制电线的电路图。其中 SB11、SB12 为安装在甲地的启动按钮和停止按钮，SB21、SB22 为安装在乙地的启动按钮和停止按钮，SB31、SB32 为安装在丙地的启动按钮和停止按钮，由此电路可知，对于三地或多地控制电路，只要把各地的启动按钮并接，停止按钮串接起来就可以实现控制。

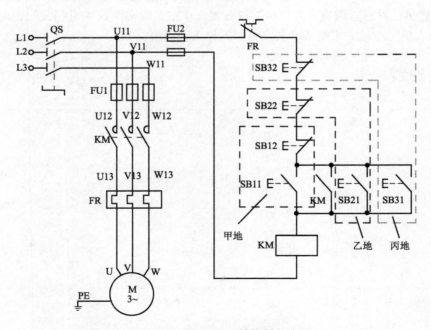

图 3 – 10 – 3 三地正转控制电路图

（二）设备、工具的准备

为完成工作任务，每个工作小组需要向工作站内仓库工作人员提供借用工具清单（表 3 – 10 – 1）。

表 3 - 10 - 1   _____工作岛借用工具清单

序号	名称（型号、规格）	数量	借出时间	学生签名	归还时间	学生签名	管理员签名
1							
2							
3							
4							
5							

（三）材料的准备

为完成工作任务，每个工作小组需要向工作站内仓库工作人员提供借用材料清单（表 3 - 10 - 2）。

表 3 - 10 - 2   _____工作岛借用材料清单

序号	名称（型号、规格）	数量	借出时间	学生签名	归还时间	学生签名	管理员签名
1							
2							
3							
4							
5							

（四）团队分配的方案

将学生分为 5 个小组，每个工作岛为 1 组，根据工作岛工位要求，每组 6 人，每组指定 1 人为小组长、2 人为材料管理员，材料管理员负责材料领取分发，小组长负责组织本组相关问题的计划、实施及讨论汇总，填写各组人员工作任务实施所需文字材料的相关记录表。

五、制定工作计划

六、任务实施

（一）为了完成任务，必须回答以下问题

（1）能在_____或_____控制同一台电动机的控制方式叫电动机的多地控制，其线路上各地的启动按钮要_____，停止按钮要_____；

（2）布线时，严禁损伤导线的_____和_____；

（3）从各电器元件水平中心线以上接线端子引出的导线必须进入元件_____面的走线槽；从元件

水平中心线以下接线端子引出的导线必须进入元件＿＿＿＿＿＿面的走线槽；任何导线都不允许从＿＿＿＿＿＿方向进入走线槽内；

（4）试画出采用接触器自锁的两地正转控制序的电路图；

（5）试设计出能在两地控制同一台电动机正反转点动控制电路。

（二）安装与调试三相电动机的多地控制线路

1. 设计要求

（1）根据控制要求设计一个采用接触器正转的两地控制电路原理图和一个接触器正反转的两地控制电路原理图。

控制要求：

①接触器正转控制电路具有自锁功能；接触器正反转控制电路具有自锁和互锁功能；

②要求在甲地、乙地都具有启动和停止的控制功能；

③电路中要设有短路、失压、过载、联锁等保护装置；

④根据设计的电气原理图配置相关电气元件。

（2）根据任务要求设计出安装与调试三相电动机多地控制线路电器布置图。

（3）根据任务要求设计出安装与调试三相电动机的多地控制线路电气接线图。

2. 安装步骤及工艺要求

（1）逐个检验电气设备和元件的规格和质量是否合格。

（2）正确选配导线的规格、导线通道类型和数量、接线端子板型号等。

（3）在控制板上安装电器元件，并在各电器元件附近做好与电路图上相同代号的标记。

（4）按照控制板内布线的工艺要求进行布线和套编码套管。

（5）选择合理的导线走向，做好导线通道的支持准备，并安装控制板外部的所有电器。

（6）进行控制箱外部布线，并在导线线头上套装与电路图相同线号的编码套管。对于可移动的导线通道应放适当的余量，使金属软管在运动时不承受拉力，并按规定在通道内放好备用导线。

（7）检查电路的接线是否正确和接地通道是否具有连续性。

（8）检查热继电器的整定值是否符合要求。各级熔断器的熔体是否符合要求，如不符合要求应予以更换。

（9）检查电动机的安装是否牢固，与生产机械传动装置的连接是否可靠。

（10）检测电动机及线路的绝缘电阻，清理安装场地。

（11）多地控制电动机启动，转向是否符合要求。

3. 通电调试

（1）通电空转试验时，应认真观察各电器元件、线路；

（2）通电带负载试验时，应认真观察各电器元件、线路；

4. 注意事项

（1）不要漏接接地线。严禁采用金属软管作为接地通道。

（2）在导线通道内敷设的导线进行接线时，必须集中思想，做到查出一根导线，立即套上编码套管，接上后再进行复验。

（3）在安装、调试过程中，工具、仪表的使用应符合要求。

（4）通电操作时，必须严格遵守安全操作规程。

七、任务评价

（一）成果展示

各小组派代表上台总结完成任务的过程中，学会了哪些技能，发现错误后如何改正，并展示已接好的电路，通电试验效果。

一台电机正转两地控制的工作情况：＿＿＿＿＿＿＿＿＿＿＿＿＿＿＿＿＿＿＿＿＿＿

其他小组提出的改进建议：＿＿＿＿＿＿＿＿＿＿＿＿＿＿＿＿＿＿＿＿＿＿＿＿＿

＿＿＿＿＿＿＿＿＿＿＿＿＿＿＿＿＿＿＿＿＿＿＿＿＿＿＿＿＿＿＿＿＿＿＿＿＿＿

（二）学生自我评估与总结

＿＿＿＿＿＿＿＿＿＿＿＿＿＿＿＿＿＿＿＿＿＿＿＿＿＿＿＿＿＿＿＿＿＿＿＿＿＿

＿＿＿＿＿＿＿＿＿＿＿＿＿＿＿＿＿＿＿＿＿＿＿＿＿＿＿＿＿＿＿＿＿＿＿＿＿。

（三）小组评估与总结

＿＿＿＿＿＿＿＿＿＿＿＿＿＿＿＿＿＿＿＿＿＿＿＿＿＿＿＿＿＿＿＿＿＿＿＿＿＿

＿＿＿＿＿＿＿＿＿＿＿＿＿＿＿＿＿＿＿＿＿＿＿＿＿＿＿＿＿＿＿＿＿＿＿＿＿。

（四）教师评估与总结

＿＿＿＿＿＿＿＿＿＿＿＿＿＿＿＿＿＿＿＿＿＿＿＿＿＿＿＿＿＿＿＿＿＿＿＿＿＿

＿＿＿＿＿＿＿＿＿＿＿＿＿＿＿＿＿＿＿＿＿＿＿＿＿＿＿＿＿＿＿＿＿＿＿＿＿。

（五）各小组对工作岗位的"6S"处理

在小组和教师都完成工作任务总结以后，各小组必须对自己的工作岗位进行"整理、整顿、清扫、清洁、安全、素养"；归还所借的工量具和实习工件。

（六）评价表（表3-10-3）

表3-10-3　　学习任务10　安装与调试三相电动机的多地控制线路评价表

班级：_____	指导教师：_____
小组：_____	日期：_____
姓名：_____	

评价项目	评价标准	评价依据	评价方式			权重	得分小计
			学生自评 20%	小组互评 30%	教师评价 50%		
职业素养	1. 遵守企业规章制度、劳动纪律 2. 按时按质完成工作任务 3. 积极主动承担工作任务，勤学好问 4. 人身安全与设备安全 5. 工作岗位6S完成情况	1. 出勤 2. 工作态度 3. 劳动纪律 4. 团队协作精神				0.3	
专业能力	1. 能理解多地控制线路在实际的应用范围 2. 能掌握多地控制线路的设计技巧和方法 3. 能根据控制要求设计两地启动，两地停止的接触器自锁的正转和正反转控制电路原理图 4. 能掌握相应电气元件的布置和布线方法 5. 认真填写学材上的相关资讯问答题	1. 操作的准确性和规范性 2. 工作页或项目技术总结完成情况 3. 专业技能任务完成情况				0.5	
创新能力	1. 在任务完成过程中能提出自己的有一定见解的方案 2. 在教学或生产管理上提出建议，具有创新性	1. 方案的可行性及意义 2. 建议的可行性				0.2	
合计							

八、技能拓展

试设计一台机床电动机控制电路原理图。

创新要求：（1）采用接触器实行正反转功能的三地控制开停控制；

（2）具有短路、过载、失压和欠压保护。

学习任务 11　安装与调试三相电动机的降压启动控制线路

一、任务描述

　　根据控制要求设计电路原理图，控制要求：①设计一台电动机采用星形——三角形降压启动的控制线路；②电路中设有短路、过载、失压等保护装置；③根据设计的电路图配置相关电气元件。合理布置和安装电气元件，根据电气原理图进行布线、检查、调试。

　　学生接到本任务后，应根据任务要求，准备工具和仪器仪表，做好工作现场准备，严格遵守作业规范进行施工，线路安装完毕后进行调试，填写相关表格并交检测指导教师验收。按照现场管理规范清理场地、归置物品。

二、任务要求

　　1. 学会电动机的星形接法和三角形接法，理解电动机作星形接法的相电压、相电流与线电压、线电流之间的关系；

　　2. 理解一台电动机采用星形——三角形降压启动的控制线路在工厂中的应用范围；

　　3. 学会设计一台电动机采用形——三角形降压启动控制线路；

　　4. 能根据设计方案绘制出电路原理图、电器布置图和电气接线图；

　　5. 能根据电路原理图安装其控制电路，做好电气元件的布置方案，做到安装的器件整齐、布线美观。

　　6. 认真填写学材上的相关资讯问答题。

三、能力目标

　　1. 理解常用的降压启动电路在工厂中的应用范围；

　　2. 理解 Y-△ 降压启动线路的工作原理；

　　3. 学会 Y-△ 降压启动控制线路的设计技巧和方法；

　　4. 能根据控制要求设计出 Y-△ 降压启动控制线路图；

　　5. 能掌握相应电气元件的布置和布线方法；

　　6. 各小组发挥团队合作精神，学会 Y-△ 降压启动控制线路安装的步骤、实施和成果评估。

四、任务准备

（一）相关理论知识

　　1. 自耦变压器降压启动控制电路

　　前面学习的定子绕组串电阻降压启动电路由于电机在启动时启动转矩少，而且又在电阻上消耗了电能，一般只用于空载或轻载下启动。在工厂实际中，使用最多的降压启动是自耦变压器降压启动和 Y-△ 降压启动两种，下面我们一起来分析自耦变压器降压启动控制电路的工作原理和设计方案。

　　想一想：自耦变压器的作用是什么？利用自耦变压器能否实现电动机降压启动？

　　图 3-11-1 所示是自耦变压器降压启动原理图。启动时，先合上电源开关 QS1，再将开关 QS2 扳向"启动"位置，此时电动机的定子绕组与变压器的二次侧相接，电动机进行降压启动。待电动机转速上升

到一定值时，迅速将开关 QS2 从"启动"位置扳到"运行"位置，这时，电动机与自耦变压器脱离而直接与电源相接，开始在额定电压下正常运行。

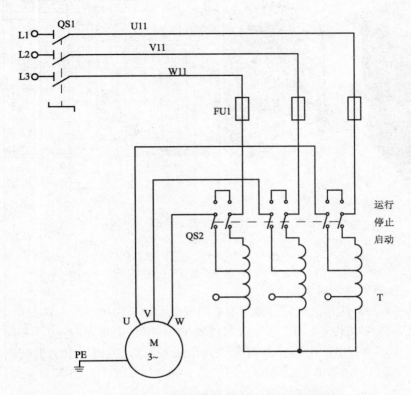

图 3 – 11 – 1　自耦变压器降压启动原理图

可见，自耦变压器降压启动是在电动机启动时利用自耦变压器来降低加在电动机定子绕组上的启动电压。待电动机启动后，再使电动机与自耦变压器脱离，从而在全压下正常运行。

自耦减压启动器又称补偿器，是利用自耦变压器来进行降压的启动装置，其产品有手动式和自动式两种。

（1）手动控制补偿器降压启动控制线路　常用的手动补偿器有 QJD3 系列油浸式和 QJlO 系列空气式两种。

图 3 – 11 – 2（a）所示是 QJD3 系列油浸式补偿器，适用于一般工业用频率为 50 Hz 或 60 Hz、电压为 380 V、功率为 10 ~ 75 kW 三相笼型异步电动机的不频繁启动和停止用。型号及其含义如下：

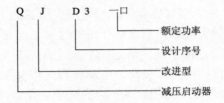

QJD3 系列油浸式补偿器的结构如图 3 – 11 – 2（b）所示，主要由薄钢板制成的防护式箱体、自耦变压器、保护装置、触头系统和手柄操作机构五部分组成。

自耦变压器、保护装置和手柄操作机构装在箱架的上部，自耦变压器的抽头电压有两种，分别是电源电压的 65% 和 80%（出厂时接在 65%），使用时可以根据电动机启动时负载的大小来选择不同的启动电压。线圈是按短时通电设计的，只允许连续启动两次。补偿器的使用寿命为 5000 次。

保护装置有欠压、失压保护和过载保护两种。欠压保护采用欠压脱扣器，它由线圈、铁心和衔铁组

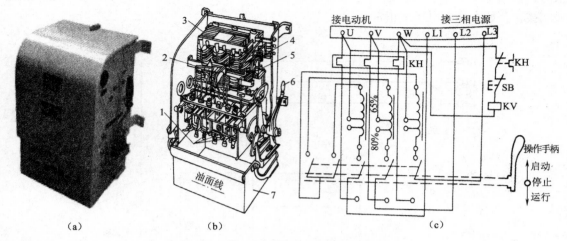

图 3 – 11 – 2　QJD3 系列手动控制补偿器
（a）外形（b）结构（c）原理
1—启动静触头　2—热继电器　3—自耦变压器
4—欠电压保护装置　5—停止按钮　6—操作手柄　7—油箱

成，其线圈 KV 跨接在 U、W 两相之间。过载保护采用可以手动复位的 JR0 型热继电器 KH，其热元件串接在电动机与电源之间，其常闭触头与欠压脱扣器线圈 KV、停止按钮 SB 串接在一起。当电源电压降低到额定电压的 85% 以下，或者电源电压突然断电（失压或零压），再或者电动机电流增加到额定电流的 1.2 倍时，都会使补偿器掉闸，切断电源停车。

手柄操作机构包括手柄、主轴和机械联锁装置等。

触头系统包括两排静触头和一排动触头，并全部装在补偿器的下部，浸没在绝缘油内。绝缘油的作用是熄灭触头分断时产生的电弧。绝缘油必须保持清洁，防止水分和杂物掺入，以保证有良好的绝缘性能。上面一排静触头共有五个，叫启动静触头，其中右边三个在启动时与动触头接触，左边两个在启动时将自耦变压器的三相绕组接成 Y 形；下面一排静触头只有三个，叫运行静触头；中间一排是动触头，共有五个，装在主轴上，右边三个触头用软金属带连接接线板上的三相电源，左边两个触头是自行接通的。

QJD3 系列补偿器的电路图如图 3 – 11 – 2（c）所示，其动作原理如下：

当手柄扳到"停止"位置时，装在主轴上的动触头与两排静触头都不接触，电动机处于断电停止状态。

当手柄向前推到"启动"位置时，装在主轴上的动触头与上面一排启动静触头接触，三相电源 L1、L2、L3 通过右边三个动、静触头接入自耦变压器，又经自耦变压器的三个 65%（或 80%）抽头接入电动机进行降压启动；左边两个动、静触头接触则把自耦变压器接成了 Y 形。

当电动机的转速上升到一定值时，将手柄向后迅速扳到"运行"位置，使右边三个动触头与下面一排的三个运行静触头接触，这时，自耦变压器脱离，电动机与三相电源 L1、L2、L3 直接相接全压运行。

停止时，只要按下停止按钮 SB，欠压脱扣器 KV 线圈失电，衔铁下落释放，通过机械操作机构使补偿器掉闸，手柄便自动回到"停止"位置，电动机断电停转。

由于热继电器 KH 的常闭触头、停止按钮 SB、欠压脱扣器线圈 KV 串接在两相电源上，所以当出现电源电压不足、突然停电、电动机过载和停车时都能使补偿器掉闸，电动机断电停转。

（2）时间继电器自动控制补偿器降压启动控制线路　工厂中采用的 XJ01 系列自耦减压启动箱是我国生产的自耦变压器降压启动自动控制设备，广泛用于频率为 50Hz、电压为 380V、功率为 14～300kW 的三相笼型异步电动机的降压启动。

XJ01 系列自耦减压启动箱的外形如图 3 – 11 – 3 所示。

图 3 – 11 – 3　XJ01 型自耦减压启动箱

　　XJ01 系列自耦减压启动箱是由自耦变压器、交流接触器、中间继电器、热继电器、时间继电器和按钮等电器元件组成。对于控制的电动机功率为 14 ~ 75 kW 的产品，采用自动控制方式；100 ~ 300 kW 的产品，可以采用手动和自动两种控制方式，由转换开关进行切换。时间继电器为可调式，在 5 ~ 120 s 内可以自由调节控制启动时间。自耦变压器备有额定电压 60% 和 80% 两挡抽头。补偿器具有过载和失压保护，最大启动时间为 2min（包括一次或连续数次启动时间的总和），若启动时间超过 2 min，则启动后的冷却时间应不少于 4h 才能再次启动。

　　自耦变压器降压启动的控制电路如图 3 – 11 – 4 所示，其原理请读者自行分析。

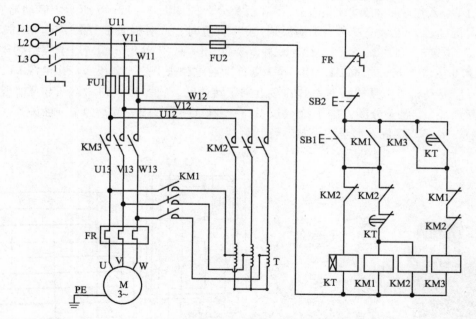

图 3 – 11 – 4　时间继电器自动控制自耦变压器降压启动电路图

2. Y – △降压启动控制线路

（1）手动控制 Y – △降压启动控制线路

　　想一想：分析图 3 – 11 – 5 所示的降压启动控制线路，启动时定子绕组作何种连接？正常运转时又作何种连接？这种启动方法适用于定子绕组作何种连接的电动机？

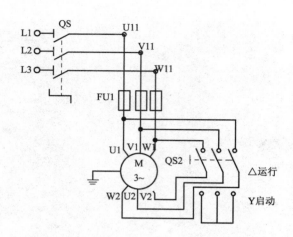

图 3 - 11 - 5　手动 Y - △ 降压启动电路图

图 3 - 11 - 5 所示的是双投开启式负荷开关手动控制 Y - △ 降压启动控制线路。线路的工作原理如下：启动时，先合上电源开关 QS1，然后把开启式负荷开关 QS2 扳到"Y 启动"位置，电动机定子绕组便接成 Y 形降压启动；当电动机转速上升并接近额定值时，再将 QS2 扳到"△运行"位置，电动机定子绕组改接成△形全压正常运行。

电动机启动时接成 Y 形，加在每相定子绕组的启动电压只有△形接法的 $1/\sqrt{3}$，启动电流为△形接法的 1/3，启动转矩也只有△形接法的 1/3。所以这种降压启动方法只适用于轻载或空载下启动。凡是在正常运行时定子绕组作△形连接的异步电动机，均可采用这种降压启动方法。

手动 Y - △ 启动器专门作为手动 Y - △ 降压启动用，有 QX1 和 QX2 系列，按控制电动机的容量不同分为 13kW 和 30kW 两种，启动器的正常操作频率为 30 次/h。

QX1 型手动 Y - △ 启动器的外形图、接线图和触头分合图如图 3 - 11 - 6 所示。启动器有启动（Y）、停止（○）和运行（△）三个位置，当手柄扳到"0"位置时，八对触头都分断，电动机脱离电源停转；当手柄扳到"Y"位置时，1、2、5、6、8 触头闭合接通，3、4、7 触头分断，定子绕组的末端 W2、U2、V2 通过触头 5 和 6 接成 Y 形，始端 UJ、V1、W1 则分别通过触头 1、8、2 接入三相电源 L1、L2、L3，电动机进行 Y 形降压启动；当电动机转速上升并接近额定转速时，将手柄扳到"△"位置，这时 1、2、3、4、7、8 触头闭合，5、6 触头分断，定子绕组按 U1→触头 1→触头 3→W2、V1→触头 8→触头 7→U2、W1→触头 2→触头 4→V2 接成△形全压正常运转。

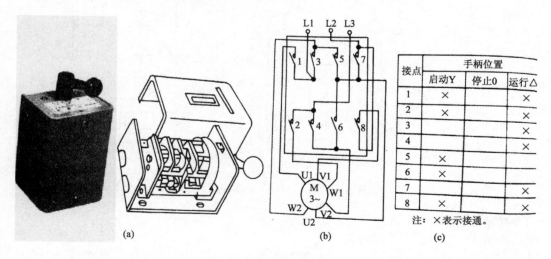

接点	手柄位置		
	启动 Y	停止 0	运行 △
1	×		×
2	×		×
3			×
4			×
5	×		
6	×		
7			×
8	×		×

注：×表示接通。

(a)　　　　　　　(b)　　　　　　(c)

图 3 - 11 - 6　QX1 型手动 Y - △ 启动器
（a）外形　（b）接线图　（c）触头分合图

（2）时间继电器自动控制 Y－△降压启动控制线路　时间继电器自动控制 Y－△降压启动控制线路如图 3－11－7 所示

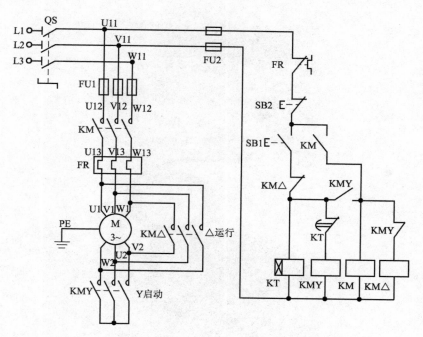

图 3－11－7　时间继电器自动控制 Y－△降压启动电路图

该线路由三个接触器、一个热继电器、一个时间继电器和两个按钮组成。接触器 KM 作引入电源用，接触器 KMY 和 KM△ 分别作 Y 形降压启动用和 △ 形运行用，时间继电器 KT 用作控制 Y 形降压启动时间和完成 Y－△ 自动切换，SB1 是启动按钮，SB2 是停止按钮，FU1 作主电路的短路保护，FU2 作控制电路的短路保护，FR 作过载保护。

线路的工作原理如下：

降压启动：先合上电源开关 QF，

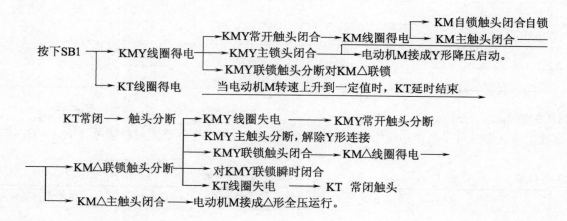

停止时，按下 SB2 即可实现。

该线路中，接触器 KMY 得电以后，通过 KMY 的主触头是在无负载的条件下进行闭合的，故可延长接触 KMY 主触头的寿命。

时间继电器自动控制 Y－△降压启动线路的定型产品有 QX3、QX4 两个系列，称之为 Y－△ 自动启动器。图 3－11－8 所示是时间继电器自动控制 Y－△降压启动控制线拟安装分布实物图。

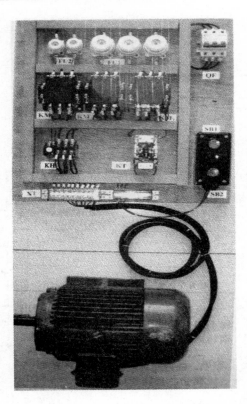

图3-11-8　时间继电器自动控制Y-△降压启动控制线拟安装分布实物图

（二）设备、工具的准备

为完成工作任务，每个工作小组需要向工作站内仓库工作人员提供借用工具清单（表3-11-1）。

表3-11-1　　　　　　　　　　　　　　　工作岛借用工具清单

序号	名称（型号、规格）	数量	借出时间	学生签名	归还时间	学生签名	管理员签名
1							
2							
3							
4							
5							

（三）材料的准备

为完成工作任务，每个工作小组需要向工作站内仓库工作人员提供借用材料清单（表3-11-2）。

表3-11-2　　　　　　　　　　　　　　　工作岛借用材料清单

序号	名称（型号、规格）	数量	借出时间	学生签名	归还时间	学生签名	管理员签名
1							
2							
3							
4							
5							

（四）团队分配的方案

　　将学生分为 5 个小组，每个工作岛为 1 组，根据工作岛工位要求，每组 6 人，每组指定 1 人为小组长、2 人为材料管理员，材料管理员负责材料领取分发，小组长负责组织本组相关问题的计划、实施及讨论汇总，填写各组人员工作任务实施所需文字材料的相关记录表。

五、制定工作计划

六、任务实施

（一）为了完成任务，必须回答以下问题

　　（1）自耦变压器降压启动是指电动机启动时，利用_____来降低加在电动机定子绕组上的启动电压，待电动机启动后，再使_____与_____脱离，从而在全压下正常运行。

　　（2）自耦减压启动器又称_____，是利用_____来进行降压的启动装置。

　　（3）Y－△降压启动，是指电动机启动时，把定子绕组接成_____，以降低启动电压，限制启动电流；待电动机启动后，再把定子绕组改接成_____，使电动机全压运行。这种启动方法只适用于在正常运行时定子绕组作_____连接的异步电动机。

　　（4）电动机启动时接成 Y 形，加在每相定子绕组上的启动电压、启动电流和启动转矩分别是△形接法时的多少倍？

（二）安装与调试三相电动机的降压启动控制线路

　　1. 设计要求

　　（1）根据控制要求设计一台电动机采用星形——三角形降压启动的控制电路，控制要求：

　　①要求电路中用时间继电器来实现 Y－△降压启动到全压运行的自动转换控制功能；

　　②按下启动按钮，电路作 Y 形降压启动，待启动转速达到一定值时，自动转换为△全压运行，电机全压运行后能切断无用的继电器、接触器线圈控制电源，在任何时间按下停止按钮，电动机都要立即停止；

　　③电路中要设有短路、失压、过载、联锁等保护装置；

　　④根据设计的电气原理图配置相关电气元件。

（2）根据任务要求设计出安装与调试三相电动机降压启动控制线路电器布置图。

（3）根据任务要求设计出安装与调试三相电动机的降压启动控制线路电气接线图。

2. 安装步骤及工艺要求

（1）逐个检验电气设备和元件的规格和质量是否合格。

（2）正确选配导线的规格、导线通道类型和数量、接线端子板型号等。

（3）在控制板上安装电器元件，并在各电器元件附近做好与电路图上相同代号的标记。

（4）按照控制板内布线的工艺要求进行布线和套编码套管。

（5）选择合理的导线走向，做好导线通道的支持准备，并安装控制板外部的所有电器。

（6）进行控制箱外部布线，并在导线线头上套装与电路图相同线号的编码套管。对于可移动的导线通道应放适当的余量，使金属软管在运动时不承受拉力，并按规定在通道内放好备用导线。

（7）检查电路的接线是否正确和接地通道是否具有连续性。

（8）检查热继电器的整定值是否符合要求。各级熔断器的熔体是否符合要求，如不符合要求应予以更换。

（9）检查电动机的安装是否牢固，与生产机械传动装置的连接是否可靠。

（10）检测电动机及线路的绝缘电阻，清理安装场地。

（11）降压启动控制电动机启动，转向是否符合要求。

3. 通电调试

（1）通电空转试验时，应认真观察各电器元件、线路；

（2）通电带负载试验时，应认真观察各电器元件、线路；

4. 注意事项

（1）不要漏接接地线。严禁采用金属软管作为接地通道。

（2）在导线通道内敷设的导线进行接线时，必须集中思想，做到查出一根导线，立即套上编码套管，接上后再进行复验。

（3）在安装、调试过程中，工具、仪表的使用应符合要求。

（4）通电操作时，必须严格遵守安全操作规程。

七、任务评价

（一）成果展示

　　各小组派代表上台总结完成任务的过程中，学会了哪些技能，发现错误后如何改正，并展示已接好的电路，通电试验效果。

电机作 Y 形降压启动时的工作情况：_____

_____

_____

电机转换到△形全压运行时的工作情况：_____

_____

_____

其他小组提出的改进建议：_____

_____

_____

_____

（二）学生自我评估与总结

_____

_____

_____

_____

_____ 。

（三）小组评估与总结

_____

_____

_____

_____ 。

（四）教师评估与总结

_____

_____

_____

_____ 。

（五）各小组对工作岗位的"6S"处理

　　在小组和教师都完成工作任务总结以后，各小组必须对自己的工作岗位进行"整理、整顿、清扫、清洁、安全、素养"；归还所借的工量具和实习工件。

（六）评价表（表 3 - 11 - 3）

表 3 - 11 - 3　　　学习任务 11　安装与调试三相电动机的降压启动控制线路评价表

班级：＿＿＿＿＿＿＿＿　　　　　　　　指导教师：＿＿＿＿＿＿＿＿

小组：＿＿＿＿＿＿＿＿　　　　　　　　日期：＿＿＿＿＿＿＿＿

姓名：＿＿＿＿＿＿＿＿

评价项目	评价标准	评价依据	评价方式			权重	得分小计
			学生自评 20%	小组互评 30%	教师评价 50%		
职业素养	1. 遵守企业规章制度、劳动纪律 2. 按时按质完成工作任务 3. 积极主动承担工作任务，勤学好问 4. 人身安全与设备安全 5. 工作岗位 6S 完成情况	1. 出勤 2. 工作态度 3. 劳动纪律 4. 团队协作精神				0.3	
专业能力	1. 理解常用的降压启动电路在工厂中的应用范围 2. 理解 Y - △降压启动电路的工作原理 3. 学会 Y - △降压启动控制电路的设计技巧和方法 4. 能根据控制要求设计出 Y - △降压启动控制电路原理图、电器布置图和电气接线图 5. 能掌握相应电气元件的布置和布线方法 6. 认真填写学材上的相关资讯问答题	1. 操作的准确性和规范性 2. 工作页或项目技术总结完成情况 3. 专业技能任务完成情况				0.5	
创新能力	1. 在任务完成过程中能提出自己的有一定见解的方案 2. 在教学或生产管理上提出建议，具有创新性	1. 方案的可行性及意义 2. 建议的可行性				0.2	
合计							

八、技能拓展

试设计一台电动机正反转带 Y - △形降压启动的控制电路，并分析其工作原理。

要求：（1）无论正转还是反转都采用 Y - △形降压启动；

　　　（2）Y 形启动整定时间设定为 5s；

　　　（3）具有短路、过载、失压和欠压保护。

学习任务 12　安装与调试三相电动机的制动控制线路

一、任务描述

　　根据控制要求设计电路原理图，控制要求：①设计一台电动机采用有变压器全波整流单向启动能耗制动控制电路；②电路中设有短路、过载、失压等保护装置；③停止时，设有全波整流组成的能耗制动装置；根据设计的电路图配置相关电气元件。合理布置和安装电气元件，根据电气原理图进行布线、检查、调试。

　　学生接到本任务后，应根据任务要求，准备工具和仪器仪表，做好工作现场准备，严格遵守作业规范进行施工，线路安装完毕后进行调试，填写相关表格并交检测指导教师验收。按照现场管理规范清理场地、归置物品。

二、任务要求

　　1. 熟悉机械制动和电气制动的结构与种类，理解能耗制动的工作原理；
　　2. 理解电动机采用有变压器全波整流单向启动能耗制动控制电路在工厂中的应用范围；
　　3. 学会设计一台电动机采用有变压器全波整流单向启动能耗制动控制线路；
　　4. 能根据设计方案绘制出电路原理图；
　　5. 能根据电路原理图安装其控制线路，做好电气元件的布置方案，做到安装的器件整齐、布线美观；
　　6. 通电试车，必须有指导教师在现场监护，同时要做到安全文明生产。

三、能力目标

　　1. 理解有变压器全波整流单向启动能耗制动控制电路在工厂中的应用范围；
　　2. 理解电动机制动的方法和种类，理解能耗制动的工作原理；
　　3. 学会单相半波和全波整流单向启动能耗制动控制电路的设计技巧和方法；
　　4. 能根据控制要求设计出有变压器全波整流单向启动能耗制动控制电路图；
　　5. 能掌握相应电气元件的布置和布线方法，并认真填写学材上本任务中"任务实施（一）"的问答题；
　　6. 各小组发挥团队合作精神，学会三相电动机的制动控制线路安装与调试的步骤、实施、成果评估。

四、任务准备

（一）相关理论知识
　　1. 制动的概述

　　电动机断开电源以后，由于惯性作用不会马上停止转动，而是需要转动一段时间才会完全停下来。这种情况对于某些生产机械是不适宜的。例如，起重机的吊钩需要准确定位；万能铣床要求立即停转等。满足生产机械的这种要求就要对电动机进行制动。

　　所谓制动，就是给电动机一个与机械转动方向相反的转矩使它迅速停转（或限制其转速）。工程中常用的制动方法一般有两类：机械制动和电力制动。机械制动可分为电磁抱闸断电制动、电磁抱闸通电制动、电磁离合器制动；电力制动又可分为能耗制动、反接制动、电容制动、再生发电制动等几种。

2. 反接制动原理

在如图 3 - 12 - 1 （a） 所示的电路中，当 QS 向上投合时，电动机定子绕组电源电压相序为 L1 - L2 - L3，电动机将沿旋转磁场方向 ［见图 3 - 12 - 1 （b） 中顺时针方向］，以 $n < n_1$ 的转速正常运转。当电动机需要停转时，拉下开关 QS，使电动机先脱离电源（此时转子由于惯性仍按原方向旋转）。随后，将开关 QS 迅速向下投合，由于 L1、L2 两相电源对调，电动机定子绕组电源电压相序变为 L2 - L1 - L3，旋转磁场反转 ［见图 3 - 12 - 1 （b） 中的逆时针方向］，此时转子将以 $n_1 + n$ 的相对转速沿原转动方向切割旋转磁场，在转子绕组中产生感应电流，其方向可用右手定则判断出来，如图 3 - 12 - 1 （b） 所示，而转子绕组一旦产生电流，又受到旋转磁场的作用，产生电磁转矩，其方向可用左手定则判断出来，如图 3 - 12 - 1 （b） 所示。可见，此转矩方向与电机的转动方向相反，使电动机受制动迅速停转。

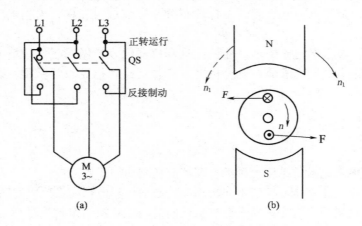

图 3 - 12 - 1 反接制动原理图

可见，反接制动是依靠改变电动机定子绕组的电源相序来产生制动力矩，迫使电动机迅速停转的。

当电动机转速接近零时，应立即切断电动机电源；否则电动机将反转。因此，在反接制动设施中，为保证电动机的转速被制动到接近零值时，能迅速切断电源，防止反向启动，常利用速度继电器（又称反接制动继电器）来自动地及时切断电源。

3. 机械制动控制线路

利用机械装置使电动机断开电源后迅速停转的方法叫机械制动。机械制动常用的方法有电磁抱闸制动和电磁离合器（由电枢、励磁绕组、电刷、滑环等组成）制动。两者的制动原理类似，控制线路也基本相同。下面以电磁抱闸制动器为例，介绍机械制动的制动原理和控制线路。

（1）电磁抱闸制动器 如图 3 - 12 - 2 所示为常用的 MZD1 系列和 MZS1 系列交流制动电磁铁与 TJ2 系列闸瓦制动器的外形，它们配合使用共用组成电磁抱闸制动器，其结构如图 3 - 12 - 3 （a） 所示，符号如图 3 - 12 - 3 （b） 所示。

电磁铁和制动器的型号及其含义如下：

制动电磁铁由铁心、衔铁和线圈三部分组成。闸瓦制动器包括闸轮、闸瓦、杠杆和弹簧等部分。电磁抱闸制动器分为断电制动型和通电制动型两种。断电制动型的工作原理如下：当制动电磁铁的线圈得电时，制动器的闸瓦与闸轮分开，无制动作用；当线圈失电时，制动器的闸瓦紧紧抱住闸轮制动。

制动器的工作原理如下：当制动电磁铁的线圈得电时，闸瓦紧紧抱住闸轮制动；当线圈失电时，制动器的闸瓦与闸轮分开，无制动作用。

（2）电磁抱闸制动器断电制动控制线路 电磁抱闸制动器断电制动控制线路如图 3 - 12 - 4 所示。

启动运转：先合上电源开关 QS。按下启动按钮 SB1，接触器 KM 线圈得电，其自锁触头和主触头闭合，电动机 M 接通电源，同时电磁抱闸制动器 YB 线圈得电，衔铁与铁心吸合，衔铁克服弹簧拉力，迫使制动杠杆向上移动，从而使制动器的闸瓦与闸轮分开，电动机正常运转。

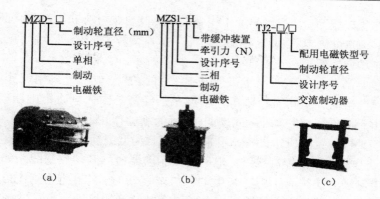

图 3 - 12 - 2 制动电磁铁与闸瓦制动器
（a）MZD1 系列交流单相制动电磁铁 （b）MZS1 系列交流三相制动电磁铁 （c）TJ2 系列制动器

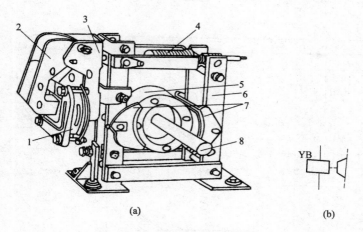

图 3 - 12 - 3 电磁抱闸制动器
（a）结构 （b）符号
1—线圈 2—衔铁 3—铁心 4—弹簧 5—闸轮 6—杠杆 7—闸瓦 8—轴

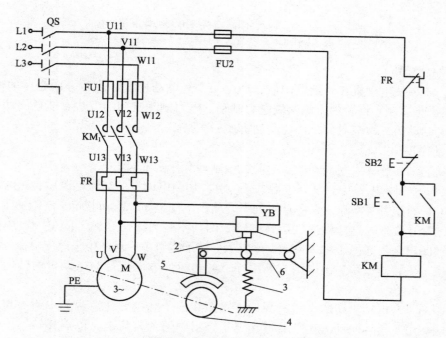

图 3 - 12 - 4 电磁抱闸制动器断电制动控制电路图
1—线圈 2—衔铁 3—弹簧 4—闸轮 5—闸瓦 6—杠杆

制动停转：按下停止按钮SB2，接触器KM线圈失电，其自锁触头和主触头分断，电动机M失电，同时电磁抱闸制动器YB线圈也失电，衔铁与铁心分开，在弹簧拉力的作用下，制动器的闸瓦紧紧抱住闸轮，使电动机被迅速制动而停转。

电磁抱闸制动器断电制动在起重机械上（如电梯、行吊等）被广泛采用。其优点是能够准确定位，同时可防止电动机突然断电时，重物自行坠落；缺点是不经济。因为电磁抱闸制动器线圈耗电时间与电动机一样长。另外，由于电磁抱闸制动器在切断电源后的制动作用，使手动调整工件很难，因此，对要求电动机制动后能调整工件位置的机床设备，可采用通电制动型制动器进行制动。

（3）电磁抱闸制动器通电制动控制线路　电磁抱闸制动器通电制动控制线路如图3-12-5所示。这种通电制动与上述断电制动方法稍有不同。当电动机得电运转时，电磁抱闸制动器线圈断电，闸瓦与闸轮分开，无制动作用；当电动机失电需停转时，电磁抱闸制动器的线圈得电，使闸瓦紧紧抱住闸轮制动；当电动机处于停转常态时，线圈也无电，闸瓦与闸轮分开，这样操作人员可以用手扳动主轴调整工件、对刀等。图3-12-5控制线路和工作原理请读者自行分析。

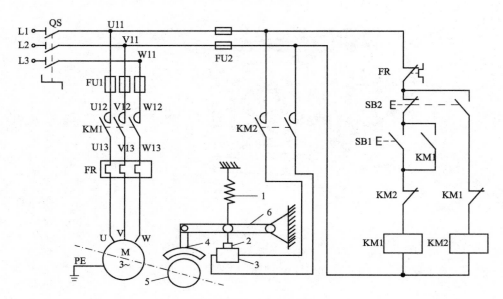

图3-12-5　电磁抱闸制动器通电制动控制电路图
1—弹簧　2—衔铁　3—线圈　4—闸瓦　5—闸轮　6—杠杆

4. 能耗制动控制线路

在工程或工厂中，使电动机在切断电源后，产生一个和电动机实际旋转方向相反的电磁力矩（制动力矩），迫使电动机迅速制动停转的方法叫做电力制动。电力制动常用的方法有能耗制动、反接制动、电容制动、再生发电制动等，本节只分析能耗制动析控制线路。

（1）能耗制动原理

想一想：能耗制动是怎样实现制动的，它与机械制动有什么不同？

图3-12-6（a）所示电路中，断开电源开关QS1，切断电动机的交流电源后，这时转子仍沿原方向惯性运转；随后立即合上开关QS2，并将QS1向下合闸，电动机V、W两相定子绕组通入直流电，使定子中产生一个恒定的静止磁场，这样做惯性运转的转子因切割磁力线而在转子绕组中产生感应电流，其方向可用右手定则判断出来，如图3-12-6（b）所示。转子绕组中一旦产生了感应电流，又立即受到静止磁场的作用，产生电磁转矩，用左手定则判断可知，此转矩的方向正好与电动机的转向相反，使电动机受制动迅速停转。

可见，能耗制动是当电动机切断交流电源后，立即在定子绕组的任意两相中通入直流电，迫使电动机迅速停转的方法。由于这种制动方法是通过在定子绕组中通入直流电，以消耗转子质性运转的动能来进行制动的，所以称为能耗制动，又称动能制动。

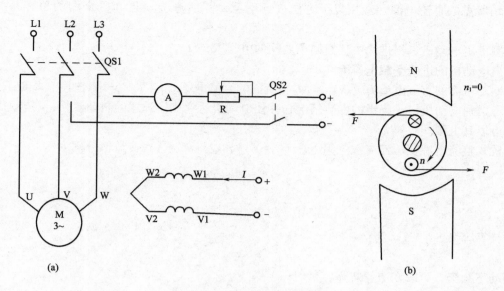

图 3 – 12 – 6　能耗制动原理图

（2）单向启动能耗制动自动控制线路

1）无变压器单相半波整流单向启动能耗制动自动控制线路

线路采用单相半波整流器作为直流电源，所附加设备较少，线路简单，成本低，常用于 10kW 以下小容量电动机，且对制动要求不高的场合。

2）有变压器单相桥式整流单向启动能耗制动自动控制线路

对于 10kW 以上容量的电动机，多采用有变压器单相桥式整流能耗制动自动控制线路。

如图 3 – 12 – 7 所示为有变压器全波整流单向启动能耗制动自动控制线路，其中直流电源由单相桥式整流器 VC 供给，TC 是整流变压器，电阻 R 是用来调节直流电流的，从而调节制动强度，整流变压器原边与整流器的直流侧同时进行切换，有利于提高触头的使用寿命。

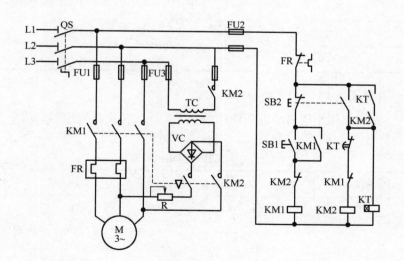

图 3 – 12 – 7　有变压器全波整流单向启动能耗制动控制线路

能耗耗能制动的优点是制动准确、平稳，且能量消耗较小。缺点是需要附加直流电源装置，设备费用较高，制动力较弱，在低速时制动力矩小。因此能耗制动一般用于要求制动准确、平稳的场合，如磨床、立式铣床等的控制线路中。

能耗制动所需的直流电源一般用以下方法进行估算，其估算步骤是（以常用的单相桥式整流电路为例）：

①首先测量出电动机三根进线中任意两根之间的电阻 R（Ω）。

②测量出电动机的进线空载电流 I_0（A）。

③能耗制动所需的直流电流 I_L（A）$=KI_0$，所需的直流电压 U_L（V）$=I_LR$。其中 K 是系数，一般取 3.5~4。若考虑到电动机定子绕组的发热情况，并使电动机达到比较满意的制动效果，对转速高、惯性大的传动装置可取其上限。

④单相桥式整流电源变压器二次绕组电压 U_2（V）和电流 I_2（A）有效值分别为：

$$U_2 = \frac{U_L}{0.9}$$

$$I_2 = \frac{I_L}{0.9}$$

变压器计算容量 S（VA）为：

$$S = U_2 I_2$$

如果制动不频繁，可取变压器实际容量 S'（VA）为：

$$S' = \left(\frac{1}{4} \sim \frac{1}{3}\right) S$$

⑤可调电阻 $R \curvearrowright 2\Omega$，电阻功率 P_R（W）$= I_L^2 R$，实际选用时，电阻功率也可小些。

（二）设备、工具的准备

为完成工作任务，每个工作小组需要向工作站内仓库工作人员提供借用工具清单（表 3-12-1）。

表 3-12-1   工作岛借用工具清单

序号	名称（型号、规格）	数量	借出时间	学生签名	归还时间	学生签名	管理员签名
1							
2							
3							
4							
5							

（三）材料的准备

为完成工作任务，每个工作小组需要向工作站内仓库工作人员提供领用材料清单（表 3-12-2）。

表 3-12-2   工作岛借用材料清单

序号	名称（型号、规格）	数量	借出时间	学生签名	归还时间	学生签名	管理员签名
1							
2							
3							
4							
5							

（四）团队分配的方案

将学生分为 5 个小组，每个工作岛为 1 组，根据工作岛工位要求，每组 6 人，每组指定 1 人为小组

长、2 人为材料管理员，材料管理员负责材料领取分发，小组长负责组织本组相关问题的计划、实施及讨论汇总，填写各组人员工作任务实施所需文字材料的相关记录表。

五、制定工作计划

六、任务实施

（一）为了完成任务，必须回答以下问题

（1）所谓制动，就是给电动机一个与转动方向_____的转矩使它迅速停转。制动的方法一般有_____和_____两类。

（2）利用_____使电动机断开电源后迅速停转的方法叫机械制动。机械制动常用的方法有_____制动和_____制动。

（3）断电制动型电磁抱闸制动器被广泛应用在_____上，其优点是能够_____，同时可防止电动机突然断电时重物的_____。

（4）电磁离合器主要由_____、_____、_____以及_____等组成。

（5）安装电磁抱闸制动器时，要保证闸瓦制动器的抱闸机构与电动机轴伸端上的制动闸轮在_____上，且轴心要_____。

（6）使电动机在切断电源停转的过程中，产生一个和电动机实际旋转方向_____的_____力矩，迫使电动机迅速制动停转的方法叫电力制动。

（7）电力制动常用的方法有_____、_____、_____和_____等。

（8）当电动机切断交流电源后，立即在定子绕组的任意两相中通入_____来迫使电动机迅速停转的方法叫能耗制动。

（二）安装与调试三相电动机制动控制线路

1. 设计要求

（1）根据控制要求设计一台电动机采用有变压器全波整流单向启动能耗制动控制电路，控制要求：

①要求电路中设有全波整流能耗制动电气装置；

②按下启动按钮，电动机单向启动；在任何时间按下停止按钮，电动机都要立即进入能耗制动停车，待电机转速下降到零时，电机停止运转，同时线路能自动的切断制动线路电源，能耗制动结束；

③电路中要设有短路、失压、过载、联锁等保护装置；

④根据设计的电气原理图配置相关电气元件和计算制动电阻阻值。

（2）根据任务要求设计出安装与调试三相电动机制动控制线路电器布置图。

（3）根据任务要求设计出安装与调试三相电动机的制动控制线路电气接线图。

2. 安装步骤及工艺要求

（1）逐个检验电气设备和元件的规格和质量是否合格。

（2）正确选配导线的规格、导线通道类型和数量、接线端子板型号等。

（3）在控制板上安装电器元件，并在各电器元件附近做好与电路图上相同代号的标记。

（4）按照控制板内布线的工艺要求进行布线和套编码套管。

（5）选择合理的导线走向，做好导线通道的支持准备，并安装控制板外部的所有电器。

（6）进行控制箱外部布线，并在导线线头上套装与电路图相同线号的编码套管。对于可移动的导线通道应放适当的余量，使金属软管在运动时不承受拉力，并按规定在通道内放好备用导线。

（7）检查电路的接线是否正确和接地通道是否具有连续性。

（8）检查热继电器的整定值是否符合要求。各级熔断器的熔体是否符合要求，如不符合要求应予以更换。

（9）检查电动机的安装是否牢固，与生产机械传动装置的连接是否可靠。

（10）检测电动机及线路的绝缘电阻，清理安装场地。

3. 通电调试

（1）通电空转试验时，应认真观察各电器元件、线路；

（2）通电带负载试验时，应认真观察各电器元件、线路。

4. 注意事项

（1）不要漏接接地线。严禁采用金属软管作为接地通道。

（2）在导线通道内敷设的导线进行接线时，必须集中思想，做到查出一根导线，立即套上编码套管，接上后再进行复验。

（3）在安装、调试过程中，工具、仪表的使用应符合要求。

（4）通电操作时，必须严格遵守安全操作规程。

七、任务评价

（一）成果展示

各小组派代表上台总结完成任务的过程中，学会了哪些技能，发现错误后如何改正，并展示已接好的电路，在老师的监护下通电试验效果。

按下启动按钮时的工作情况：_____

_____

按下停止按钮时的工作情况：_____

_____

其他小组提出的改进建议：_____

_____

（二）学生自我评估与总结

_____

_____

_____

_____。

（三）小组评估与总结

_____

_____

_____

_____。

（四）教师评估与总结

_____

_____

_____

_____。

（五）各小组对工作岗位的"6S"处理

在小组和教师都完成工作任务总结以后，各小组必须对自己的工作岗位进行"整理、整顿、清扫、清洁、安全、素养"；归还所借的工量具和实习工件。

（六）评价表（表 3 – 12 – 3）

表 3 – 12 – 3 　　　　学习任务 12 　安装与调试三相电动机的制动控制线路评价表

| 班级：_____　　小组：_____　　姓名：_____ | | 指导教师：_____　　日期：_____ | | | | | |

评价项目	评价标准	评价依据	评价方式			权重	得分小计
			学生自评20%	小组互评30%	教师评价50%		
职业素养	1. 遵守企业规章制度、劳动纪律 2. 按时按质完成工作任务 3. 积极主动承担工作任务，勤学好问 4. 人身安全与设备安全 5. 工作岗位 6S 完成情况	1. 出勤 2. 工作态度 3. 劳动纪律 4. 团队协作精神				0.3	
专业能力	1. 理解有变压器全波整流单向启动能耗制动控制电路在工厂中的应用范围 2. 理解电动机制动的方法和种类，理解能耗制动的工作原理 3. 学会单相半波和全波整流单向启动能耗制动控制电路的设计技巧和方法 4. 能根据控制要求设计出有变压器全波整流单向启动能耗制动控制电路图 5. 能掌握相应电气元件的布置和布线方法，并认真填写学材上的相关资讯问答题	1. 操作的准确性和规范性 2. 工作页或项目技术总结完成情况 3. 专业技能任务完成情况				0.5	
创新能力	1. 在任务完成过程中能提出自己的有一定见解的方案 2. 在教学或生产管理上提出建议，具有创新性	1. 方案的可行性及意义 2. 建议的可行性				0.2	
合计							

八、技能拓展

试给某机床设计出一个控制线路。

要求：（1）有变压器全波整流能耗制动的正反转控制线路。

　　　　（2）具有过载、短路、失压、欠压和联锁保护。

学习任务 13　安装与调试双速异步电动机的控制线路

一、任务描述

　　根据控制要求设计电路原理图，控制要求：①有一台双速电动机，需要采用时间继电器自动控制双速电动机的两挡速度，试设计此电路；②该电路中要设有短路、过载、失压等保护装置；③该电路设有低速运行和高速运行两种速度挡位，高低速挡设有电气联锁；当在高速挡位时，电动机先低速启动后再自动转为高速运行；④根据设计的电路图配置相关电气元件和安装此电路；⑤利用多媒体技术和配套视频对工作任务进行应用描述。

　　学生接到本任务后，应根据任务要求，准备工具和仪器仪表，做好工作现场准备，严格遵守作业规范进行施工，线路安装完毕后进行调试，填写相关表格并交检测指导教师验收。按照现场管理规范清理场地、归置物品。

二、任务要求

1. 理解双速电动机和其控制电路在工厂中的应用范围；
2. 理解电动机的调速方法，弄清双速电动机变速的原理；
3. 学会双速电动机控制电路的设计技巧和方法；
4. 能根据控制要求设计出双速电动机控制线路图；
5. 能根据电路原理图安装其控制线路，做好电气元件的布置方案，做到安装的器件整齐、布线美观；
6. 通电试车，必须有指导教师在现场监护，同时要做到安全文明生产；
7. 认真填写学材上的相关资讯问答题。

三、能力目标

1. 掌握双速电动机控制线路在实际中应用；
2. 理解电动机的调速方法，学会双速电动机的变速原理；
3. 学会双速电动机控制线路的设计技巧和方法；
4. 能根据控制要求设计出双速电动机控制线路原理图；
5. 能掌握相应电气元件的布置和布线方法，并认真填写本任务中"任务实施（一）"中的问答题。
6. 各小组发挥团队合作精神，学会双速电动机控制线路安装与调试的步骤、实施和成果评估。

四、任务准备

（一）相关理论知识

1. 三相异步电动机的调速方法

由三相异步电动机的转速公式可知

$$n = \frac{(1-s)\ 60f_1}{p}$$

改变异步电动机转速可通过三种方法来实现：一种是改变电源频率 f_1，二种是改变转差率 s，三种是

改变磁极对数 p。其中改变电源频率 f_1 的调速叫变频调速，这种调速方法要有专用的变频调速装置，是无级调速，现已广泛用于风机、水泵、数控机床主轴等的电动机调速控制中；改变转差率 s 的调整方法也要有配套的装置，并且电动机一定是特殊的滑差电动机或转子串电阻专用电动机，调速范围较窄，只能在一定范围内调速。改变异步电动机的磁极对数调速称为变极调速。变极调速是通过改变定子绕组的连接方式来实现的，它是有级调速，且只适合用于笼型异步电动机，常见的多速度电动机有双速、三速、四速等几种类型。多速电动机具有可随负载性质的要求而分级地变换转速，从而达到功率的合理匹配和简化变速系统的特点，适用于需要逐级调速的各种机构，主要应用于万能、组合、专用切削机床及矿山冶金、纺织、印染、化工、农机等行业中。

2. 双速异步电动机定子绕组的联结

双速异步电动机定子绕组的 △/YY 联接如图 3-13-1 所示。图中，三相定子绕组接成 △ 形，由三个连接点接出三个出线端 U1、V1、W1，从每相绕组的中点各接出一个线圈 U2、V2、W2，这样定子绕组共有 6 个出线端。通过改变这 6 个出线端与电源的连接方式，就可以得到两种不同的转速。

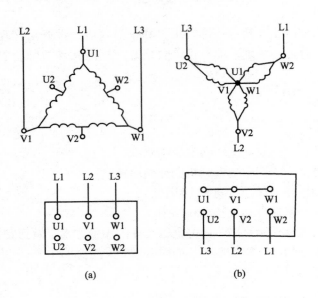

图 3-13-1　双速异步电动机定子绕组的 △/YY 联接图
(a) 低速 △ 形接法　　(b) 高速 YY 形接法

要使电动机在低速，就把三相电源分别接至定子绕组作 △ 形联接顶点的出线端 U1、V1、W1 上，另外三个出线端 U2、V2、W2 空着不接，如图 3-13-1（a）所示，此时电动机定子绕组接成 △ 形，电动机磁极对数 $p=2$，磁极为 4 极，同步转速为 1500r/min；若要使电动机高速工作，就把三个出线端 U1、V1、W1 并接在一起，另外三个出线端 U2、V2、W2 分别接到三相电源上，如图 3-13-1（b）所示，这时电动机定子绕组接成 YY 形，电动机磁极对数 $p=1$，磁极为 2 极，同步转速为 3000r/min。可见，双速电动机高速运转时的转速是低速运转转速的 2 倍。

值得注意的是，双速电动机定子绕组从一种接法改变为另一种接法时，必须把电源相序反接，以保证电动机的旋转方向不变。

3. 双速电动机的控制线路

（1）接触器控制双速电动机的控制线路　图 3-13-2 所示为双速电动机控制线路，具体工作原理请读者自行分析。

（2）时间继电器控制双速电动机的控制线路　用时间继电器控制双速电动机低速启动高速运转的电路图如图 3-13-3 所示。时间继电器 KT 控制电动机 △ 形启动时间和 △—YY 的自动换接运转。

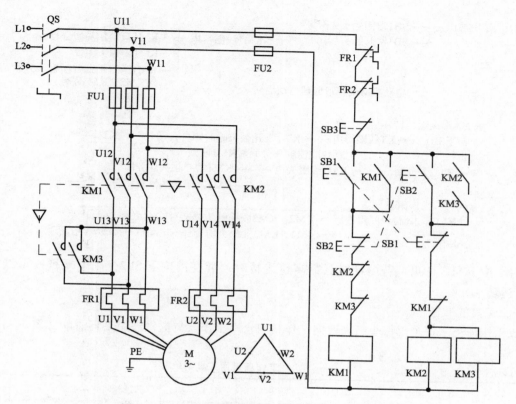

图 3－13－2　接触器控制双速异步电动机的电路图

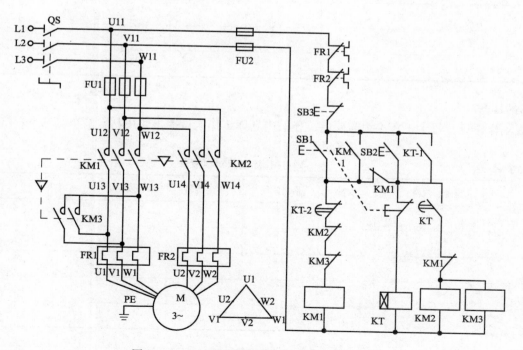

图 3－13－3　时间继电器控制双速电动机电路图

线路的工作原理分析如下：先合上电源开关 QS：

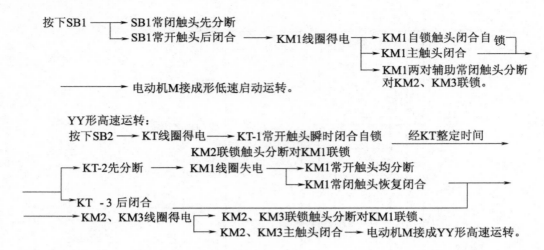

停止时，按下 SB3 即可，若电动机只需高速运转时，可直接按下 SB2，则电动机 △ 形低速启动后，YY 形高速运转。

（二）设备、工具的准备

为完成工作任务，每个工作小组需要向工作站内仓库工作人员提供借用工具清单（表 3－13－1）。

表 3－13－1　　　　　　　　　　　　　　_____ 工作岛借用工具清单

序号	名称（型号、规格）	数量	借出时间	学生签名	归还时间	学生签名	管理员签名
1							
2							
3							
4							
5							

（三）材料的准备

为完成工作任务，每个工作小组需要向工作站内仓库工作人员提供领用材料清单（表 3－13－2）。

表 3－13－2　　　　　　　　　　　　　　_____ 工作岛借用材料清单

序号	名称（型号、规格）	数量	借出时间	学生签名	归还时间	学生签名	管理员签名
1							
2							
3							
4							
5							

（四）团队分配的方案

将学生分为 5 个小组，每个工作岛为 1 组，根据工作岛工位要求，每组 6 人，每组指定 1 人为小组长、2 人为材料管理员，材料管理员负责材料领取分发，小组长负责组织本组相关问题的计划、实施及讨论汇总，填写各组人员工作任务实施所需文字材料的相关记录表。

五、制定工作计划

六、任务实施

（一）为了完成任务，必须回答以下问题

关于三相异步电动机的调速控制，还可以参考学习工作站提供的辅助教材《电力拖动基本控制线路》模块二课题十的案例。

（1）三相异步电动机的调速方法有三种，一种是_____调速，二种是_____调速，三种是_____调速。

（2）改变异步电动机的_____调速称变极调速，变极调速是通过改变_____来实现的。

（3）变极调速属于_____级调速，只适用于_____异步电动机。

（4）凡_____可改变的电动机称多速电动机，常见的多速电动机有_____、_____、_____等几种类型。

（5）双速异步电动机的定子绕组共有_____个出线端，可作_____和_____两种连接方式，电动机低速时定子绕组接成_____，高速时接成_____。

（6）双速异步电动机定子绕组接成△时，磁极为_____极，同步转速为_____ r/min；接成 YY 时，磁极为_____极，同步转速为_____ r/min。

（7）双速电动机高速运转时，定子绕组出线端的连接方式应为_____接三相电源，_____并接在一起；双速电动机高速运转时的转速是低速运转转速的_____倍。

（二）安装与调试双速异步电动机控制线路

1. 设计要求

（1）根据控制要求设计一个双速异步电动机控制线路。

控制要求：

①设计一台采用时间继电器控制双速电动机的控制线路；

②电路中设有短路、过载、失压等保护装置；

③电路设有低速运行和高速运行两种速度挡位，高低速挡设有电气联锁；当按下高速挡位时，电动机先低速启动后再自动转为高速运行。

（2）根据任务要求设计出安装与调试双速异步电动机控制线路电器布置图。

（3）根据任务要求设计出双速异步电动机的制动控制线路电气接线图。

2. 安装步骤及工艺要求

（1）逐个检验电气设备和元件的规格和质量是否合格；

（2）正确选配导线的规格、导线通道类型和数量、接线端子板型号等；

（3）在控制板上安装电器元件，并在各电器元件附近做好与电路图上相同代号的标记；

（4）按照控制板内布线的工艺要求进行布线和套编码套管；

（5）选择合理的导线走向，做好导线通道的支持准备，并安装控制板外部的所有电器；

（6）进行控制箱外部布线，并在导线线头上套装与电路图相同线号的编码套管。对于可移动的导线通道应放适当的余量，使金属软管在运动时不承受拉力，并按规定在通道内放好备用导线；

（7）检查电路的接线是否正确和接地通道是否具有连续性；

（8）检查热继电器的整定值是否符合要求。各级熔断器的熔体是否符合要求，如不符合要求应予以更换；

（9）检测电动机及线路的绝缘电阻，清理安装场地。

3. 通电调试

（1）通电空转试验时，应认真观察各电器元件、线路；

（2）通电带负载试验时，应认真观察各电器元件、线路。

4. 注意事项

（1）不要漏接接地线。严禁采用金属软管作为接地通道。

（2）在导线通道内敷设的导线进行接线时，必须集中思想，做到查出一根导线，立即套上编码套管，接上后再进行复验。

（3）在安装、调试过程中，工具、仪表的使用应符合要求。

（4）通电操作时，必须严格遵守安全操作规程。

七、任务评价

（一）成果展示

　　各小组派代表上台总结完成任务的过程中，学会了哪些技能，发现错误后如何改正，并展示已接好的电路，在老师的监护下通电试验效果。并描述高、低速启动时的工作情况。

低速启动时的工作情况：＿＿＿＿＿＿＿＿＿＿＿＿＿＿＿＿＿＿＿＿＿＿＿＿＿＿＿＿＿＿＿

＿＿＿

高速启动时的工作情况：＿＿＿＿＿＿＿＿＿＿＿＿＿＿＿＿＿＿＿＿＿＿＿＿＿＿＿＿＿＿＿

＿＿＿

其他小组提出的改进建议：＿＿＿＿＿＿＿＿＿＿＿＿＿＿＿＿＿＿＿＿＿＿＿＿＿＿＿＿＿＿

＿＿＿

（二）学生自我评估与总结

＿＿＿

＿＿＿

＿＿＿

＿＿。

（三）小组评估与总结

＿＿＿

＿＿＿

＿＿＿

＿＿。

（四）教师评估与总结

＿＿＿

＿＿＿

＿＿＿

＿＿。

（五）各小组对工作岗位的"6S"处理

　　在小组和教师都完成工作任务总结以后，各小组必须对自己的工作岗位进行"整理、整顿、清扫、清洁、安全、素养"；归还所借的工量具和实习工件。

（六）评价表（表3–13–3）

表3–13–3　　　　学习任务13　安装与调试双速异步电动机的控制线路评价表

班级：＿＿＿＿＿＿　　　　　　　　指导教师：＿＿＿＿＿＿
小组：＿＿＿＿＿＿　　　　　　　　日期：＿＿＿＿＿＿
姓名：＿＿＿＿＿＿

评价项目	评价标准	评价依据	评价方式			权重	得分小计
			学生自评 20%	小组互评 30%	教师评价 50%		
职业素养	1. 遵守企业规章制度、劳动纪律 2. 按时按质完成工作任务 3. 积极主动承担工作任务，勤学好问 4. 人身安全与设备安全 5. 工作岗位6S完成情况	1. 出勤 2. 工作态度 3. 劳动纪律 4. 团队协作精神				0.3	
专业能力	1. 理解双速电动机和其控制电路在工厂中的应用范围 2. 理解电动机的调速方法，清楚双速电动机变速的原理 3. 能根据控制要求设计出双速电动机控制电路图 4. 能掌握相应电气元件的布置和布线方法，并认真填写学材上的相关资讯问答题 5. 能根据电路原理图安装其控制电路，做好电气元件的布置方案，做到安装的器件整齐、布线美观、好看	1. 操作的准确性和规范性 2. 工作页或项目技术总结完成情况 3. 专业技能任务完成情况				0.5	
创新能力	1. 在任务完成过程中能提出自己的有一定见解的方案 2. 在教学或生产管理上提出建议，具有创新性	1. 方案的可行性及意义 2. 建议的可行性				0.2	
合计							

八、技能拓展

利用前面所学的知识，设计一台三速电动机的控制线路。

要求：1. 按下低速按钮时，电动机低速启动运行；按下中速按钮时，电动机低速启动，5秒钟后自动切换到中速运行；按下高速按钮时，电动机低速启动，5秒钟后自动切换到中速，再5秒钟后自动切换到高速运行。

　　　2. 线路应有短路、过载、失压和欠压等电气保护。

任务四　直流电动机的基本控制线路装调与维修

学习任务 1　掌握并励直流电动机的基本控制线路

一、任务描述

根据控制要求设计电路原理图，控制要求：①有一台并励直流电动机，需要采用电枢回路串电阻二级启动控制，试设计此电路；②该电路中要设有短路、过载、失磁、欠压等保护装置；③该电路设有二级启动电阻，在启动过程中分级短接启动电阻，然后转入全压运行；④根据设计的电路图配置相关电气元件和安装此电路；⑤利用多媒体技术及配套视频对工作任务应用进行描述。

学生接到本任务后，应根据任务要求，准备工具和仪器仪表，做好工作现场准备，严格遵守作业规范进行施工，线路安装完毕后进行调试，填写相关表格并交检测指导教师验收。按照现场管理规范清理场地、归置物品。

二、任务要求

1. 理解并励直流电动机和其控制电路在工厂中的应用范围；
2. 理解并励直流电动机的启动方法，弄清并励直流电动机控制要求；
3. 学会并励直流电动机的正反转控制方法；
4. 能根据控制要求设计出并励直流电动机的电枢回路串电阻二级启动控制电路图；
5. 认真填写学材上的相关资讯问答题；
6. 能根据电路原理图安装其控制电路，做好电气元件的布置方案，做到安装的器件整齐、布线美观；
7. 通电试车，必须有指导教师在现场监护，同时要做到安全文明生产。

三、能力目标

1. 能根据控制要求正确设计并励直流电动机的启动和正反转控制线路；
2. 能掌握相应电气元件的布置和布线方法；
3. 学会正确安装与检修并励直流电动机控制线路；
4. 各小组发挥团队合作精神，学会并励直流电动机控制线路安装与检修的步骤、实施和成果评估。

四、任务准备

（一）相关理论知识

1. 直流电动机概述

交流电动机和直流电动机使用的电源不同。交流电动机采用交流电源，它结构简单、价格低廉、坚固耐用、使用和维护方便，但其功率因数较低，电能利用率不高，且调速困难。而直流电动机使用直流电源，虽然结构较复杂，使用维护较麻烦，价格较高，但由于它的启动、调速性能较好，仍广泛应用于造纸机、轧钢机、高炉卷扬、电力机车、金属切削等工作负载变化较大，要求频繁地启动、改变方向、平滑地调速的生产机械上。

按直流电动机励磁绕组与电枢绕组接线方式的不同，可以分为他励式和自励式两种，自励式又可分为并励、串励和复励几种。图 4-1-1 所示为并励式直流电动机。

并励电动机励磁绕组与电枢绕组并联，改变调节电阻 RP 的大小可调节励磁电流。它的特点是励磁绕组匝数多，导线截面较小，励磁电流只占电枢电流的一小部分。图 4-1-1（b）所示为并励电动机的接线图。

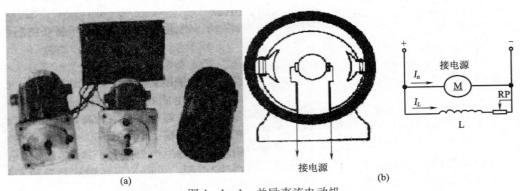

图 4-1-1 并励直流电动机
（a）外形 （b）内部接线

直流电动机常用的启动方法有两种：一是电枢回路串联电阻启动，二是降低电源电压启动。对并励直流电动机常采用的是电枢回路串联电阻启动。

BQ3 直流电动机启动变阻器作小容量（电压不超过 220V）直流电动机启动用，它主要由电阻元件、调节转换装置和外壳三大部分组成，其外形如图 4-1-2 所示。

并励直流电动机手动启动控制电路如图 4-1-3 所示。线路使用了 BQ3 直流电动机启动变阻器，共有四个接线端 E1、L+、A1 和 L-，分别与电源、电枢绕组相连。手轮 8 附有衔铁 9 和恢复弹簧 10，弧形铜条 7 的一端直接与励磁电路接通，同时经过全部启动电阻与电枢绕组接通。在启动之前，启动变阻器的手轮置于 0 位，然后合上电源开关 QF，慢慢转动手轮 8，使手轮从 0 位转到静触头 1，接通励磁绕组电路，同时将启动变阻器 RS 的全部启动电阻接入电枢电路，电动机开始启动旋转。随着转速的升高，手轮依次转到静触头 2、3、4 等位置，使启动电阻逐级切除，当手轮转到最后一个静触头 5 时，电磁铁 6 吸住衔铁 9，此时启动电阻器全部切除，直流电动机启动完毕，进入正常运转。

图 4-1-2 BQ3 直流电动机启动变阻器外形图

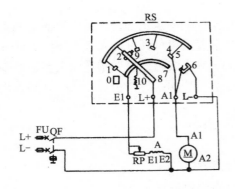

图 4-1-3 并励直流电动机手动启动控制电路图
1~5—触头位置 6—电磁铁
7—弧开铜条 8—平轮 9—衔铁 10—弹簧

当电动机停止工作切断电源时，电磁铁 6 由于线圈断电吸力消失，在恢复弹簧 10 的作用下，手轮自动返回 0 位，以备下次启动。电磁铁 6 还具有失压和欠压保护作用。

由于并励电动机的励磁绕组具有很大的电感，所以当手轮回复到 0 位时，励磁绕组会因突然断电而产生很大的自感电动势，可能会击穿绕组的绝缘，在手轮和铜条间还会产生火花，将动触头烧坏。因此，为了防止发生这些现象，应将弧形铜条 7 与静触头 1 相连，在手轮回到 0 位时励磁绕组、电枢绕组和启动电阻能组成一闭合回路，作为励磁绕组断电时的放电回路。

启动时，为了获得较大的启动转矩，应使励磁电路的外接电阻 RP 短接，此时励磁电流最大，能产生较大的启动转矩。

2. 电流继电器

电动机的过流保护和欠流保护（失磁保护）是用电流继电器来完成的。图 4-1-4 所示是常见的 JT4 和 JT5 系列电流继电器的外形和电路符号。电流继电器是当通过线圈的电流达到预定值时动作的继电器。使用时，电流继电器的线圈串联在被测电路中，根据电流的变化而动作。为了降低串入电流继电器线圈后对原电路工作状态的影响，电流继电器线圈的匝数少，导线粗，阻抗小。电流继电器可分为过电流继电器和欠电流继电器两种。

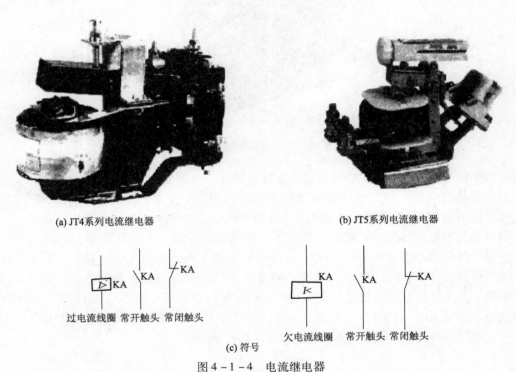

(a) JT4系列电流继电器　　　　　　　　(b) JT5系列电流继电器

过电流线圈　常开触头　常闭触头　　　　欠电流线圈　常开触头　常闭触头

(c) 符号

图 4-1-4　电流继电器

（1）过电流继电器　当通过继电器的电流超过预定值时动作的继电器称为过电流继电器。过电流继电器广泛用于直流电动机或绕线转子电动机的控制电路中，用于频繁及重载启动的场合，作为电动机和主电路的过载或短路保护。过电流继电器的结构是由线圈、圆柱形铁心、衔铁、触头系统和反作用弹簧等部分组成。当通过继电器线圈的电流为额定值时，电磁系统产生的吸力不足以克服弹簧的反作用力，衔铁不动作；当通过继电器线圈的电流超过预定值时，电磁系统产生的吸力大于弹簧的反作用力，衔铁动作，带动其常闭触头断开，常开触头闭合，调整反作用弹簧的反作用力，可改变继电器的动作电流值。

常用的过电流继电器有 JT12、JL14、JL15、JT4 等系列，其吸合电流一般为 110%～400% 额定电流。过电流继电器在电路图中的符号如图 4-1-4（c）所示。过电流继电器的整定电流一般取电动机额定电流的 1.7～2 倍，频繁启动的场合可取电动机额定电流的 2.25～2.5 倍。

（2）欠电流继电器　当通过继电器的电流减小到低于其整定值时动作的继电器称为欠电流继电器，

它常用于直流电动机和电磁吸盘电路中作弱磁保护。

欠电流继电器的结构与过电流继电器相似，一般当线圈中通入的电流达到额定电流的30%~65%时继电器吸合，当线圈中的电流降至额定电流的10%~20%时，继电器的衔铁释放。因此，在电路正常工作时，欠电流继电器的衔铁始终是吸合的，当电流降至低于整定值时，欠电流继电器释放，发出信号，从而改变电路的工作状态；欠电流继电器在电路图中的符号如图4-1-4（c）所示。

3. 电压继电器

电压继电器，图4-1-5所示为JT4系列电压继电器，可见它与JT4系列电流继电器外形、结构类似，也主要由线圈、圆柱形静铁心、衔铁、触头系统和反作用弹簧等组成。故电压继电器的工作原理及安装使用等知识与电流继电器类似。但电压继电器使用时，其线圈并联在被测量的电路中，根据线圈两端电压的大小而接通或断开电路。因此这种继电器线圈的导线细、匝数多、阻抗大。

图4-1-5　JT4系列电压继电器

根据实际应用的要求，电压继电器分为过电压继电器、欠电压继电器和零电压继电器。

过电压继电器是当电压大于其整定值时动作的电压继电器，主要用于对电路或设备作过电压保护，常用的过电压继电器为JT4-A系列，其动作电压可在105%~120%额定电压范围内调整。

欠电压继电器是当电压降至某一规定范围时动作的电压继电器。零电压继电器是欠电压继电器的一种特殊形式，是当继电器的端电压降至"零"或接近消失时才动作的电压继电器。可见欠电压继电器和零电压继电器在线路正常工作时，铁心与衔铁是吸合的，当电压降至低于整定值时，衔铁释放，带动触头动作，对电路实现欠电压或零电压保护。常用的欠电压继电器和零电压继电器有JT4-P系列，欠电压继电器的释放电压可在40%~70%定电压范围内整定，零电压继电器的释放电压可在10%~35%额定电压范围内调节。电压继电器在电路图中的符号如图4-1-6所示。

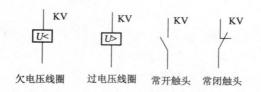

欠电压线圈　过电压线圈　常开触头　常闭触头

图4-1-6　电压继电器的符号

4. 电枢回路串电阻二级启动控制线路

图4-1-7所示为并励直流电动机电枢回路串电阻二级启动控制线路的电路图。其中KA1为欠电流继电器，作为励磁绕组的失磁保护，以免励磁绕组因断线或接触不良引起"飞车"事故；KA2为过电流继电器，对电动机进行过载和短路保护；电阻R为电动机停转时励磁绕组的放电电阻；V为续流二极管，使励磁绕组正常工作时电阻R上没有电流流入。

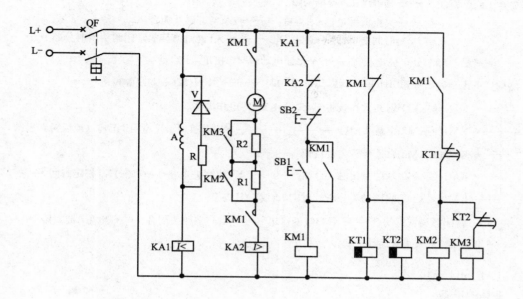

图4-1-7　并励直流电动机电枢回路串电阻二级启动控制线路的电路图

值得注意的是，并励直流电动机在启动时，励磁绕组的两端电压必须保证为额定电压。否则启动电流仍然很大，启动转矩也可能很小，甚至不能启动。

5. 并励直流电动机电枢反接法正反转控制线路

在实际生产过程中，生产机械的运动部件经常要求正反两个方向的运动。如龙门刨床工作台的往复运动、卷扬机的上下运动等。作为拖动这些设备的直流电动机就要能够正反转，直流电动机实现反转有两种方法：一是电枢反接法，二是励磁反接法。由于励磁绕组匝数多、电感大，在进行反接时因电流突变，将会产生很大的自感电动势。危及电动机及电器的绝缘安全。同时励磁绕组在断开时，由于失磁造成很大电枢电流，易引起"飞车"事故，因此一般采用电枢反接法。在将电枢绕组反接的同时必须连同换向极绕组一起反接，以达到改善换向的目的。图4-1-8所示为并励直流电动机电枢反接法正反转控制线路的电路图。

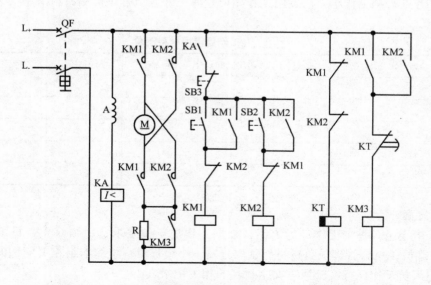

图4-1-8　并励直流电动机电枢反接法正反转控制线路图

线路工作原理如下：

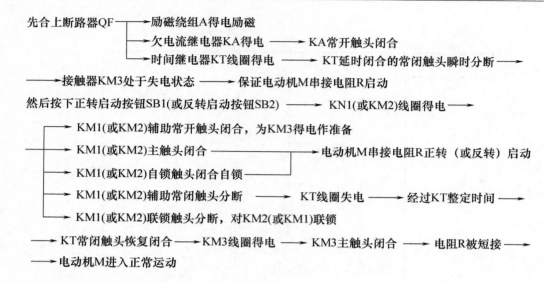

停止时，按下 SB3 即可。

（二）设备、工具的准备

为完成工作任务，每个工作小组需要向工作站内仓库工作人员提供借用工具清单（表4－1－1）。

表4－1－1　　　　　　　　　　　　工作岛借用工具清单

序号	名称（型号、规格）	数量	借出时间	学生签名	归还时间	学生签名	管理员签名
1							
2							
3							
4							
5							

（三）材料的准备

为完成工作任务，每个工作小组需要向工作站内仓库工作人员提供借用材料清单（表4－1－2）。

表4－1－2　　　　　　　　　　　　工作岛借用材料清单

序号	名称（型号、规格）	数量	借出时间	学生签名	归还时间	学生签名	管理员签名
1							
2							
3							
4							
5							

（四）团队分配的方案

将学生分为5个小组，每个工作岛为1组，根据工作岛工位要求，每组6人，每组指定1人为小组长、2人为材料管理员，材料管理员负责材料领取分发，小组长负责组织本组相关问题的计划、实施及讨论汇总，填写各组人员工作任务实施所需文字材料的相关记录表。

五、制定工作计划

六、任务实施

（一）为了完成任务，必须回答以下问题

（1）直流电动机按不同的励磁方式分为：＿＿＿＿＿、＿＿＿＿＿、＿＿＿＿＿和＿＿＿＿＿四种。

（2）直流电动机常用的启动方法有两种：

一是：＿＿＿＿＿＿＿＿＿＿＿＿＿＿＿＿＿；

二是：＿＿＿＿＿＿＿＿＿＿＿＿＿＿＿＿＿。

（3）直流电动机的调速方法有三种：一是＿＿＿＿＿＿＿＿，二是＿＿＿＿＿＿＿＿，三是＿＿＿＿＿＿＿＿。

（4）电枢回路串电阻调速的原理是：当电枢回路串接调速电阻器 RP 后，可知电动机的转速变为＿＿＿＿＿＿，当电源电压 U 及＿＿＿＿＿＿保持不变、增大 RP 时，则电阻压降 I_a（$R_a + R_P$）将增加，使电动机的转速 n 下降；反之转速则上升。

（二）安装与调试并励直流电动机的基本控制线路

1. 设计要求

（1）根据控制要求设计一台并励直流电动机的基本控制电路。

控制要求：

①设计一台直流电动机采用电枢回路串电阻二级启动控制线路；

②线路中设有短路、过载、励磁绕组的失磁、欠压等保护装置；

③电路设有二级启动电阻，在启动过程中分级短接启动电阻，然后转入全压运行；

④根据设计的电路图配置相关电气元件；

⑤合理布置和安装电气元件；

⑥根据电气原理图进行布线、检查、调试和试车。

（2）根据任务要求设计出安装与调试并励直流电动机的基本控制线路电器布置图。

（3）根据任务要求设计出安装与调试并励直流电动机的基本控制线路电气接线图。

2. 安装步骤及工艺要求

（1）逐个检验电气设备和元件的规格和质量是否合格；

（2）正确选配导线的规格、导线通道类型和数量、接线端子板型号等；

（3）在控制板上安装电器元件，并在各电器元件附近做好与电路图上相同代号的标记；

（4）按照控制板内布线的工艺要求进行布线和套编码套管；

（5）选择合理的导线走向，做好导线通道的支持准备，并安装控制板外部的所有电器；

（6）进行控制箱外部布线，并在导线线头上套装与电路图相同线号的编码套管。对于可移动的导线通道应放适当的余量，使金属软管在运动时不承受拉力，并按规定在通道内放好备用导线；

（7）检查电路的接线是否正确和接地通道是否具有连续性；

（8）各级熔断器的熔体是否符合要求，如不符合要求应予以更换；

（9）检查电动机的安装是否牢固，与生产机械传动装置的连接是否可靠；

（10）检测电动机及线路的绝缘电阻，安装或检修完毕后清理场地。

3. 通电调试

（1）通电空转试验时，应认真观察各电器元件、线路工作情况；

（2）通电带负载试验时，应认真观察各电器元件、线路的运行情况。

4. 注意事项

（1）不要漏接接地线。严禁采用金属软管作为接地通道；

（2）在导线通道内敷设的导线进行接线时，必须集中思想，做到查出一根导线，立即套上编码套管，接上后再进行复验；

（3）在安装、调试过程中，工具、仪表的使用应符合要求；

（4）通电操作时，必须严格遵守安全操作规程。

七、任务评价

（一）成果展示

各小组派代表上台总结完成任务的过程中，学会了哪些技能，发现错误后如何改正，并展示已接好的电路，在老师的监护下通电试验效果。并描述按下启动按钮 SB1 时的情况。

按下启动按钮 SB1 时的工作情况：_____

_____

其他小组提出的改进建议：_____

_____

（二）学生自我评估与总结

_____

_____。

（三）小组评估与总结

_____

_____。

（四）教师评估与总结

_____

_____。

（五）各小组对工作岗位的"6S"处理

在小组和教师都完成工作任务总结以后，各小组必须对自己的工作岗位进行"整理、整顿、清扫、清洁、安全、素养"；归还所借的工量具和实习工件。

（六）评价表（表4-1-3）

表4-1-3　　　　　学习任务1　掌握并励直流电动机的基本控制线路评价表

班级：_____ 小组：_____ 姓名：_____		指导教师：_____ 日期：_____					
评价项目	评价标准	评价依据	评价方式			权重	得分小计
			学生自评 20%	小组互评 30%	教师评价 50%		
职业素养	1. 遵守企业规章制度、劳动纪律 2. 按时按质完成工作任务 3. 积极主动承担工作任务，勤学好问 4. 人身安全与设备安全 5. 工作岗位6S完成情况	1. 出勤 2. 工作态度 3. 劳动纪律 4. 团队协作精神				0.3	

续表

班级：_____				指导教师：_____			
小组：_____				日期：_____			
姓名：_____							

评价项目	评价标准	评价依据	评价方式			权重	得分小计
			学生自评 20%	小组互评 30%	教师评价 50%		
专业能力	1. 理解并励直流电动机的启动方法，掌握并励直流电动机的控制要求 2. 学会并励直流电动机的启动控制电路的设计技巧和方法 3. 能根据控制要求设计出并励直流电动机的电枢回路串电阻二级启动控制电路图 4. 能掌握相应电气元件的布置和布线方法，对并励直流电动机控制线路进行安装 5. 认真填写学材上的相关资讯问答题	1. 操作的准确性和规范性 2. 工作页或项目技术总结完成情况 3. 专业技能任务完成情况				0.5	
创新能力	1. 在任务完成过程中能提出自己的有一定见解的方案 2. 在教学或生产管理上提出建议，具有创新性	1. 方案的可行性及意义 2. 建议的可行性				0.2	
合计							

八、技能拓展

利用前面所学的知识，设计出并励直流电动机采用改变主磁通调速的控制线路原理图，并用文字描述其电路原理。

学习任务 2 掌握他励直流电动机的基本控制线路

一、任务描述

　　根据控制要求设计电路原理图，控制要求：①有一台他励直流电动机，试设计带启动控制和调速控制的电路；②该电路中要设有短路、过载、失磁、欠压等保护装置；③根据设计的电路图配置相关电气元件和安装此电路。

　　学生接到本任务后，应根据任务要求，准备工具和仪器仪表，做好工作现场准备，严格遵守作业规范进行施工，线路安装完毕后进行调试，填写相关表格并交检测指导教师验收。按照现场管理规范清理场地、归置物品。

二、任务要求

　　1. 理解他励直流电动机和其控制电路在工厂中的应用范围；
　　2. 理解他励直流电动机的启动方法，弄清他励直流电动机控制要求；
　　3. 学会他励直流电动机的调速控制方法；
　　4. 能根据控制要求设计出他励直流电动机的启动、调速控制电路图；
　　5. 能根据电路原理图安装其控制电路，做好电气元件的布置方案，做到安装的器件整齐、布线美观、好看；
　　6. 通电试车，必须有指导教师在现场监护，同时要做到安全文明生产；
　　7. 认真填写学材上的相关资讯问答题。

三、能力目标

　　1. 能根据控制要求正确设计他励直流电动机的启动和调速控制线路；
　　2. 能掌握相应电气元件的布置和布线方法；
　　3. 学会正确安装与检修他励直流电动机控制线路；
　　4. 各小组发挥团队合作精神，学会他励直流电动机控制线路安装与检修的步骤、实施和成果评估。

四、任务准备

（一）相关理论知识

　　1. 直流电机的励磁方式

　　直流电动机的励磁方式是指励磁绕组获得励磁电流的方式，除永磁式微直流电动机外，直流电动机的磁场都是通过励磁绕组通入电流激励而建立的。按励磁方式不同可分为四种：他励、并励、串励和复励。

　　（1）他励电动机　他励电动机的励磁绕组和电枢绕组互不相连，如图 4-2-1 所示。他励电动机的励磁绕组采用单独的励磁电源。

　　（2）并励电动机　并励电机的励磁绕组是和电枢绕组并联的，如图 4-2-2 所示。并励电动机励磁绕组的特点是导线细、匝数多、电阻大、电流小。这是因为励磁绕组的电压就是电枢绕组的端电压，这

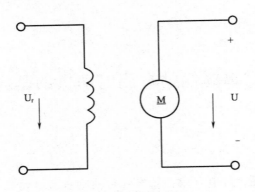

图 4 - 2 - 1　他励电动机

个电压通常较高。励磁绕组电阻大，可使 I_f 减小，从而减小损耗。由于 I_f 较小，为了产生足够的主磁通 Φ，就要增加绕组的匝数。

（3）串励电动机　串励电动机的励磁绕组与电枢绕组串联之后接直流电源，如图 4 - 2 - 3 所示。串励电动机励磁绕组的特点是其励磁电流 I_f 就是电枢电流 I_a，这个电流一般比较大，所以励磁绕组导线粗、匝数少，它的电阻也较小。

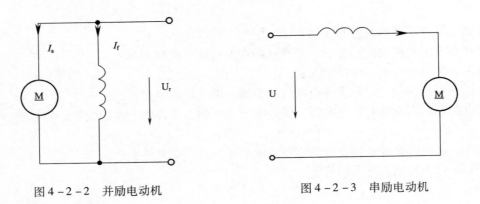

图 4 - 2 - 2　并励电动机　　　　　　图 4 - 2 - 3　串励电动机

（4）复励电动机　这种直流电动机的主磁极上装有两个励磁绕组，一个与电枢绕组串联，另一个与电枢绕组并联，如图 4 - 2 - 4（a）所示，所以复励电动机的特性兼有串励电动机和并励电动机的特点，所以也被广泛应用。当两个励磁绕组产生的磁通方向一致时，称为积复励电动机，如图 4 - 2 - 4（b）所示。相反时则称为差复励电动机。如图 4 - 2 - 4（c）所示。

2. 并励直流电动机调速控制线路

并励直流电动机的电气调速方法有三种：一是电枢回路串电阻调速；二是改变主磁通调速；三是改变电枢电压调速。

（1）电枢回路串电阻调速　电枢回路串电阻调速是在电枢回路中串接调速变阻器来实现的。这种调速方法只能由额定转速向下调节。

（2）改变主磁通调速　改变主磁通调速是通过改变励磁电流的大小来实现的。这种调速方法是由额定转速向上调节的，电机转速不能调节太高。改变主磁通调速是恒功率调速，即转速升高后，输出转矩必须减小，否则电枢电流会超过原来的额定电流，使电动机发热烧坏。

（3）改变电枢电压调速　在要求调速范围宽广的直流电动机调速控制电路中，一般采用改变电枢电压调速。目前正日趋广泛地使用晶闸管整流装置作为直流电动机的可调电源，通过改变晶闸管的导通角的大小来改变输出的脉动直流电的波形，从而达到改变输出电压的大小。调压调速是恒转矩调速，转速也只能由额定转速向下调节。

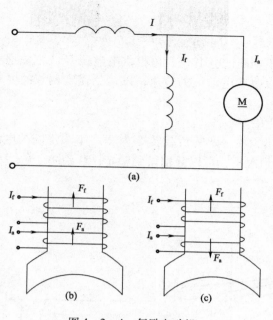

图 4 - 2 - 4　复励电动机

（a）复励电动机　（b）积复励　（c）差复励

3. 他励直流电动机的调速方法

（1）速度调节和速度变化

1）速度调节　电动机的调速是在一定的负载条件下，人为地改变电动机的电路参数，以改变电机的稳定运行速度。

如图 4 - 2 - 5，在负载转矩一定时，若电动机工作在特性 1 上的 A 点，则以 n_A 转速稳定运行；若人为地增加电枢回路的电阻，则电动机工作在特性曲线 2，速度将降至特性 2 上的 B 点，以 n_B 转速稳定运行，这种转速的变化是人为改变（或调节）电枢回路的电阻大小所造成的，故称调速或速度调节。

2）速度变化

定义：速度变化是指由于电动机的负载转矩发生变化（增大与减小）而引起电动机转速的变化（下降或上升）。

如图 4 - 2 - 6，当负载转矩由 T_1 增加到 T_2 时，电动机的转速由 n_A 降低到 n_B，它是沿某一条机械特性曲线发生的转速变化。

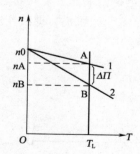

图 4 - 2 - 5　直流电动机特性曲线

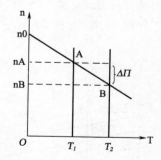

图 4 - 2 - 6　机械特性曲线

3）两者区别

速度变化是在某条机械特性上，由于负载改变而引起的；而速度调节则是在某一特定的负载下，靠人为改变机械特性而得到的。

（2）调速方法

$$n = \frac{U}{C_e \Phi} - \frac{Ra}{C_e C_T \Phi^2} T$$

由公式可知，改变串入电枢回路的电阻 R_a，电枢供电电压 U 或主磁通 Φ，都可以得到不同的人为机械特性，从而在负载不变时可以改变电动机的转速，以达到速度调节的要求，故直流电动机调速的方法有以下三种：

1）改变电枢电路外串电阻 R_{ad}

从图 4-2-7 的特性可看出，在一定的负载转矩 T_L 下，串入不同的电阻可以得到不同的转速。如在电阻分别为 R_a、R_1、R_2、R_3 的情况下，可以分别得到稳定工作点 A、C、D 和 E，对应的转速为 n_A、n_B、n_C 和 n_D。

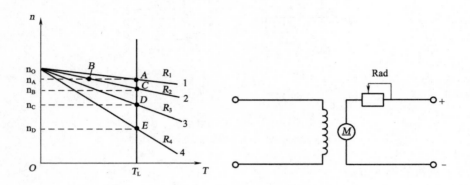

图 4-2-7 电枢回路串电阻调速的特性

特点和缺点

改变电枢回路串接电阻的大小调速存在如下问题：

① 机械特性较软，电阻越大则特性越软，稳定度越低；

② 在空载或轻载时，调速范围不大；

③ 实现无级调速困难；

④ 在调速电阻上消耗大量电能。

正因为缺点不少，目前已很少采用，仅在有些起重机、卷扬机等低速运转时间不长的传动系统中采用。

2）改变电动机电枢供电电压 U

从图 4-2-8 的特性可看出，在一定的负载转矩 T_L 下，在电枢两端加上不同的电压 U_N、U_1、U_2 和 U_3 可以分别得到稳定工作点 a、b、c 和 d，对应的转速分别为 n_a、n_b、n_c 和 n_d，即改变电枢电压可以达到调速的目的。

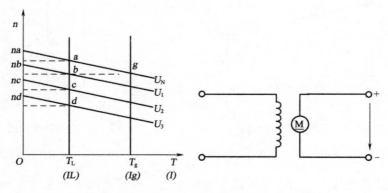

图 4-2-8 改变电枢供电电压 U 调速的特性

改变电枢外加电压调速有如下特点：

①当电源电压连续变化时，转速可以平滑无级调节，一般只能在额定转速以下调节；

②调速特性与固有特性互相平行，机械特性硬度不变，调速的稳定度较高，调速范围较大；

③调速时，因电枢电流与电压 U 无关，且 $\phi = \phi_n$，若电枢电流不变，则电动机输出转矩 $T = K_m \Phi n I_a$ 不变，我们把调速过程中，电动机输出转矩不变的调速特性称为恒转矩调速。

3）改变电动机主磁通 Φ

从图 4-2-9 的特性可看出，在一定的负载功率 P_L，不同的主磁通 ϕ_n、ϕ_1、ϕ_2，可以得到不同的转速 n_a、n_b、n_c，即改变主磁通 ϕ 可以达到调速的目的。

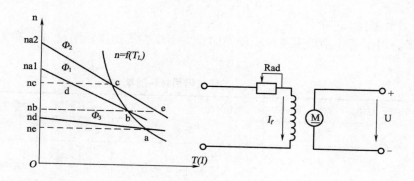

图 4-2-9　改变电动机主磁通 Φ 调速的特性

特点：

①可以平滑无级调速，但只能弱磁调速，即在额定转速 n_N 以上调节；

②调速特性较软，且受电动机换向条件等的限制，普通他励电动机的最高转速不得超过（1.2～2）n_N 倍，所以，调速范围不大，若使用特殊制造的"调速电动机"，调速范围可以增加到（3～4）n_N 倍的额定转速；

③调速时维持电枢电压 U 和电枢电流 I_a 不变时，电动机的输出功率 $P = U I_a$ 不变，我们把在调速过程中，输出功率不变的这种特性称为恒功率调速（图 4-2-10）。

基于弱磁调速范围不大，它往往是和调压调速配合使用，即在额定转速以下，用调压调速，而在额定转速以上，则用弱磁调速。

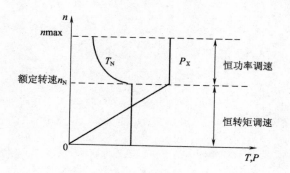

图 4-2-10　转矩与功率曲线

（二）设备、工具的准备

为完成工作任务，每个工作小组需要向工作站内仓库工作人员提供借用工具清单（表 4-2-1）。

表4-2-1 　　　　　　　　　　　　　　**工作岛借用工具清单**

序号	名称（型号、规格）	数量	借出时间	学生签名	归还时间	学生签名	管理员签名
1							
2							
3							
4							
5							

（三）材料的准备

为完成工作任务，每个工作小组需要向工作站内仓库工作人员提供领用材料清单（表4-2-2）。

表4-2-2 　　　　　　　　　　　　　　**工作岛借用材料清单**

序号	名称（型号、规格）	数量	借出时间	学生签名	归还时间	学生签名	管理员签名
1							
2							
3							
4							
5							

（四）团队分配的方案

将学生分为5个小组，每个工作岛为1组，根据工作岛工位要求，每组6人，每组指定1人为小组长、2人为材料管理员，材料管理员负责材料领取分发，小组长负责组织本组相关问题的计划、实施及讨论汇总，填写各组人员工作任务实施所需文字材料的相关记录表。

五、制定工作计划

六、任务实施

（一）为了完成任务，必须回答以下问题

（1）他励电动机的_____绕组和_____绕组互不相连；

（2）复励直流电动机的主磁极上装有两个励磁绕组，一个与电枢绕组_____联，另一个与电枢绕组_____联；

（3）并励直流电动机的电气调速方法有三种：一是_____调速；二是_____调速；三是_____调速；

（4）他励直流电动机调速的方法有三种：一是_____；二是_____；三是_____。

（二）安装与调试他励直流电动机的基本控制线路

1. 设计要求

（1）根据控制要求设计一台他励直流电动机的基本控制电路。

控制要求：

①设计一台直流电动机采用改变电动机电枢供电电压 U 控制线路；

②线路中设有短路、过载、励磁绕组的失磁、欠压等保护装置；

③根据设计的电路图配置相关电气元件；

④合理布置和安装电气元件；

⑤根据电气原理图进行布线、检查、调试和试车。

（2）根据任务要求设计出安装与调试他励直流电动机的基本控制线路电器布置图。

2. 安装步骤及工艺要求

（1）逐个检验电气设备和元件的规格和质量是否合格；

（2）正确选配导线的规格、导线通道类型和数量、接线端子板型号等；

（3）在控制板上安装电器元件，并在各电器元件附近做好与电路图上相同代号的标记；

（4）按照控制板内布线的工艺要求进行布线和套编码套管；

（5）选择合理的导线走向，做好导线通道的支持准备，并安装控制板外部的所有电器；

（6）进行控制箱外部布线，并在导线线头上套装与电路图相同线号的编码套管。对于可移动的导线通道应放适当的余量，使金属软管在运动时不承受拉力，并按规定在通道内放好备用导线；

（7）检查电路的接线是否正确和接地通道是否具有连续性；

（8）各级熔断器的熔体是否符合要求，如不符合要求应予以更换；

（9）检查电动机的安装是否牢固，与生产机械传动装置的连接是否可靠；

（10）检测电动机及线路的绝缘电阻，安装或检修完毕后清理场地。

3．通电调试

（1）通电空转试验时，应认真观察各电器元件、线路工作情况；

（2）通电带负载试验时，应认真观察各电器元件、线路的运行情况。

4．注意事项

（1）不要漏接接地线。严禁采用金属软管作为接地通道；

（2）在导线通道内敷设的导线进行接线时，必须集中思想，做到查出一根导线，立即套上编码套管，接上后再进行复验；

（3）在安装、调试过程中，工具、仪表的使用应符合要求；

（4）通电操作时，必须严格遵守安全操作规程。

七、任务评价

（一）成果展示

各小组派代表上台总结完成任务的过程中，学会了哪些技能，发现错误后如何改正，并展示已接好的电路，在老师的监护下通电试验效果。并描述按下启动按钮 SB1 时的情况。

按下启动按钮 SB1 时的工作情况：＿＿＿＿＿＿＿＿＿＿＿＿＿＿＿＿＿＿＿＿＿＿＿＿＿

＿＿＿

其他小组提出的改进建议：＿＿＿＿＿＿＿＿＿＿＿＿＿＿＿＿＿＿＿＿＿＿＿＿＿＿＿

＿＿＿

（二）学生自我评估与总结

＿＿＿

＿＿＿

＿＿＿＿＿＿＿＿＿＿＿＿＿＿＿＿＿＿＿＿＿＿＿＿＿＿＿＿＿＿＿＿＿＿＿＿＿＿＿。

（三）小组评估与总结

＿＿＿

＿＿＿

＿＿＿＿＿＿＿＿＿＿＿＿＿＿＿＿＿＿＿＿＿＿＿＿＿＿＿＿＿＿＿＿＿＿＿＿＿＿＿。

（四）教师评估与总结

＿＿＿

＿＿＿

＿＿＿＿＿＿＿＿＿＿＿＿＿＿＿＿＿＿＿＿＿＿＿＿＿＿＿＿＿＿＿＿＿＿＿＿＿＿＿。

（五）各小组对工作岗位的"6S"处理

在小组和教师都完成工作任务总结以后，各小组必须对自己的工作岗位进行"整理、整顿、清扫、清洁、安全、素养"；归还所借的工量具和实习工件。

（六）评价表（表4-2-3）

表4-2-3　　　　　　　学习任务2　掌握他励直流电动机的基本控制线路评价表

班级：_____　　　　　　　指导教师：_____
小组：_____　　　　　　　日期：_____
姓名：_____

评价项目	评价标准	评价依据	评价方式			权重	得分小计
			学生自评 20%	小组互评 30%	教师评价 50%		
职业素养	1. 遵守企业规章制度、劳动纪律 2. 按时按质完成工作任务 3. 积极主动承担工作任务，勤学好问 4. 人身安全与设备安全 5. 工作岗位6S完成情况	1. 出勤 2. 工作态度 3. 劳动纪律 4. 团队协作精神				0.3	
专业能力	1. 理解他励直流电动机的启动方法，掌握他励直流电动机控制要求 2. 学会他励直流电动机的启动控制电路的设计技巧和方法 3. 能根据控制要求设计出他励直流电动机的调速控制电路图 4. 能掌握相应电气元件的布置和布线方法，对他励直流电动机控制线路进行安装 5. 认真填写学材上的相关资讯问答题	1. 操作的准确性和规范性 2. 工作页或项目技术总结完成情况 3. 专业技能任务完成情况				0.5	
创新能力	1. 在任务完成过程中能提出自己的有一定见解的方案 2. 在教学或生产管理上提出建议，具有创新性	1. 方案的可行性及意义 2. 建议的可行性				0.2	
合计							

八、技能拓展

利用前面所学的知识，设计出他励直流电动机正反转控制线路原理图，并用文字描述其电路原理。

任务五　机床电气线路安装、运行与维修

学习任务1　装调与维修 CA6140 型车床电气的控制线路

一、任务描述

在此项典型工作任务中主要使学生掌握 CA6140 型普通车床的电气工作原理图、电器布置图、电气安装接线图及处理常见故障的能力。

学生接到安装和检修任务后，应根据任务要求，准备工具和材料，做好工作现场准备，严格遵守作业规范进行施工，安装完毕后进行自检，填写相关表格并交检测指导教师验收。按照现场管理规范清理场地、归置物品。

二、任务要求

1. 掌握机床的主要运动形式，能进行通电试车操作；
2. 能根据 CA6140 型车床电气原理图和实际情况设计 CA6140 型的电器布置图和电气安装接线图；
3. 熟悉 CA6140 型车床电路的工作原理及掌握其安装调试方法；
4. 掌握 CA6140 型车床常见电气故障的排除方法。

三、能力目标

1. 熟悉 CA6140 型车床的主要运动结构和运动特点；
2. 能掌握 CA6140 型车床电气控制线路原理图、电器布置图和电气接线图；
3. 能掌握 CA6140 型车床电气控制线路的故障分析及排除方法的思路；
4. 学会 CA6140 型车床电气故障检修步骤及要求。
5. 各小组发挥团队合作精神，学会机床故障检修的步骤、实施、成果评估。

四、任务准备

（一）相关理论知识

CA6140 型车床是普通车床的一种，虽然它的加工范围较广，但自动化程度低，仅适用于小批量生产及修配车间使用。

1. 主要结构及运动特点

普通车床主要由床身、主轴变速箱、进给箱、溜板箱、刀架、尾架、丝杠和光杠等部件组成。图5－1－1是 CA6140 型普通车床结构示意图。

主轴变速箱的功能是支承主轴和传动、变速，包含主轴及其轴承、传动机构、起停及换向装置、制

动装置、操纵机构及滑润装置。CA6140 型普通车床的主传动可使主轴获得 24 级正转转速（10～1400r/min）和 12 级反转转速（14～1580r/min）。

　　进给箱的作用是变换被加工螺纹的种类和导程，以及获得所需的各种进给量。它通常由变换螺纹导程和进给量的变速机构、变换螺纹种类的移换机构、丝杠和光杠转换机构以及操纵机构等组成。溜板箱的作用是将丝杠或光杠传来的旋转运动转变为直线运动并带动刀架进给，控制刀架运动的接通、断开和换向等。刀架则用来安装车刀并带动其作纵向、横向和斜向进给运动。

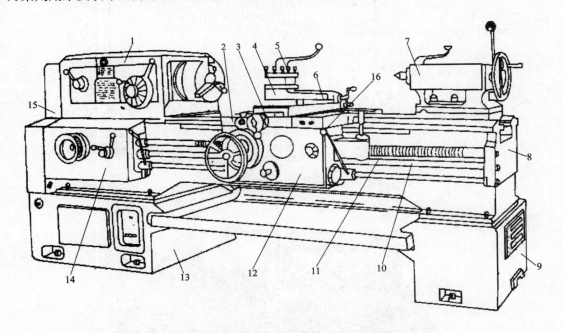

图 5 - 1 - 1　CA6140 型车床结构示意图

1—主轴箱　2—纵溜板　3—横溜板　4—转盘　5—方刀架　6—小溜板　7—尾座　8—床身　9—右床座
10—光杠　11—丝杠　12—溜板箱　13—左床座　14—进给箱　15—挂轮架　16—操纵手柄

　　车床有两个主要运动，一是卡盘或顶尖带动工件的旋转运动，另一是溜板带动刀架的直线移动，前者称为主运动，后者称为进给运动。中、小型普通车床的主运动和进给运动一般是采用一台异步电动机驱动的。此外，车床还有辅助运动，如溜板和刀架的快速移动、尾架的移动以及工件的夹紧与放松等。

　　2. 电气控制

　　根据车床的运动情况和工艺需要及电气线图 5 - 1 - 2、图 5 - 1 - 3，车床对电气控制提出如下要求：

　　（1）主拖动电动机一般选用三相笼型异步电动机，并采用机械变速。

　　（2）为车削螺纹，主轴要求正、反转，小型车床由电动机正、反转来实现，CA6140 型车床则靠摩擦离合器来实现，电动机只作单向旋转。

　　（3）一般中、小型车床的主轴电动机因其功率不大，所以均采用直接启动。停车时为实现快速停车，一般采用机械制动。

　　（4）车削加工时，需用切削液对刀具和工件进行冷却。为此，设有一台冷却泵电动机，拖动冷却泵输出冷却液。

　　（5）冷却泵电动机与主轴电动机有着联锁关系，即冷却泵电动机应在主轴电动机启动后才可选择启动；而当主轴电动机停止时，冷却泵电动机立即停止。

　　（6）刀架移动和主轴转动之间有固定的比例关系，以便满足切削螺纹的加工需要。这种比例关系由机械传动保证，对电气方面无任何要求。

　　（7）为实现溜板箱的快速移动，由单独的快速移动电动机拖动，且采用点动控制。

　　（8）电路应有必要的保护环节、安全可靠的照明电路和信号电路。

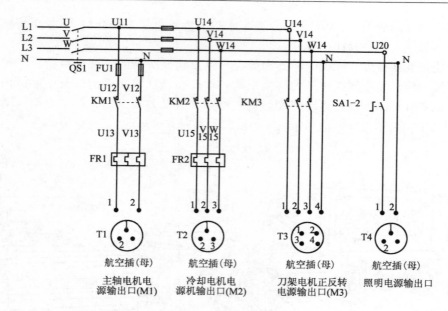

图 5 - 1 - 2　CA6140 车床主电路电气接线图

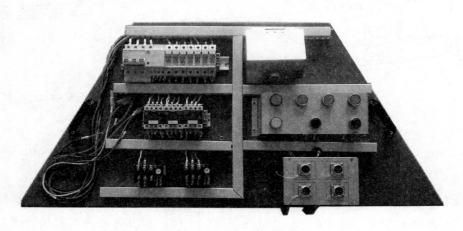

图 5 - 1 - 3　CA6140 车床电气元器件实物布置图

3. CA6140 型车床的控制线路工作原理

CA6140 型车床的电气控制原理图如图 5 - 1 - 4 所示，为便于读图分析、查找图中某元器件或设备的性能及位置，机床电路图的表示方法有其相应的特点（见图中 3 个小图框所标的说明）。

（1）主电路

主电路有三台电动机，均为正转控制。主轴电动机 M1 由交流接触器 KM1 控制，带动主轴旋转和工件做进给运动；冷却泵电动机 M2 由交流接触器 KM2 控制，输送切削冷却液；刀架快速移动电动机 M3 由 KM3 控制，在机械手柄的控制下带动刀架快速做横向或纵向进给运动。主轴的旋转方向、主轴的变速和刀架的移动方向均由机械控制实现。

［提示］机床电路的读图应从主电路着手，根据主电路电动机控制形式，分析其控制内容，包括启动方式、调速方法、制动控制和自动循环等基本控制环节。

（2）控制电路

1）机床电源引入　三相交流电源 L1、L2、L3 经熔断器 FU（FU 作整机电源短路保护），电源总开关 QS（接通和分断整机电源之用），并经交流变压器 TC 变压提供控制回路的电源，FU2 为控制电路短路保护。

2）主轴电动机的控制　由启动按钮 SB2、停止按钮 SB1 和接触器 KM1 构成电动机单向连续运转启动—停止电路。

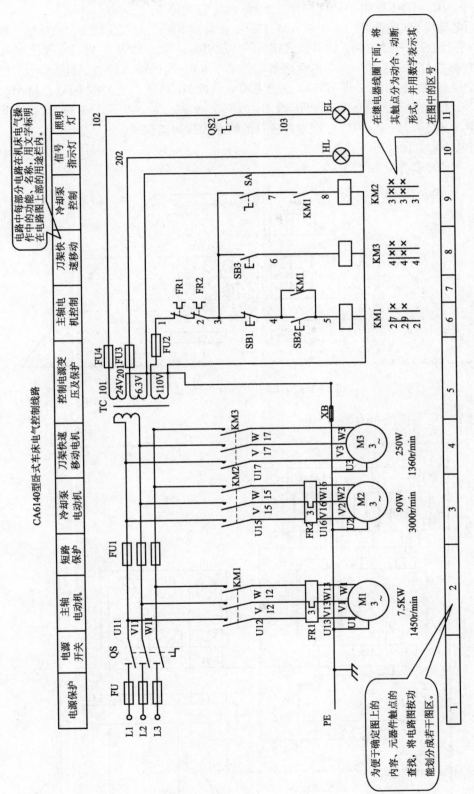

图 5 - 1 - 4　CA6140 型车床电气控制原理图

按下 SB2→KM1 线圈通电并自锁→KM1 主触头闭合→M1 单向全压启动,通过摩擦离合器及传动机构拖动主轴正转或反转。

停止时,按下 SB1→KM1 断电→KM1 主触头分断→M1 自动停车。

3)快速移动电动机 M3 的控制　由按钮 SB3 来控制接触器 KM3,从而实现 M3 的点动。操作时,先将快、慢速进给手柄扳到所需移动方向,即可接通相关的传动机构,再按下 SB3,即可实现该方向的快速移动。

4)冷却泵电动机 M2 的控制　主轴电动机启动之后,KM1 辅助触点闭合,此时合上开关 SA→KM2 线圈通电→M2 全压启动。停止时,断开 SA2 或使主轴电动机 M1 停止,则 KM2 断电,使 M2 自动停车。

5)车床照明、信号指示回路　控制变压器 TC 的二次侧输出的 24V、6.3V 电压分别作为车床照明 EL、信号指示 HL 的电源,FU4、FU3 分别为其各自的回路提供短路保护。

4. 举例说明电器布置图及电气接线图

(1)C650 型车床电器布置如图 5 - 1 - 5。

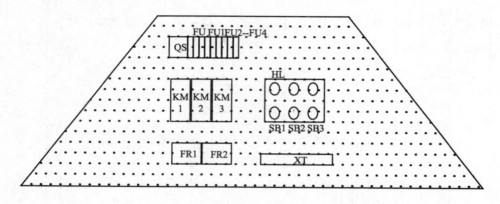

图 5 - 1 - 5　C650 型车床电器布置图

(2)C650 型车床电气接线如图 5 - 1 - 6:

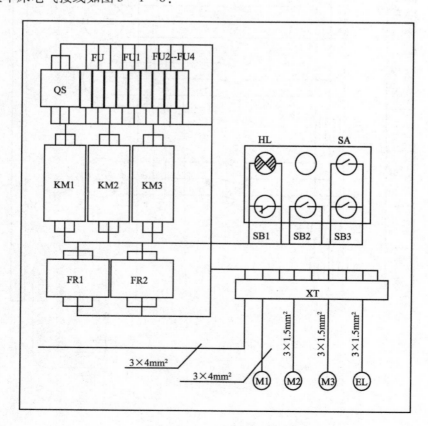

图 5 - 1 - 6　C650 型车床电气接线图

（二）设备、工具的准备

　　为完成工作任务，每个工作小组需要向工作站内仓库工作人员提供借用工具清单（表5-1-1）。

表5-1-1　　　　　　　　　　　　　　　　　　电工技术工作站借用工具清单

内容	名称	数量	借出时间	学生签名	归还时间	学生签名	管理员签名
1							
2							
3							
4							
5							

（三）材料的准备

　　为完成工作任务，每个工作小组需要向工作站内仓库工作人员提供领用材料清单（表5-1-2）。

表5-1-2　　　　　　　　　　　　　　　　　　电工技术工作站借用材料清单

序号	名称（型号、规格）	数量	借出时间	学生签名	归还时间	学生签名	管理员签名
1							
2							
3							
4							
5							

（四）团队分配的方案

　　将学生分为5个小组，每个工作技能岛为1组，根据技能岛工位要求，每组6人，每组指定1人为小组长、2人为材料管理员，小组长负责组织本组相关问题的计划、实施及讨论汇总；材料管理员负责材料领取分发、填写各组人员工作任务实施所需材料的相关记录表。

五、制定工作计划

六、任务实施

（一）为了完成任务，必须回答以下问题

1. CA6140 型车床的电气保护措施有_____、_____、_____。

2. 车床的切削运动包括_____、_____。

3. CA6140 型车床电动机没有反转控制，而主轴有反转要求，是靠_____实现的。

4. CA6140 型车床的过载保护靠（　　），短路保护靠（　　），失压保护是靠（　　）实现的。

A、接触器自锁　　　　　B、熔断器　　　　　C、热继电器

5. 主轴电动机缺相运行，会发出"嗡嗡"声，输出转矩下降，甚至停转，若时间过长可能（　　）。

A、烧毁电动机　　　　　B、烧毁控制电路　　　　　C、电动机加速运转

6. CA6140 型车床的主轴电动机因过载而自动停车后，操作者若急于再开动车床，按下启动按钮后，车床的全部电动机均不能启动，试分析可能的原因。

（二）安装 CA6140 车床电气控制线路

1. 设计要求

（1）根据任务要求设计出 CA6140 车床电器布置图。

（2）根据任务要求设计出 CA6140 车床电气接线图。

2. 安装步骤及工艺要求

（1）逐个检验电气设备和元件的规格和质量是否合格。

（2）正确选配导线的规格、导线通道类型和数量、接线端子板型号等。

（3）在控制板上安装电器元件，并在各电器元件附近做好与电路图上相同代号的标记。

（4）按照控制板内布线的工艺要求进行布线和套编码套管

（5）选择合理的导线走向，做好导线通道的支持准备，并安装控制板外的所有电器。

（6）进行控制箱外部布线，并在导线线头上套装与电路图相同线号的编码套管。对于可移动的导线通道应放适当的余量，使金属软管在运动时不承受拉力，并按规定在通道内放好备用导线。

（7）检查电路的接线是否正确和接地通道是否具有连续性。

（8）检查热继电器的整定值是否符合要求。各级熔断器的熔体是否符合要求，如不符合要求应予以更换。

（9）检查电动机的安装是否牢固，与生产机械传动装置的连接是否可靠。

（10）检测电动机及线路的绝缘电阻，清理安装场地。

（11）点动控制各电动机启动，转向是否符合要求。

3. 通电调试

（1）通电空转试验时，应认真观察各电器元件、线路；

（2）通电带负载调试时，认真观察电动机及传动装置的工作情况是否正常。如不正常，应立即切断电源进行检查，在调整或修复后方能再次通电试车。

（3）如调试中发现线路有故障，应按照表5-1-3常见故障分析及处理表进行分析。

（4）故障处理后填写"异常情况分析处理"表（表5-1-4）。

表 5-1-3　　　　　　　　　　　常见异常情况处理表

序号	异常现象	检查要点	处理方法
1	漏电保护断路器合不上	1. 主要检查线路接地点和所有导线接点与网孔板之间的间距 2. 检查漏电保护断路器	1. 做好导线接点的绝缘处理 2. 更换漏电保护断路器
2	指示灯 HL 不亮	1. 检查指示灯 HL 2. 检查变压器 TC 6.3V 电压 3. 检查熔断器 FU3	1. 更换指示灯 HL 2. 再检查电源电压，如正常则更换变压器 TC 3. 更换熔断器 FU3 熔体
3	指示灯亮，但各电动机均不能启动	1. 检查变压器 TC 110V 电压 2. 检查熔断器 FU2 3. 检查控制电路	1. 再检查电源电压，如正常则更换变压器 TC 2. 更换熔断器 FU2 熔体 3. 修复按钮开关或触点
4	主轴电动机不能启动	1. 检查接触器 KM1 的线圈 2. 检查接触器 KM1 的主触头 3. 检查热继电器 FR1	1. 更换接触器 KM1 的线圈 2. 修复接触器 KM1 的主触头 3. 更换热继电器 FR1
5	按下启动按钮，电动机发出嗡嗡声，不能启动	1. 检查电源熔断器 FU 2. 检查接触器 KM1 的主触头 3. 检查热继电器 FR1	1. 更换电源熔断器 FU 熔体 2. 修复接触器 KM1 的主触头 3. 更换热继电器 FR1
6	主轴电动机启动后不能自锁	1. 检查接触器 KM1 的自锁触头 2. 检查自锁回路的连接线	1. 修复接触器 KM1 的自锁触头 2. 修复连接线
7	冷却泵电动机不能启动	1. 检查接触器 KM2 线圈回路 2. 检查接触器 KM2 主触头 3. 检查热继电器 FR2	1. 修复接触器 KM2 线圈回路 2. 修复接触器 KM2 主触头 3. 更换热继电器 FR2
8	快速移动电动机不能启动	1. 检查接触器 KM3 线圈回路 2. 检查接触器 KM3 主触头	1. 修复接触器 KM3 线圈回路 2. 修复接触器 KM3 主触头
9	照明灯不亮	1. 检查变压器 TC 24V 电压和熔断器 FU4 2. 检查开关 QS2 和照明灯 EL 3. 检查变压器 TC、开关 QS2 和照明灯 EL 之间的连接线	1. 更换熔断器 FU4 2. 更换开关 QS2 和照明灯 EL 3. 修复变压器 TC、开关 QS2 和照明灯 EL 之间的连接线

表 5 - 1 - 4　　　　　　　　　　　　**异常情况分析及处理方法**

序号	异常现象	异常原因	处理方法
1			
2			
3			

4. 注意事项

（1）不要漏接接地线。严禁采用金属软管作为接地通道。

（2）在控制箱外部进行布线时，导线必须穿在导线通道内或敷设在机床底座内的导线通道里。所有的导线不允许有接头。

（3）在导线通道内敷设的导线进行接线时，必须集中思想，做到查出一根导线，立即套上编码套管，接上后再进行复验。

（4）在进行快速进给时，要注意将运动部件处于行程的中间位置，以防止运动部件与车头或尾架相撞产生设备事故。

（5）在安装、调试过程中，工具、仪表的使用应符合要求。

（6）通电操作时，必须严格遵守安全操作规程。

七、任务评价

（一）成果展示

各小组派代表上台总结完成任务的过程中，学会了哪些技能，发现错误后如何改正，并展示成果电路，在老师的监护下通电试验效果。

（二）学生自我评估与总结

_____

_____。

（三）小组评估与总结

_____

_____。

（四）教师评估与总结

_____

_____。

（五）各小组对工作岗位的"6S"处理

在小组和教师都完成工作任务总结以后，各小组必须对自己的工作岗位进行"整理、整顿、清扫、清洁、安全、素养"；归还所借的工量具和实习工件。

（六）评价表（表 5 - 1 - 5）

表 5 - 1 - 5　　　　　**学习任务 1　装调与维修 CA6140 型车床电气的控制线路评价表**

班级：_____		指导教师：_____
小组：_____		日期：_____
姓名：_____		

评价项目	评价标准	评价依据	评价方式			权重	得分小计
			学生自评 20%	小组互评 30%	教师评价 50%		
职业素养	1. 遵守企业规章制度、劳动纪律 2. 按时按质完成工作任务 3. 积极主动承担工作任务，勤学好问 4. 人身安全与设备安全 5. 工作岗位 6S 完成情况	1. 出勤 2. 工作态度 3. 劳动纪律 4. 团队协作精神				0.3	
专业能力	1. 熟练分解 CA6140 型车床主要运动和结构特点 2. CA6140 型车床电气控制线路的安装与调试 3. 编制车床电气维修计划及方案 4. 熟练运用机床电气故障检修方法 5. 具有较强的故障点分析排除故障能力	1. 操作的准确性和规范性 2. 工作页或项目技术总结完成情况 3. 专业技能任务完成情况				0.5	
创新能力	1. 在任务完成过程中能提出自己的有一定见解的方案 2. 在教学或生产管理上提出建议，具有创新性	1. 方案的可行性及意义 2. 建议的可行性				0.2	
合计							

八、技能拓展

根据给出的 CA6140 型车床电气控制线路原理图，试按以下要求对电气控制线路进行改进设计并画出新的电气控制线路原理图：

创新要求：

1. 要求无论打开电箱门或挂轮架箱门都能断开整机电源。
2. 要求主轴启动既有连续运转又有点动控制。

学习任务 2 装调与维修 X62W 型万能铣床电气的控制线路

一、任务描述

在此项典型工作任务中主要使学生掌握 X62W 型万能铣床的电气工作原理图、电器布置图、电气安装接线图及培养学生处理常见故障的能力。

学生接到安装和检修任务后，应根据任务要求，准备工具和材料，做好工作现场准备，严格遵守作业规范进行施工，安装完毕后进行自检，填写相关表格并交检测指导教师验收。按照现场管理规范清理场地、归置物品。

二、任务要求

1. 掌握 X62W 型万能铣床的主要运动形式，能进行通电试车操作；
2. 能根据 X62W 型万能铣床电气原理图和实际情况设计 X62W 型万能铣床的电器布置图和电气安装接线图；
3. 熟悉 X62W 型万能铣床电路的工作原理及掌握其安装调试方法；
4. 掌握 X62W 型万能铣床常见电气故障的排除方法。

三、能力目标

1. 能熟悉 X62W 型万能铣床的主要运动结构和运动特点；
2. 掌握 X62W 型万能铣床电气控制线路原理图、电器布置图和电气接线图；
3. 能掌握 X62W 型万能铣床电气控制线路的故障分析及排除方法的思路；
4. 学会 X62W 型万能铣床电气故障检修步骤及要求；
5. 各小组发挥团队合作精神，学会机床故障检修的步骤、实施、成果评估。

四、任务准备

（一）相关理论知识

X62W 万能铣床是一种通用的多用途机床，它可以用圆柱铣刀、圆片铣刀、角度铣刀、成型铣刀及端面铣刀等刀具对各种零件进行平面、斜面、螺旋面及成型表面的加工，还可以加装万能铣头、分度头和圆工作台等机床附件来扩大加工范围。此机床采用三台电动机拖动工作。

1. 主要结构及运动形式

（1）主要结构　由床身、主轴、刀杆、工作台，回转盘、横溜板、升降台、底座等几部分组成。

（2）X62W 万能铣床的运动形式

主运动：主轴带动铣刀的旋转运动。

进给运动：加工中工作台带动工件纵向、横向和垂直 3 个方向的移动以及圆形工作台的旋转运动。

辅助运动：工作台带动工件在三个方向的快速移动。

2. X62W 万能铣床电力拖动要求与控制特点

（1）主轴电动机需要正反转，但方向的改变不频繁，根据加工工艺的要求，有的工件需要顺铣（电

250

机正转），有的工件需要逆铣（电机反转），大多数情况下是一批或多批工件只用一种方向铣削，并不需要经常改变电动机转向。

（2）铣刀的切削是一种不连续切削，容易使机械传动系统发生振动，为了避免这种现象，在主轴传动系统中装有惯性轮，但在高速切削后，停车很费时间，故采用电磁离合制动。

（3）工作台可做六个方向的进给运动，又可以在六个方向上快速移动。

（4）为了防止刀具和机床的损坏，要求只有主轴旋转后，才允许有进给运动。为了减小加工件表面的粗糙度，只有进给停止后主轴才能停止或同时停止。

（5）主轴运动和进给运动采用变速盘来进行速度选择，保证变速齿轮进入良好啮合状态，两种运动都要求变速后作瞬时点动。

3. X62W 万能铣床的电气控制线路图

控制线路如图 5 - 2 - 1 所示。

4. 电气控制线路的分析

（1）主电路分析

1）主电动机 M1 拖动主轴带动铣刀进行铣削加工。

2）工作台进给电动机 M2 拖动升降台及工作台进给。

3）冷却泵电动机 M3 提供冷却液。

以上每台电动机均有热继电器作过载保护。

（2）控制电路分析

1）工作台的运动方向有上、下、左、右、前、后六个方向。

2）工作台的运动由操纵手柄来控制，此手柄有五个位置，此五个位置是联锁的，各方向的进给不能同时接通。床身导轨旁的挡铁和工作台底座上的挡铁撞动十字手柄，使其回到中间位置，行程开关动作，从而实现直运终端保护。

（3）主轴电动机的控制

启动：按下 SB3 或 SB4 两地控制分别装在机床两处，方便操纵。SB1 和 SB2 是停止按钮（制动）。SA4 是主轴电动机 M1 的电源换相开关。

1）正向主轴启动的控制回路：

FU3—FR1—FR2—FR3—SQ7 - 2—SB1—SB2—SB3—或 SB4—KM2—KM1 线圈—0

2）反向主轴电动机 M1 控制：控制回路同正向启动控制相同，只是主电路需将 SA4 扳到"反向转动"位置，使 U13 接 W14，W13 接 U14。

3）主轴电动机 M1，正向转动时的反接制动：当主轴电动机正向启动转速上升到 120r/min 时，正向速度继电器的动合触点 KS2 闭合，为 M1 的反接制动作好准备。

主轴电动机 M，反向转动时的反接制动控制，控制回路与正向转动时的反接制动控制回路相同，不同的是将 KS2 换成反向速度继电器 KS1。

停车：按下SB1或SB2，其常闭触头断开——→KM1线圈失电——→KM1
主触头分断——→电动机M1失电惯性运转，KS1继续保持闭合状态。
SB1或SB2常开触头闭合——→KM2线圈得电┌→KM2联锁触头分断
　　　　　　　　　　　　　　　　　　├→KM1自锁触头闭合
　　　　　　　　　　　　　　　　　　└→KM1主触头闭合——→电
路换相进行串阻的反接制动——→当M1转速下降到低于40r/min,KS2分
断——→KM2线圈失电

　　　　　KM2联锁触头复位闭合
　　┌→KM2自锁触头分断
　　└→KM2主触头分断——→电动机M1反接制动结束。

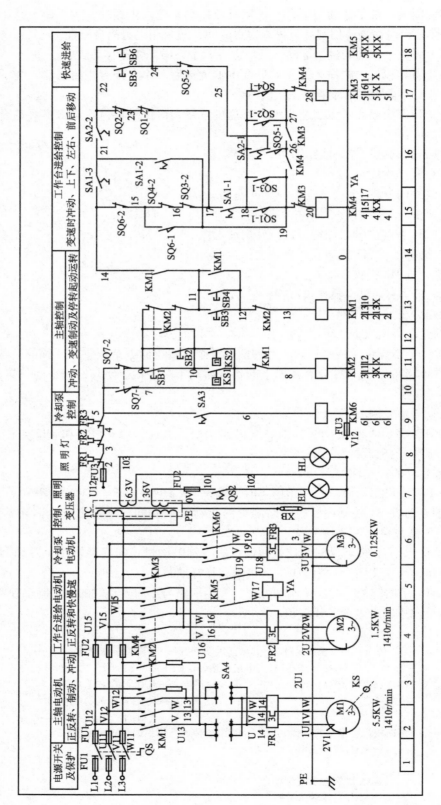

图 5 - 2 - 1　X62W 万能铣床的电气控制线路图

（4）主轴速度变速时，电动机 M1 的瞬时冲动控制

主轴变速时，为了使齿轮在变速过程中易于啮合，须使主轴电动机 M1 瞬时转动一下。

主轴变速时，拉出变速手柄，使原来啮合好的齿轮脱开转动变速转孔盘（实质是改变齿轮传动比），选择好所需转速，再把变速手柄推回原位，使改变了传动比的齿轮组重新啮合。由于齿轮之间位置不能刚好对上，造成啮合上的困难。

在推回的过程中，联动机构压下主轴变速瞬动限位开关 SQ7

┌→ SQ7-2 常闭分断切断 KM1 和 KM2 自锁供电电路。
└→ SQ7-1 常开闭合→KM2 线圈得电（瞬时通电）但不自锁→KM2 主触头闭合

M1 反接制动电路接通，经限流电阻 R 瞬时接通电源作瞬时转动一下，带齿轮系统抖动，使变速齿轮顺利啮合。当变速手柄推回到原位时，SQ7 复位，切断了瞬时冲动线路，SQ7-2 复位闭合，为 M1 下次得电做准备。

注意：不论是开车还是停车时变速，都应用较快的速度把变速手柄推回原位，以免通电时间过长，引起 M1 转速过高而打坏齿轮。

（5）工作台进给电动机 M2 控制

1）工作台向右进给运动控制：

将手柄扳向"右"位置，在机械上接通了纵向进给离合器，在电气上压动限位开关 SQ1，SQ1-2 常闭分断，SQ1-1 常开闭合。这时通过 KM1 辅助常开闭合→SQ6-2—SQ4-2—SQ3-2—SA1-1 闭合→KM4 线圈得电→KM4 主触头闭合→电动机 M2 得电正转，拖动工作台向右进给。

停止：将操纵手柄返回中间位置，SQ1-1 分断→KM4 线圈失电→KM4 主触头分断电动机 M2 失电停转→工作台停止向右进给运动

2）工作台向左进给运动控制，将操纵手柄扳向"左"位置：

压合 SQ2→SQ2-2 常闭触头分断，SQ2-1 常开闭合这时通过 KM1 辅助常开闭合，SQ6-2，SQ4-2，SQ3-2，SA1-1 的闭合→KM3 线圈得电→KM3 主触头闭合→电动机 M2 得电反转，拖动工作台向左进给。

停止：将操纵手柄扳回到中间位置。

SQ2-1 分断→KM3 线圈失电→KM3 主触头分断→电动机 M2 停转，工作台停止向左进给运动。

3）工作台向上运动控制：

将操作手柄扳到向"上"位置，在机械上接通垂直离合器，在电气上压动限位开关 SQ4，SQ4-2 常闭分断，SQ4-1 常开闭合，这时通过 KM1 辅助常开闭合，通过 SA1-3，SA2-2，SQ2-2，SQ1-2，SA1-1 闭合→KM3 线圈得电→KM3 主触头闭合→电动机 M2 得电反转，拖动工作台向上运动。

停止：将操作手柄扳回到中间位置：

SQ4-1 分断→KM3 线圈失电→KM3 主触头分断→电动机 M2 停转，工作台停止向上运动。

4）工作台向下运动控制，将操纵手柄扳向"下"位置：

压合 SQ3，SQ3-2 常闭合分断，SQ3-1 常开闭合，这时通过 KM1 辅助常开闭合，通过 SA1-3，SA2-2，SQ2-2，SQ1-2，SA1-1 的闭合→KM4 线圈得电→KM4 主触头闭合→电动机 M2 得电，拖动工作台向下运动。

停止：将操纵手柄扳到中间位置：

SQ3-1 常开分断→KM4 线圈失电→KM4 主触头分断→电动机 M2 失电，工作台停止向下运动。

工作台上、下、左、右、前、后运动控制线路图见图 5-2-2。

5）工作台进给变速时的冲动控制：在改变工作台进给速度时，为了使齿轮易于啮合，也需要电动机 M2 瞬时冲动一下。先将蘑菇手柄向外拉出并转动手柄，转盘跟着转动，把所需进给速度标尺数字对准箭头。再将蘑菇手柄用力向外拉到极限位置瞬间，连杆机构瞬时压合行程开关 SQ6，SQ6-2 常闭先分断，SQ6-1 常开后闭合，这时通过，SA1-3，SA2-2，SQ2-2，SQ1-2，SQ3-2，SQ4-2 闭合 KM4 线圈得电→KM4 主触头闭合→进给电动机 M2 反转，因为是瞬时接通，进给电动机 M2 只是瞬时冲动一下，从而

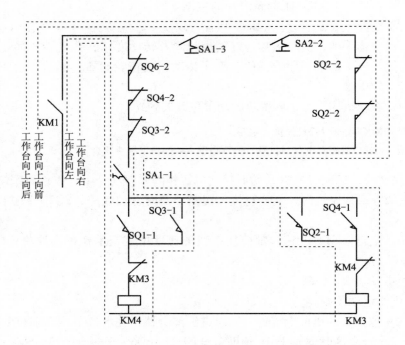

图 5 - 2 - 2　工作台上、下、左、右、前、后运动控制线路图

保证变速齿轮易于啮合。只有当进给操纵手柄在中间（停止）位置时，才能实现进给变速冲动控制。当手柄推回原位后，SQ6 复位；KM4 线圈失电→KM4 主触头分断→电动机 M2 瞬时冲动结束。

（6）工作台进给的快速移动控制

工作台向上、下、前、后、左、右六个方向快速移动，由垂直与横向进给手柄，纵向进给手柄和快速移动按钮 SB5，SB6 配合实现。

进给快速移动可分手动控制和自动控制两种，自动控制又可分为单程自动控制，半自动循环控制和全自动循环控制三种方式，目前都采用手动的快速行程控制。

先将主轴电动机启动，再将操纵手柄扳到所需位置，按下 SB5 或 SB6（两地控制）→KM5 线圈得电→KM5 主触头闭合→接通牵引电磁铁 YA，在电磁铁动作时，通过杠杆使摩擦离合器合上，使工作台按原运动方向快速移动，松开 SB5 或 SB6→KM5 线圈失电 KM5 主触头分断→电磁铁 YA 失电，摩擦离合器分离快速移动停止，工作台按原进给速度继续运动。快速移动采用点动控制。

工作台进给变速冲动和快速移动控制线路图如图 5 - 2 - 3 所示。

（7）工作台纵向（左右）自动控制

本机床只需在工作台前安装各种挡铁，依靠各种挡铁随工作台一起运动时与手柄星形轮碰撞而压合限位开关 SQ1、SQ2、SQ5，并把 SA2 开关扳向"自动"位置，更可实现工作台，纵向"左右"运动时的各种自动控制。

1）单程自动控制、向左或向右运动

启动—快速—进给（常速）—快速—停止

第一步，将转换开关 SA2 置于"自动"位置，SA2 - 2 常闭分断，SA2 - 1 常开闭合，然后启动电动机 M1。

第二步，将纵向操纵手柄扳向"左"位置。压合限位开关 SQ2，SQ2 - 2 常闭分断，SQ2 - 1 常开闭合→

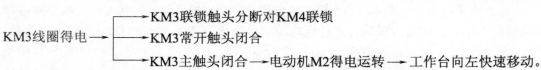

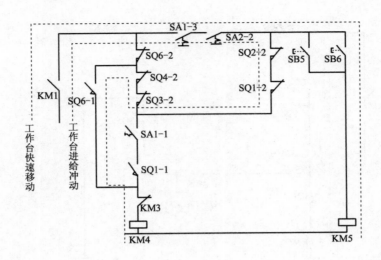

图 5 - 2 - 3　工作台进给变速冲动和快速移动控制线路图

第三步，当工作台面快速向左移至工件接近铣刀时，1 号挡铁碰撞星形轮，使它转过一个齿，使 SQ5 - 2 常闭分断，KM5 线圈失电，SQ5 - 1 常开闭。合 KM3 线圈双回路通电，工作台停止快移，已常速向左进给，切削工件。

第四步，当切削完毕；工件离开铣刀时，另一个 1 号挡铁又碰撞星形轮，使它转过一个齿，并使 SQ5 - 2 闭合→KM5 线圈得电，工作台又转为快速向左移动。

第五步，向左移至 4 号挡铁，碰撞手柄推回停止位置，SQ2 - 1 断开→KM3 线圈失电 KM3 主触头分断→电动机 M2 停转。工作台在左端停止。

2）半自动循环控制：

启动→快速→常速进给→快速回程→停止

工作过程为五步，前三步与单程自动控制的前三步相同，第四步为，当切削完毕，工件离开铣刀时，手柄在 2 号挡铁作用下，由左移到中间（停止）位置，此时 SQ2 - 1 分断，KM3 线圈通过 KM3 常开触头仍保持接通吸合，同时 2 号挡铁下面的斜面压住销子离合器保持接合状态，工作台仍以进给速度继续向左移动。直到 2 号挡铁将星形轮碰一个齿，手柄撞到"向右"位置，SQ1 - 1 闭合，SQ5 - 1 分断，SQ5 - 2 闭合，KM3 线圈失电，KM4 线圈得电及电磁铁 YA 得电吸合，工作台向左快速移动返回。

当工作台向右快移至于 5 号挡铁碰撞手柄，将手柄推回中间（停止）位置，SQ1 - 1 断开，电动机 M2 停转，工作台在右端停止。

半自动循环控制线路见图 5 - 2 - 4。

（8）圆形工作台的控制

圆形工作台控制线路如图 5 - 2 - 5 所示。

将操纵手柄扳到中间"停"位置，把圆形工作台组合开关 SA2 - 2 扳到"接通"位置，这时开关接点 SA1 - 2 闭合，SA1 - 1 和 SA1 - 3 断开。

按下 SB3 或 SB4→KM1 线圈得电和 KM4 线圈得电，主轴电动机 M1 和进给电动机 M2 相继启动运转。M2 仅以反转方向带动一根专用轴，使圆形工作台绕轴心作定向回转运动，铣刀铣出圆。圆形工作台不调速，不正转。

按下主轴停止按钮 SB1 或 SB2，则主轴与圆形工作台同时停止。

（9）冷却泵电动机 M3 控制

主轴电动机启动后，冷却泵电动机 M3 才启动。

合上电开关 SA3—KM6 线圈得电—KM6 主触头闭合—电动机 M3 启动运转—提供冷却液切削工件。

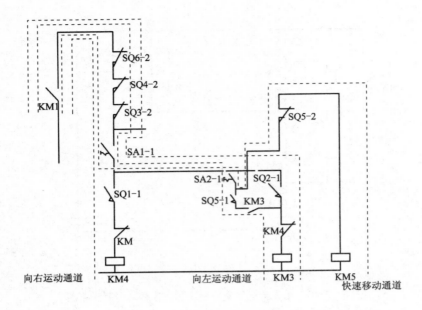

图 5 - 2 - 4　工作台向左（右）单程移动及半自动循环控制

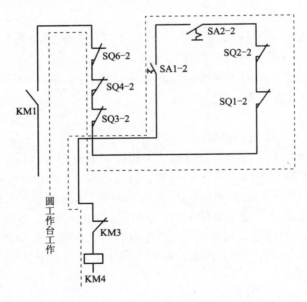

图 5 - 2 - 5　圆工作台控制线路

（10）照明及指示灯线路

由变压器 TC 降压为 36V 电压供照明，6.3V 供指示灯。

5. 检修步骤及工艺要求

（1）熟悉 X62W 型万能铣床的结构及运动形式，了解万能铣床的各种工作状态及各元件的作用和控制原理。

（2）观察电器元件的位置及布线情况。

（3）先了解故障发生时的情况

1）在确定无危险的情况下，通电试验，学生要仔细观察故障现象。

2）确定分析故障范围。

3）通过检测，分析和判断，逐步缩小故障范围。

（4）以设备的动作顺序为排除故障时分析、检测的次序，先检查电源，再检查线路和负载；先检查公共回路再检查各分支路；先检查控制电路再检查主电路；先检查容易测量的部分，再检查不容易检测的部分。

（5）采用正确方法查找故障点，并排除故障。

（6）检修完毕后，经老师同意，有老师在场监护，通电试验，并做好维修记录。

6. 故障检修方法

（1）检修前的调查研究：通过看，观察各电气元件有无烧过、断线、螺丝钉松动、有无异常气味。通过问，问机床操作工人，了解故障现象，分析故障原因。通过听，听元器件的声音是否正常。将以上情况作详细记录，以便排除故障。

（2）根据机床电气原理图进行分析，为了迅速找到故障位置并排除故障，就必须熟悉机床的电气线路。

（3）通过试验控制电路的动作顺序，此方法要切断主电路电源，只有控制电路带电情况下进行工作。

（4）用仪表检查，利用万用表、摇表对电阻、电流、电压参数进行测量，从而发现故障点。

（二）设备、工具的准备

为完成工作任务，每个工作小组需要向工作站内仓库工作人员提供借用工具清单（表5－2－1）。

表5－2－1　　　　　　　　　　　　　**工作岛借用工具清单**

容量	名称	数量	借出时间	学生签名	归还时间	学生签名	管理员签名
1							
2							
3							
4							
5							

（三）材料的准备

为完成工作任务，每个工作小组需要向工作站内仓库工作人员提供借用材料清单（表5－2－2）。

表5－2－2　　　　　　　　　　　　　**工作岛借用材料清单**

序号	名称（型号、规格）	数量	借出时间	学生签名	归还时间	学生签名	管理员签名
1							
2							
3							
4							
5							

（四）团队分配的方案

将学生分为5个小组，每个工作技能岛为1组，根据技能岛工位要求，每组6人，每组指定1人为小组长、2人为材料管理员，小组长负责组织本组相关问题的计划、实施及讨论汇总；材料管理员负责材料领取分发、填写各组人员工作任务实施所需材料的相关记录表。

五、制定工作计划

六、任务实施

（一）为了完成任务，必须回答以下问题

1. 铣头上安装或卸下铣刀时，主轴必须在_____状态下。当要装刀或卸刀时，电路中采用开关_____来实现，使_____断开控制电路，以防误动作而伤人或设备，而_____接通电磁离合器 YC1 制动主轴。

2. 主轴的变速由齿轮系统完成，当变速时将变速手柄拉出，调好速度挡后，为使齿轮易于重新啮合，在啮合瓣主轴必须要_____。

3. 工作台的进给有三个坐标_____、_____、_____，六个方向_____、_____、_____、_____、_____、_____。

4. 接触器 KM3 线圈支路中有两个位置开关 SQ3 - 1 和 SQ5 - 1 并联，接触器 KM4 线圈支路中有两个位置开关 SQ4 - 1 和 SQ6 - 1 并联。其中左右手柄控制_____和_____，上下前后手柄控制_____和_____。

5. X62W 型铣床的操作方法是（   ）。

A、全用按钮   B、全用手柄   C、既有按钮又有手柄

6. 工作台没有采取制动措施，是因为（   ）。

A、惯性小   B、速度不高且用丝杠传动   C、有机械制动

7. 工作台必须在主轴启动后才允许进给，是为了（   ）。

A、安全的需要   B、加工工艺的需要   C、电路安装的需要

8. 若主轴未启动，工作台（   ）。

A、不能有任何进给   B、可以进给   C、可以快速进给

（二）安装 X62W 型万能铣床电气控制线路

1. 设计要求

（1）根据任务要求设计出 X62W 型万能铣床电器布置图。

（2）根据任务要求设计出 X62W 型万能铣床电气接线图。

　　2. 安装步骤及工艺要求

（1）逐个检验电气设备和元件的规格和质量是否合格。

（2）正确选配导线的规格、导线通道类型和数量、接线端子板型号等。

（3）在控制板上安装电器元件，并在各电器元件附近做好与电路图上相同代号的标记。

（4）按照控制板内布线的工艺要求进行布线和套编码套管。

（5）选择合理的导线走向，做好导线通道的支持准备，并安装控制板外部的所有电器。

（6）进行控制箱外部布线，并在导线线头上套装与电路图相同线号的编码套管。对于可移动的导线通道应放适当的余量，使金属软管在运动时不承受拉力，并按规定在通道内放好备用导线。

（7）检查电路的接线是否正确和接地通道是否具有连续性。

（8）检查热继电器的整定值是否符合要求。各级熔断器的熔体是否符合要求，如不符合要求应予以更换。

（9）检查电动机的安装是否牢固，与生产机械传动装置的连接是否可靠。

（10）检测电动机及线路的绝缘电阻，清理安装场地。

（11）点动控制各电动机启动，转向是否符合要求。

　　3. 通电调试

（1）通电空转试验时，应认真观察各电器元件、线路；

（2）通电带负载调试时，认真观察电动机及传动装置的工作情况是否正常。如不正常，应立即切断电源进行检查，在调整或修复后方能再次通电试车。

（3）如调试中发现线路有故障，应按照表 5 - 2 - 3 常见故障分析及处理表进行分析。

　　4. 注意事项

（1）不要漏接接地线。严禁采用金属软管作为接地通道。

（2）在控制箱外部进行布线时，导线必须穿在导线通道内或敷设在机床底座内的导线通道里。所有的导线不允许有接头。

（3）在导线通道内敷设的导线进行接线时，必须集中思想，做到查出一根导线，立即套上编码套管，接上后再进行复验。

（4）在安装、调试过程中，工具、仪表的使用应符合要求。

（5）通电操作时，必须严格遵守安全操作规程。

（三）检修 X62W 型万能铣床电气控制线路

　　1. X62W 万能铣床故障点排查

X62W 铣床故障点排查图见图 5 - 2 - 6。

　　2. 故障设定范围、检修步骤及工艺要求

（1）故障设定范围　针对故障现象分析故障范围，编写检修流程，合理设置故障，按照规范检修步骤排除故障（表 5 - 2 - 3）。

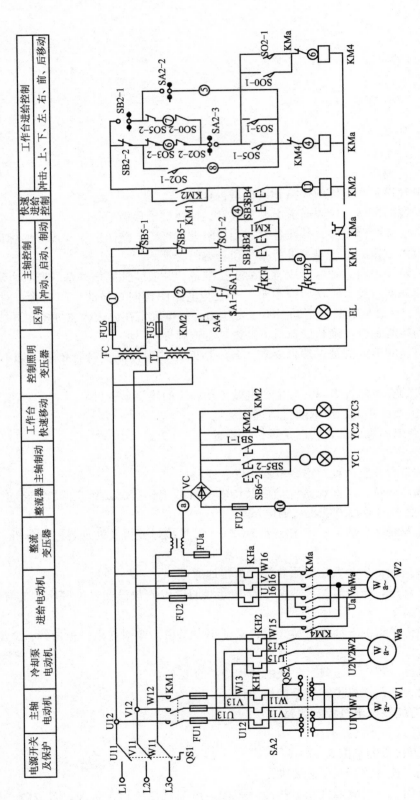

图 5 - 2 - 6 X62W 万能铣床故障点排查图

表 5-2-3　　　　　　　　　　　　　　　常见故障现象与处理

序号	故障现象	检查要点	处理方法
1	主轴、工作台均不能得电	1. 主要检查 KH1、KH2、SA1、SB5、SB6、SQ1 等公共回路 2. 检查熔断器 FU6	1. 将损坏的导线、元器件更换 2. 查明原因，更换熔断器
2	主轴不能启动、冲动，工作台能快速进给	1. 检查 KM3 线圈的进线及出线； 2. 检查 KM3 线圈的好坏	1. 紧固连接导线 2. 更换 KM3 线圈
3	主轴能正常工作，工作台不能得电	1. 检查 KM1 至 KM2 的公共连线 2. 检查工作台的公共回路线	紧固连接导线
4	工作台不能快速移动	1. 检查接触器 KM2 的线圈 2. 检查接触器 KM2 的常开触头 3. 检查工作台的公共线	1. 更换接触器 KM2 的线圈 2. 修复接触器 KM2 的常开触头 3. 更换坚固连接导线
5	工作台不能冲动	1. 检查行程开关 SQ2 2. 检查连接行程开关 SQ2 的导线	1. 更换行程开关 SQ2 2. 修复连接行程开关 SQ2 的导线
6	工作台不能冲动、不能向左、向右进给，圆工作台不能旋转	1. 检查 KM3 线圈、SQ4-2、SQ3-2 2. 检查 KM3 线圈的连接导线	1. 修复更换损坏元器件 2. 修复连接线
7	工作台不能向上、向下、向前、向后进给，不能冲动	1. 检查接触器 KM4 线圈回路 2. 检查 SQ5-2、SQ6-2	1. 修复损坏元器件 2. 紧固连接导线
8	圆工作台不能旋转	1. 检查开关 SA2-2 2. 检查开关 SA2-2 的连接导线	1. 更换开关 SA2-2 2. 修复开关 SA2-2 的连接线
9	工作台不能向右进给、不能向上、向后进给	1. 检查 KM4 线圈 2. 检查 KM4 的连接导线	1. 更换 KM4 线圈 2. 紧固连接导线
10	主轴不能制动、工作台不能工作进给及快速进给	1. 检查 FU4 2. 检查 FU4 的进出线 3. 检查整流桥进出线电压	1. 更换损坏元器件 2. 紧固连接导线
11	主轴不能制动	1. 检查 YC1 的线圈 2. 检查 YC1、SB6、SB5 的进出线	1. 更换损坏的元器件 2. 紧固连接导线

（2）检修步骤及工艺要求

1）在教师指导下对铣床进行操作。

2）在铣床上人为设置自然故障点，故障的设置应注意以下几点：

①人为设置的故障必须是模拟铣床在工作中由于受外界因素影响而造成的自然故障。

②不能设置更改线路或更换元器件等由于人为造成的非自然故障。

③设置故障不能损坏电路元器件，不能破坏线路美观；不能设置易造成人身事故的故障；尽量不设置易引起设备事故的故障，若有必要应在教师监督和现场密切注意的前提下进行。

④故障的设置先易后难，先设置单个故障点，然后过渡到两个故障点。

3）故障检测前先通过试车写出故障现象，分析故障大致范围，讲清拟采用的故障检测手段、检测流程，正确无误后方可进行检测、排除故障。

4）找出故障点以后切断电源，仔细修复，不得扩大故障或产生新的故障；恢复后通电试车。

（四）填写维修现场记录

将故障现象、原因分析、排除方法填入表中（表5－2－4）。

表5－2－4 故障分析及排除方法

序号	故障现象	故障原因	排除方法
1			
2			
3			

七、任务评价

（一）成果展示

各小组派代表上台总结完成任务的过程中，学会了哪些技能，发现错误后如何改正，并展示成果电路，在老师的监护下通电试验效果。

（二）学生自我评估与总结

_____

_____

_____ 。

（三）小组评估与总结

_____

_____

_____ 。

（四）教师评估与总结

_____

_____

_____ 。

（五）各小组对工作岗位的"6S"处理

在小组和教师都完成工作任务总结以后，各小组必须对自己的工作岗位进行"整理、整顿、清扫、清洁、安全、素养"；归还所借的工量具和实习工件。

（六）评价表（表 5 − 2 − 5）

表 5 − 2 − 5　　　　　学习任务 2　装调与维修 X62W 型万能铣床电气控制线路评价表

班级：＿＿＿＿＿＿			指导教师：＿＿＿＿＿					
小组：＿＿＿＿＿＿			日期：＿＿＿＿＿					
姓名：＿＿＿＿＿＿								

评价项目	评价标准	评价依据	评价方式			权重	得分小计
			学生自评 20%	小组互评 30%	教师评价 50%		
职业素养	1. 遵守企业规章制度、劳动纪律 2. 按时按质完成工作任务 3. 积极主动承担工作任务，勤学好问 4. 人身安全与设备安全 5. 工作岗位 6S 完成情况	1. 出勤 2. 工作态度 3. 劳动纪律 4. 团队协作精神				0.3	
专业能力	1. 熟练分解 X62W 型万能铣床主要运动和结构特点 2. X62W 型万能铣床电气控制线路的安装与调试 3. 编制铣床维修计划及方案 4. 熟练运用机床故障检修方法 5. 具有较强的故障点分析排除故障能力	1. 操作的准确性和规范性 2. 工作页或项目技术总结完成情况 3. 专业技能任务完成情况				0.5	
创新能力	1. 在任务完成过程中能提出自己的有一定见解的方案 2. 在教学或生产管理上提出建议，具有创新性	1. 方案的可行性及意义 2. 建议的可行性				0.2	
合计							

八、技能拓展

　　根据给出的 X62W 万能铣床电气控制线路原理图，试按以下要求对电气控制线路进行改进设计并画出新的电气控制线路原理图。

　　创新要求：

1. 要求无论打开电箱门或皮带齿轮箱门都能断开整机电源。

2. 要求不影响机床任何正常操作。

学习任务3 装调与维修 T68 型镗床电气控制线路

一、任务描述

在此项典型工作任务中主要使学生掌握 T68 型镗床的电气工作原理图、电器布置图、电气安装接线图及处理常见故障的能力。

学生接到安装和检修任务后，应根据任务要求，准备工具和材料，做好工作现场准备，严格遵守作业规范进行施工，安装完毕后进行自检，填写相关表格并交检测指导教师验收。按照现场管理规范清理场地、归置物品。

二、任务要求

1. 掌握 T68 型镗床的主要运动形式，能进行通电试车操作；
2. 能根据 T68 型镗床电气原理图和实际情况设计 T68 型镗床的电器布置图和电气安装接线图；
3. 熟悉 T68 型镗床电路的工作原理及掌握其安装调试方法；
4. 掌握 T68 型镗床常见电气故障的排除方法。

三、能力目标

1. 能熟悉 T68 型镗床的主要运动结构和运动特点；
2. 能掌握 T68 型镗床电气控制线路原理图、电器布置图和电气接线图；
3. 能掌握 T68 型镗床电气控制线路的故障分析及排除方法的思路；
4. 学会 T68 型镗床电气故障检修步骤及要求；
5. 各小组发挥团队合作精神，学会机床故障检修的步骤、实施、成果评估。

四、任务准备

（一）相关理论知识

T68 型卧式镗床有两台电动机，一台是双速电动机，它通过变速箱等传动机构带动主轴及花盘旋转，同时还带动润滑油泵，另一台电动机带动主轴的轴向进给，主轴箱的垂直进给，工作台的横向和纵向进给的快速移动（图 5 – 3 – 1）。

1. 主要结构和运动形式
（1）主要结构
由床身、前立柱、镗头架、工作台，后立柱和尾架等组成。

床身是一个整体的铸件，在它的一端固定有前立柱，在前立柱的垂直导轨上装有镗头架，镗头架可沿导轨上下移动。镗头架上集中地装有主轴部分，变速箱、进给箱与操纵机构。切削刀具固定在镗轴前端的锥形孔里，或装在花盘上的刀具溜板上。在工作过程中，镗轴一面旋转，一面沿轴向作进给运动。而花盘只能旋转，装在其上的刀具溜板则可作垂直于主轴轴线方向的径向进给运动。镗轴和花盘主轴是通过单独的传动链传动，因此它们可以独立转动。

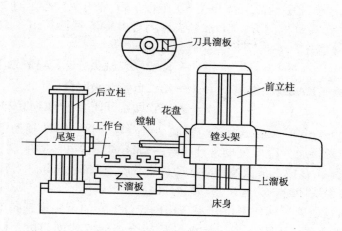

图 5 - 3 - 1 T68 镗床的主要结构

（2）运动方式

1）主体运动：有主轴的旋转运动和花盘的旋转运动。

2）进给运动：有主轴的轴向进给，花盘刀具溜板的径向进给，镗头架（主轴箱）的垂直进给，工作台的横向进给，工作台的纵向进给。

3）辅助运动：有工作台的旋转运动，后立柱的水平移动和尾架的垂直移动。

机床的主体运动及各种常速进给运动是由主轴电动机来驱动，但机床各部分的快速进给运动是由快速进给电动机来驱动。

2. 电气控制要求

根据镗床的运动情况和工艺需要，镗床对电气控制提出如下要求：

（1）为适应各种工件加工工艺要求，主轴应在大范围内调速，多采用交流电动机驱动的滑移齿轮变速系统。镗床主拖动要求恒功率拖动，所以采用"△ - YY"双速电动机。

（2）由于采用滑移齿轮变速，为防止顶齿现象，要求主轴系统变速时作低速断续冲动。

（3）为适应加工过程中调整的需要，要求主轴可以正、反向点动调整，这是通过主轴电动机低速点动来实现的。同时还要求主轴可以正、反向旋转，通过主轴电动机的正、反转来实现。

（4）主轴运动低速时可以直接启动，在高速时控制电路要保证先接通低速经延时再接通高速以减小启动电流。

（5）主轴要求快速而准确的制动，所以必须采用效果好的停车制动。

（6）由于进给部件独立，快速进给用另一台电机拖动。

3. T68 型镗床的控制线路工作原理

（1）主电路分析：主拖动电动机 M1 和快速移动电动机 M2，两台三相异步电动机驱动。M1 用接触器 KM1 和 KM2 控制正反转，接触器 KM3 和 KM4 及 KM5 作三角形—双星形变速切换。M2 用接触器 KM6 和 KM7 控制正反转。

（2）控制电路分析：主轴电动机 M1 的控制

1）主轴电动机的正反转控制

低速正转：按下SB2 → KA1线圈得电
→ KA1联锁触头分断KA2联锁
→ KA1自锁触头闭合
→ KA1助常开闭合 → KM3线圈得电（此时位置开关SQ3和SQ4 已被操纵手柄压合）→KM3 主触头闭合，将制动电阻 R 短接，KM3 辅助常开闭合→KM1 线圈得电→KM1 主触头闭合，将电源接通，KM1 辅助常开闭合→KM4 线圈得电→KM4 联锁触头分断对 KM5 联锁，KM4 主触头闭合→电动机 M1 接成△形低速正向启动；空载转速 1500r/min。当转速上升到 120r/min 以上时，速度继电器 KS2 常开触头闭合，为停车制动作好准备。

低速转高速：首先通过变速手柄使限位开关 SQ 压合，KT 常闭触头经延时 1～2s 后常闭触头分断→KM4 线圈失电→KM4 联锁触头复位闭合，KT 常触头后闭合→KM5 线圈得电，KM5 联锁触头分断，KM5 主触头闭合→电动机 M1 接成 YY 高速运行。

低速反转：按下SB3 ——→ KA2线圈得电

```
┌──→ KA2联锁触头分断KA1联锁
├──→ KA2自锁触头闭合
└──→ KA2助常开闭合——→KM3线圈得电
```

（此时位置开关SQ3 和 SQ4 已被操纵手柄压合）→KM3 主触头闭合，将制动电阻 R 短接，KM3 辅助常开闭合→KM2 线圈得电→KM2 主触头闭合，将电源接通，KM2 辅助常开闭合→KM4 线圈得电→KM4 联锁触头分断对 KM5 联锁，KM4 主触头闭合→电动机 M1 接成△形低速正向起动；空载转速 1500r/min。当转速上升到 120r/min 以上时，速度继电器 KS1 常开触头闭合，为停车制动作好准备。

低速转高速：首先通过变速手柄使限位开关 SQ 压合，KT 常闭触头经延时 1～2s 后常闭触头分断→KM4 线圈失电→KM4 联锁触头复位闭合，KT 常触头后闭合→KM5 线圈得电，KM5 联锁触头分断，KM5 主触头闭合→电动机 M1 接成 YY 高速运行。

2）主轴电动机的点动控制（调整）

正转：按下 SB4→KM1 线圈得电，KM1 联锁触头分断对 KM2 联锁，KM1 辅助常开触头闭合→KM4 线圈得电，KM4 联锁触头分断对 KM5 联锁，KM1 和 KM4 主触头闭合，由于 KA1、KM3、KT 都没有通电，电动机 M1 只能在△接法下串入电阻作低速转动，当松开 SB4 KM1、KM4 线圈失电，因电路没有自锁作用，所以 M1 不会连续转动下去和不能作反接制动。

反转：按下 SB5→KM2 线圈得电，KM2 联锁触头分断对 KM2 联锁，KM2 辅助常开闭合 KM4 线圈得电，KM4 联锁触头分断，KM4 主触头闭合，由于 KA2、KM3、KT 都没通电，电动机 M1 只能在△接法下串电阻作低速转动，当松开 SB5→KM2 线圈失电，M1 不会连续转动下去和不能作为反接制动。

3）主轴电动机 M1 的停车制动　假设电动机 M1 正转，当转速大到 120r/min 以上时，速度继电器 KS2 常开触头闭合，为停车制动作好准备。

按下 SB1→KA1、KM3、KT、KM4 的线圈同时断电。

KM1 线圈断电，KM1 主触头分断，电动机 M1 断电作惯性运转。

因 KS2 常开触头以闭合→KM2 线圈得电，KM2 辅助常开触头闭合→KM4 线圈得电，KM2、KM4 主触头闭合→电动机 M1 串电阻 R 反接制动。

当电动机 M1 的转速降至 120r/min 以下时，速度继电器常开 KS2 常开触头断开，KM2 线圈失电，KM2 辅助常开分断→KM4 线圈失电，电动机 M1 停转，反接制动结束。

如果电动机 M1 反转，当转速达到 120r/min 以上时，速度继电器 KS1 常开触头闭合，为停车制动作好准备，动作过程与正转制动时相似。

4）主轴电动机 M1 的高、低速控制　主轴电动机低速运转定子绕组作△接法，$n=1460r/min$；高速时 M1 定子绕组接成 YY，$n=2880r/min$。

选择电动机 M1 低速（△接法）运行，可通过变速手柄使变速行程开关 SQ 处于断开位置，时间继电器 KT 线圈断电，KM5 线圈断电，电动机 M1 只能由接触器 KM4 接成△低速运行。

需要电动机高速运行，首先通过变速手柄使限位开关 SQ 压合，按下正转启动按钮 SB2→KA 线圈得电，KA1 联锁触头分断，KA1 自锁触头闭合，KA1 辅助常开闭合，KM3 线圈得电，KM3 辅助常开触头闭合，KT 线圈得电，KM1 线圈得电，KM1 联锁触头分断，KM1 辅助常开闭合，KM4 线圈得电，KM4 联锁触头分断，电动机 M1 接成△低速运转，KT 常闭触头经延时 1～2s 后常闭触头分断→KM4 线圈失电→KM4 联锁触头复合，KT 常开触头后闭合→KM5 线圈得电，KM5 联锁触头分断，KM5 主触头闭合→电动机 M1 接成 YY 高速运行。

5）主轴变速及进给变速控制

①主轴变速控制　主轴的各种转速是用变速操纵盘来调节变速、传动系统而取得。在需要变速时，可不必按停止按钮 SB1，只要将主轴变速操纵盘的操纵手柄拉出，与变速手柄有机械联系的行程开关 SQ3

不再受压而分断，SQ3 常开触头分断。SQ3 常闭触头闭合，届时 KM3 和 KM4 线圈失电，KT 线圈失电，KM1 线圈失电→电动机 M1，断电惯性运转，SQ3 常闭已闭合，而速度继电器 KS2 常开触头早已闭合→KM2 和 KM4 线圈得电，KM2 和 KM4 主触头闭合→电动机 M1 在低速状态下串电阻反接制动。当制动结束，KS2 常开触分断时，M1 停止运转，便可转动变速操纵盘进行变速，变速后，将手柄推回原位，使 SQ3 和 SQ5 触头恢复原位闭合，KM3，KM1，KM4 线圈相继通电吸合，电动机 M1 启动主轴以新选定的转速运转。

变速时，若因齿轮卡住手柄推不上时，届时变速冲动开关 SQ6 被压合，速度继电器 KS3 的常闭已闭合→KM1 线圈得电，KM1 辅助常开闭合→KM4 常闭触头又分断，KM1，KM4 线圈又失电，KM1，KM4 主触分断，电动机 M1 又断电，当速度降到约 40r/min 时，KS3 常闭触头又闭合，KM1、KM4 线圈再次得电，KM1、KM4 主触头又闭合→电动机 M1 再次启动运转，电动机 M1 的转速在 40～120r/min 范围内重复动作，直至齿轮啮合后，才能推合变速操纵手柄，变速冲动才告结束。

②快速进给电动机的控制　主轴的轴向进给，主轴箱的垂直进给，工作台的纵向横向进给等的快速移动，是由电动机 M2 通过齿轮、齿条等来完成的。快速手柄扳到正向快速位置时，压合行程开关 SQ8，SQ8 常闭分断，SQ8 常开闭合→KM6 线圈得电→KM6 联锁触头分断，KM6 主触头闭合，电动机 M2 正转启动，实现快速正向移动。将快速手柄扳到反向快速位置，行程开关 SQ7 被压合，SQ7 常闭触分断 SQ7 常开触头闭合→KM7 线圈得电→KM7 联锁触头分断，KM7 主触头闭合→电动机 M2 反向快速移动。

（3）联锁保护装置　为了防止在工作台或主轴箱自动快速进给时又将主轴进给手柄扳到自动快速进给的误操作，就采用了工作台和主轴箱进给手柄有机械联接的行程开关 SQ1（在工作台后面）。当上述手柄扳在工作台（或主轴）自动快速进给位置时，SQ1 被压，SQ1 常闭触头分断。同样，在主轴箱上还装有另一行程开关 SQ2，它与主轴进给手柄有机械联接，当这个手柄动作时，SQ2 受压，SQ2 常闭触头分断。电动机 M1 和 M2 必须在 SQ1，SQ2 中至少有一个处于闭合状态下才能工作，如果两个手柄都处在进给位置时，SQ1 和 SQ2 都断开，M1 与 M2 就不能进行工作或自动停转，从而达到联锁保护的目的。

T68 型镗床的电气控制原理图如图 5-3-2 所示。

4. T68 型镗床的常见电气故障及排除方法

（1）主轴电动机高低速转换不能实现。故障原因：高低速转换是靠微动开关 SQ 来实现的，常见的故障是时间继电器 KT 不动作，或微动开关 SQ 安装的位置移动，造成 SQ 始终处于接通或断开状态。如 KT 不动作或 SQ 始终处于断开状态，则主轴电动机 1M 只有低速；若 SQ 处于接通状态，则 1M 只有高速。

（2）主轴电动机 1M 不能实现正反转点动控制，制动及主轴给变速冲动控制。产生故障原因：上述各种控制电路的公共回路上出现故障，如不能进行低速运行，故障可能在控制线路 13-31-22-7-0 中有断点。或导线松动、脱落、触头接触不良，否则，故障可能在主电路的制动电阻 R 及引线有断开点，若主电路仅断开一相电源，电动机有缺相运行时会发出嗡嗡声。

（二）设备、工具的准备

为完成工作任务，每个工作小组需要向工作站内仓库工作人员提供借用工具清单（表 5-3-1）。

表 5-3-1　　　　　　　　　　　　　　　工作岛借用工具清单

容量	名称	数量	借出时间	学生签名	归还时间	学生签名	管理员签名
1							
2							
3							
4							
5							

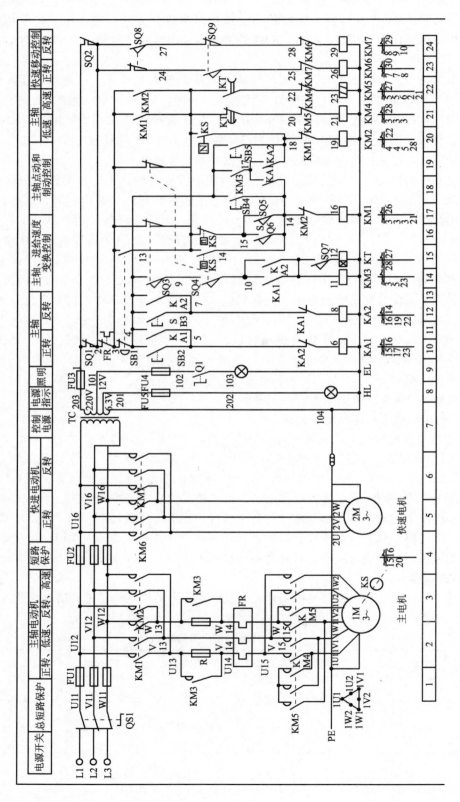

图 5 - 3 - 2 T68 型镗床的电气控制原理图

（三）材料的准备

为完成工作任务，每个工作小组需要向工作站内仓库工作人员提供领用材料清单（表5－3－2）。

表5－3－2 ＿＿＿＿＿＿＿＿工作岛借用材料清单

序号	名称（型号、规格）	数量	借出时间	学生签名	归还时间	学生签名	管理员签名
1							
2							
3							
4							
5							

（四）团队分配的方案

将学生分为5个小组，每个工作技能岛为1组，根据技能岛工位要求，每组6人，每组指定1人为小组长、2人为材料管理员，小组长负责组织本组相关问题的计划、实施及讨论汇总；材料管理员负责材料领取分发、填写各组人员工作任务实施所需材料的相关记录表。

五、制定工作计划

六、任务实施

（一）为了完成任务，必须回答以下问题

1. T68型镗床的电气保护措施有＿＿＿＿＿＿＿＿、＿＿＿＿＿＿＿＿、＿＿＿＿＿＿＿＿。

2. T68的切削运动包括＿＿＿＿＿＿＿＿、＿＿＿＿＿＿＿＿。

3. T68型镗床电动机没有反转控制，而主轴有反转要求，是靠＿＿＿＿＿＿＿＿实现的。

4. T68型镗床的过载保护靠（ ），短路保护靠（ ），失压保护靠（ ）实现的。

A、接触器自锁 B、熔断器 C、热继电器

5. 主轴电动机缺相运行，会发出"嗡嗡"声，输出转矩下降，甚至停转，若时间过长可能（ ）。

A、烧毁电动机 B、烧毁控制电路 C、电动机加速运转

6. T68型镗床的主轴电动机因过载而自动停车后，操作者若急于再开动镗床，按下启动按钮后，镗床的全部电动机均不能启动，试分析可能的原因。

（二）安装T68镗床电气控制线路

1. 设计要求

（1）根据任务要求设计出T68镗床电器布置图。

（2）根据任务要求设计出 T68 镗床电气接线图。

2. 安装步骤及工艺要求

（1）逐个检验电气设备和元件的规格和质量是否合格。

（2）正确选配导线的规格、导线通道类型和数量、接线端子板型号等。

（3）在控制板上安装电器元件，并在各电器元件附近做好与电路图上相同代号的标记。

（4）按照控制板内布线的工艺要求进行布线和套编码套管。

（5）选择合理的导线走向，做好导线通道的支持准备，并安装控制板外部的所有电器。

（6）进行控制箱外部布线，并在导线线头上套装与电路图相同线号的编码套管。对于可移动的导线通道应放适当的余量，使金属软管在运动时不承受拉力，并按规定在通道内放好备用导线。

（7）检查电路的接线是否正确和接地通道是否具有连续性。

（8）检查热继电器的整定值是否符合要求。各级熔断器的熔体是否符合要求，如不符合要求应予以更换。

（9）检查电动机的安装是否牢固，与生产机械传动装置的连接是否可靠。

（10）检测电动机及线路的绝缘电阻，清理安装场地。

（11）点动控制各电动机启动，转向是否符合要求。

3. 通电调试

（1）通电空转试验时，应认真观察各电器元件、线路；

（2）通电带负载调试时，认真观察电动机及传动装置的工作情况是否正常。如不正常，应立即切断电源进行检查，在调整或修复后方能再次通电试车。

（3）如调试中发现线路有故障，应按照表 5 - 3 - 3 常见故障分析及处理表进行分析。

4. 注意事项

（1）不要漏接接地线。严禁采用金属软管作为接地通道。

（2）在控制箱外部进行布线时，导线必须穿在导线通道内或敷设在机床底座内的导线通道里。所有的导线不允许有接头。

（3）在导线通道内敷设的导线进行接线时，必须集中思想，做到查出一根导线，立即套上编码套管，接上后再进行复验。

（4）在进行快速进给时，要注意将运动部件处于行程的中间位置，以防止运动部件与车头或尾架相撞产生设备事故。

（5）在安装、调试过程中，工具、仪表的使用应符合要求。

（6）通电操作时，必须严格遵守安全操作规程。

（三）检修 T68 镗床电气控制线路

故障设定范围、检修步骤及工艺要求

（1）故障设定范围

针对表 5 - 3 - 3 所列故障现象分析故障范围，编写检修流程，合理设置故障，按照规范检修步骤排除故障。

表 5 - 3 - 3 　　　　　　　　　　　　　　　常见故障现象与处理

序号	故障现象	检查要点	处理方法
1	主轴能低速启动，但不能高速运行	1. 行程开关 SQ7 位置变动或松动 2. 行程开关 SQ7 或时间继电器 KT 触点接触不良或接线脱落	1. 调整或更换 SQ7 2. 修复触点的连接导线
2	主轴电动机不能制动	1. 速度继电器损坏，其常开触点不能闭合 2. 接触器 KM1、KM2 常闭触点接触不良	1. 更换速度继电器 2. 修复接触器的触点
3	主轴变速手柄拉开时不能制动	1. 主轴变速行程开关 SQ5 的位置移动不能复位 2. 速度继电器损坏，常闭点不能闭合，反接制动接触器不能吸合	1. 修复行程开关 SQ5 2. 修复速度继电器及接触器
4	进给变速手柄拉开时不能制动	检查 SQ6 有没有复位，速度继电器是否正常	复位 SQ6，修复速度继电器
5	主轴变速手柄推合不上时没有冲动	1. SQ5 位置移动，手柄没有推上时没有压下 SQ4 2. 速度继电器损坏或线路断开，使得 KS - 1 不通 3. 行程开关 SQ4 的常闭触点接触不良或松动	1. 复位还原 SQ5 的位置 2. 更换速度继电器 3. 修复或更换行程开关
6	进给变速手柄推合不上时没有冲动	检查 SQ6 有没有被压下，SQ3 有没有复位，KS - 1 有没有闭合	修复或更换损坏元器件
7	主轴和工作台不能工作进给	1. 主轴和工作台的两个手柄都扳到了进给位置 2. 行程开关 SQ1、SQ2 位置变动或撞坏，使其常闭点不能闭合	1. 恢复手柄到正常位置 2. 调整或更换行程开关，使其正常动作
8	主轴电动机不能冲动	1. 行程开关 SQ 常开触点接触不良绝缘击穿等造成 2. 由于行程开关 SQ3 和 SQ5 接触不良或移动，使 SQ3 触点，SQ5 触点不能闭合或速度继电器的常触点 KS3 不能闭合，接触不良等	1. 修复行程开关 SQ 2. 调整或更换行程开关 SQ3 或 SQ5，修复 KS3 触点
9	变速时，电动机不能停止	位置开关 SQ3 或 SQ4 动合触点断接	拉出变速手柄，查位置开关 SQ3 正常，SQ4 动合触点的电阻很小，更换位置开关 SQ4，故障排除
10	正向启动正常，反向无制动，且反向启动不正常	若反向也不能启动，故障在 KM1 动断触点，或在 KM2 线圈，KM2 主触点接触不良，以及 KS2 触点未闭合	查 KM1 线圈正常，速度继电器 KS2 动合触点良好。查 KM1 动断触点接触不良，修复触点，故障排除
11	进给电动机 M2 快速移动正常，主轴电动机 M1 不工作	热继电器 KH 动断触点断开	查热继电器 KH 动断触点已烧坏，但不要急于更换，一定要查明原因
12	只有高速挡，没有低速挡	接触器 KM4 已损坏；接触器 KM5 动断触点损坏；时间继电器 KT 延时断开动断触点坏了；SQ 一直处于通的状态，只有高速	查接触器 KM4 线圈已损坏。更换接触器，故障排除

（2）检修步骤及工艺要求

1）在教师指导下对 T68 镗床进行操作。

2）在镗床上人为设置自然故障点，故障的设置应注意以下几点：

①人为设置的故障必须是模拟镗床在工作中由于受外界因素影响而造成的自然故障。

②不能设置更改线路或更换元器件等由于人为造成的非自然故障。

③设置故障不能损坏电路元器件，不能破坏线路美观；不能设置易造成人身事故的故障；尽量不设置易引起设备事故的故障，若有必要应在教师监督和现场密切注意的前提下进行。

④故障的设置先易后难，先设置单个故障点，然后过渡到两个故障点。

3）故障检测前先通过试车写出故障现象，分析故障大致范围，讲清拟采用的故障检测手段、检测流程，正确无误后方可进行检测、排除故障。

4）找出故障点以后切断电源，仔细修复，不得扩大故障或产生新的故障；恢复后通电试车。

（3）排除故障要求

1）根据故障现象，先在原理图上正确标出最小故障范围的线段，然后采用正确的检查和排故方法并在额定时间内排除故障。

2）排除故障时，必须修复故障点，不得采用更换电器元件、借用触点及改动线路的方法，否则，作不能排除故障点扣分。

3）检修时，严禁扩大故障范围或产生新的故障，并不得损坏电器元件。

（4）注意事项

1）熟悉 T68 镗床电气线路的基本环节及控制要求；

2）弄清电气、机械系统如何配合实现某种运动方式，认真观摩教师的示范检修；

3）检修时，所有的工具、仪表应符合使用要求；

4）不能随便改变升降电动机原来的电源相序；

5）排除故障时，必须修复故障点，但不得采用元件代换法；

6）检修时，严禁扩大故障范围或产生新的故障；

7）带电检修，必须有指导教师监护，以确保安全。

（四）填写维修现场记录

将故障现象、原因分析及故障排除方法填写在表中（表5-3-4）。

表5-3-4　　　　　　　　　　　故障分析及排除方法

序号	故障现象	故障原因	排除方法
1			
2			
3			

七、任务评价

（一）成果展示

各小组派代表上台总结完成任务的过程中，学会了哪些技能，发现错误后如何改正，并展示成果电路，在老师的监护下通电试验效果。

（二）学生自我评估与总结

_____

_____。

（三）小组评估与总结

_____

_____。

（四）教师评估与总结

_____

_____。

（五）各小组对工作岗位的"6S"处理

在小组和教师都完成工作任务总结以后，各小组必须对自己的工作岗位进行"整理、整顿、清扫、清洁、安全、素养"；归还所借的工量具和实习工件。

（六）评价表（表5-3-5）

表5-3-5　　　　　学习任务3　装调与维修 T68 型镗床电气控制线路评价表

班级：_____　　　　　　指导教师：_____
小组：_____
姓名：_____　　　　　　日期：_____

评价项目	评价标准	评价依据	评价方式			权重	得分小计
			学生自评 20%	小组互评 30%	教师评价 50%		
职业素养	1. 遵守企业规章制度、劳动纪律 2. 按时按质完成工作任务 3. 积极主动承担工作任务，勤学好问 4. 人身安全与设备安全 5. 工作岗位 6S 完成情况	1. 出勤 2. 工作态度 3. 劳动纪律 4. 团队协作精神				0.3	
专业能力	1. 熟练分解 T68 型镗床主要运动和结构特点 2. T68 型镗床电气控制线路的安装与调试 3. 编制镗床维修计划及方案 4. 熟练运用机床故障检修方法 5. 具有较强的故障点分析排除故障能力	1. 操作的准确性和规范性 2. 工作页或项目技术总结完成情况 3. 专业技能任务完成情况				0.5	

续表

班级：_____	指导教师：_____
小组：_____	日期：_____
姓名：_____	

评价项目	评价标准	评价依据	评价方式			权重	得分小计
			学生自评 20%	小组互评 30%	教师评价 50%		
创新能力	1. 在任务完成过程中能提出自己的有一定见解的方案 2. 在教学或生产管理上提出建议，具有创新性	1. 方案的可行性及意义 2. 建议的可行性				0.2	
合计							

八、技能拓展

根据给出的 T68 型镗床电气控制线路原理图，试按以下要求对电气控制线路进行改进设计并画出新的电气控制线路原理图。

创新要求：

1. 要求无论打开电箱门或皮带齿轮箱门都能断开整机电源。

2. 要求不影响机床任何正常操作。

电工技能工作岛一体化课程体系

技能工作岛	典型工作任务	课程名称	学习任务名称	课时	知识点	技能点	国家职业标准
电工技能工作岛	(一)某办公室配电线路安装与维修	低压配电线路安装与维修	1. 照明电路安装与维修	40	1. 认识及选用数字万用表等电工仪表； 2. 学会导线的连接及绝缘层的恢复； 3. 安装简单的照明线路及故障排除； 4. 安装开关的串、并联控制线路； 5. 安装和调试两地两地控制电路； 6. 掌握电急救方法； 7. 安装24V安全行灯的线路； 8. 安装常见的室内简单照明线路及故障排除； 9. 安装综合照明线路及故障排除。	1. 掌握数字万用表和电工工具的选用； 2. 用电基本知识(电的危险、安全间距介绍)； 3. 掌握各种导线的连接和绝缘层恢复； 4. 掌握一个开关控制一盏灯线路的安装； 5. 两个开关的串联控制的安装； 6. 两个开关的并联控制的安装； 7. 两地控制(双联开关)的安装； 8. 掌握触电急救知识及模拟人示范触电急救的方法； 9. 掌握安全行灯的安装； 10. 掌握镇流器与启辉器的结构原理及日常灯线路的安装； 11. 熟练漏电保护开关的选用与安装； 12. 能对声光控开关、红外线开关、微电脑时控开关的安装与调试。	维修电工(初级)
			2. 动力系统配电电路安装与维修	42	1. 应用仪表监测单相交流、直流电流、电压； 2. 应用直接法、间接法监测单相电能； 3. 应用直接法、间接法监测三相电能； 4. 应用电子式表监测单相、三相电能； 5. 安装综合动力系统线路及故障排除。	1. 交流、直流电源的介绍； 2. (交流、直流)电压表、电流表介绍及注意事项； 3. 导线类型、载流量介绍及线径选择； 4. 单相交流、直流电流、电压监测电路的安装； 5. 单相电度表的原理及接线； 6. 电流(电压)互感器的接线； 7. 单相电能监测(直接法、间接法)电路的安装； 8. 三相四线电度表的原理及接线； 9. 三相电能监测(直接法、间接法)电路的安装； 10. 新型智能仪表应用； 11. 数字显示仪表应用； 12. 电子式单相、三相电能监测电路的安装； 13. 空气开关的结构及安装； 14. 掌握综合动力系统线路安装、线路敷设与故障排除方法。	维修电工(初级)

续表

技能工作岛	典型工作任务	课程名称	学习任务名称	课时	知识点	技能点	国家职业标准
电工技能工作岛	（二）机床电气控制电路装调与维修	机床电气控制电路安装与维修	1. 三相异步电动机控制电路安装与维修	108	1. 拆装及检测10KW以下三相交流异步电动机； 2. 掌握低压电器与变压器的拆装工艺及维修方法； 3. 安装与调试三相电动机的点动正转控制线路； 4. 安装与调试三相电动机的自锁正转控制线路； 5. 安装与调试三相电动机的点动与连续运行的控制线路； 6. 安装与调试三相电动机的正反转控制线路； 7. 安装与调试三相电动机的自动往返控制线路； 8. 安装与调试三相电动机的行程控制线路； 9. 安装与调试三相电动机的顺序控制线路； 10. 安装与调试三相电动机的多地控制线路； 11. 安装与调试三相电动机的降压启动控制线路； 12. 安装与调试三相电动机的制动控制线路； 13. 安装与调试双速异步电动机控制线路。	1. 掌握10KW以下三相交流异步电动机拆装工具的使用； 2. 掌握10KW以下三相交流异步电动机的拆装； 3. 掌握10KW以下三相交流异步电动机的绝缘检测及处理； 4. 低压元件介绍（组合开关、熔断器、交流接触器、按钮）； 5. 电路线路的安装工艺要求； 6. 点动控制线路的安装； 7. 热继电器的使用； 8. 掌握交流接触器的使用； 9. 接触器自锁正转控制线路的安装； 10. 掌握常用按钮的使用方法； 11. 点动与连续运行的控制线路安装； 12. 掌握接触器触头联锁的使用方法； 13. 掌握按钮触头联锁的使用方法； 14. 电动机正反转控制线路的安装； 15. 行程开关的使用及自动往返控制线路的安装； 16. 掌握自动往返控制线路的安装； 17. 掌握顺序启动、逆序停止的控制线路安装； 18. 多台电动机顺序控制线路的安装； 19. 掌握多地控制的要求及控制线路的安装； 20. 掌握降压启动的方法和种类用及星三角降压启动控制线路的安装； 21. 掌握电动机制动的方法及种类及电动机制动控制线路的安装； 22. 掌握双速异步电动机的绕组结构及双速异步电动机控制线路的安装。	维持电工（初级）
			2. 直流电机控制电路安装与维修	18	1. 掌握并励直流电动机的基本控制线路； 2. 掌握他励直流电动机的基本控制线路。	1. 掌握并励直流电动机的启动控制； 2. 掌握并励直流电动机的正反转控制； 3. 掌握并励直流电动机的制动控制； 4. 掌握并励直流电动机的调速控制； 5. 掌握他励直流电动机的启动控制； 6. 掌握他励直流电动机的调速控制。	维修电工（中级）

				课时	任务	学习目标	
电工技能工作岛	(二)机床电气控制电路装调与维修	机床电气控制电路安装与维修	3. CA6140车床电气控制电路安装与维修	18	装调与维修CA6140车床电气的控制线路	1.了解机床的主要运动形式,掌握CA6140型车床电路工作原理并能进行通电试车操作; 2.能对CA6140型车床故障进行分析和写出检测流程,能用各种测量的方法找出故障并排除故障。	维修电工（中级）
			4. X62W万能铣床电气控制电路安装与维修	24	装调与维修X62W万能铣床电气的控制线路	1.了解机床的主要运动形式,掌握X62W万能铣床电路工作原理并能进行通电试车操作; 2.能对X62W万能铣床故障进行分析和写出检测流程,能用各种测量的方法找出故障并排除故障。	维修电工（高级）
			5. T68卧式镗床电气控制电路安装与维修	24	装调与维修T68卧式镗床电气的控制线路	1.了解机床的主要运动形式,掌握T68卧式镗床电路工作原理并能进行通电试车操作; 2.能对T68卧式镗床故障进行分析和写出检测流程,能用各种测量的方法找出故障并排除故障。	维修电工（高级）